U0226899

"十二五"国家重点图书出版规划项目

轨道交通科技攻关学术著作系列

轨道衡计量技术

周用贵　姜会增　李世林　安爱民　白　露　著

科学出版社

北　京

内 容 简 介

　　轨道衡是称量铁路货运车辆装载货物重量的大型衡器,是列入《中华人民共和国强制检定的工作计量器具明细目录》法制管理的工作计量器具,轨道衡计量是轨道衡量值统一、准确的基础。轨道衡在铁路、煤炭、冶金、电力、石化等多个行业得到广泛使用,轨道衡计量的量值准确与否关系到企业的经济效益,对于铁路运输安全和社会经济发展具有重要意义。

　　本书主要包括如下内容:概述,计量基础知识,计量法律、法规及计量组织机构,轨道衡及相关系统的设计,轨道衡称重计量技术,轨道衡检定技术,轨道衡的安装调试、使用、日常养护及修理;在附录中收集了有关轨道衡计量的法律、法规、检定规程、技术规范和技术标准。本书可作为轨道衡生产企业、使用单位和管理部门的技术和管理人员的参考资料。

图书在版编目(CIP)数据

轨道衡计量技术 / 周用贵等著 . —北京:科学出版社,2017.3
(轨道交通科技攻关学术著作系列)
"十二五"国家重点图书出版规划项目
ISBN 978-7-03-052275-7

Ⅰ.①轨⋯　Ⅱ.①周⋯　Ⅲ.①轨道衡-计量　Ⅳ.①TH715.1

中国版本图书馆 CIP 数据核字(2017)第 053121 号

责任编辑:刘宝莉　周　岩　孙伯元 / 责任校对:桂伟利
责任印制:吴兆东 / 封面设计:熙　望

科 学 出 版 社 出版
北京东黄城根北街 16 号
邮政编码:100717
http://www.sciencep.com

北京厚诚则铭印刷科技有限公司 印刷
科学出版社发行　各地新华书店经销
*
2017 年 3 月第 一 版　　开本:720×1000　1/16
2022 年 1 月第三次印刷　　印张:24 3/4
字数:478 000

定价:**168.00 元**
(如有印装质量问题,我社负责调换)

"轨道交通科技攻关学术著作系列"序

"涓涓溪流,汇聚成河",无数科技工作者不辍的耕耘,似在时刻诠释着这一亘古不变理念的真谛,成就着人类知识财富源远流长的传承与积累。

回溯新中国成立后中国铁路发展历程,特别是我国铁路高速、重载、既有线提速、高原铁路建设等一系列令世人瞩目的辉煌成就,无不映衬着"铁科人"励志跋涉的身影,凝聚了"铁科人"滴滴汗水与智慧结晶。历经六十多年的发展,中国铁道科学研究院(以下简称"我院")充分发挥专家业务水平高、能力强,技术人才队伍集中,专业配套齐全,技术手段先进等综合资源优势,既历史性地开创了中国高速铁路联调联试、综合试验技术、无砟轨道技术,完成了重载运输、既有线提速和高原铁路等关键技术研究与试验,实现了互联网售票、运营调度、应急管理,以及高速动车组牵引、制动系统及网络控制系统等大批技术创新和成果转化,又在铁道行业重大技术决策信息支持、基础设施检测、产品认证、专业技术培训等技术服务领域发挥了重要作用,成为集科研、开发、生产、咨询、人才培养与培训等业务为一体的轨道交通高新技术企业,是全路当之无愧的科研、试验、信息、标准制(修)订的研发中心。业已完成的大量重大、关键技术攻关与试验研究,积淀了厚重的专业基础理论,取得了2300多项科研成果。其中,有170多项获国家科技奖,600多项获省、部级科技奖。

此时,由我院统筹组织科研人员,深入系统梳理总结优质科研成果,编著专业技术专著形成系列丛书,既是驱动我院科研人员自我深入总结,不断追求提高个人学术修养的发展动力,也是传承我院多年科研积累的知识结晶,有效夯实提升人才培养与培训内在品质的重要举措,更是打造我院核心竞争力,努力建设铁路科技创新研发中心并做大做强,彰显责任与担当的真实写照。

本套专业技术系列丛书作为"十二五"国家重点图书出版规划项目,充分反映了我院在推动轨道交通领域技术进步与学科发展中取得的基础理论研究和最新技术应用成果,内容囊括铁路运输组织、机车车辆及动车组技术、工务工程、材料应用、节能环保、检测与信息技术、标准化与计量,以及城轨交通等专业技术发展。丛书在院编委会的指导下,尊重个人学术观点,鼓励支持有为的"铁科人"将科技才华呈现于行业科技之巅,并为致力于轨道交通现代化发展的追"梦"者们,汇聚知识的涓流、铸就成长的阶梯。

中国铁道科学研究院常务副院长

丛书编委会主任

2013 年 12 月

前　　言

为了培训轨道衡检定人员，轨道衡设计、生产、使用及维护人员，提高他们的轨道衡相关技术业务水平，确保轨道衡生产质量的良好稳定，检定及日常使用工作的合法合规，著者组织轨道衡相关的从业专家，撰写了本书，以期促进轨道衡的技术进步及使用规范。

轨道衡是称量铁路货运车辆装载货物重量的大型衡器，是列入《中华人民共和国强制检定的工作计量器具明细目录》法制管理的工作计量器具，周期性强制检定是轨道衡量值统一、准确的基础。轨道衡又是机电一体化的大型铁路设备，轨道衡技术是集机械、力学、电学、数学、计算机、铁道线路和土木工程等学科为一体的综合技术，随着这些学科的不断发展，我国的轨道衡技术也已日趋成熟、完善。根据国内不同企业的应用需求，轨道衡生产企业开发了不同型式的轨道衡产品。轨道衡在铁路、煤炭、冶金、电力、石化等多个行业得到广泛使用，是企业间进行贸易结算的依据，轨道衡称重的量值准确与否关系到企业的经济效益，对于铁路运输安全和社会经济发展具有重要意义。

本书包括如下主要内容：概述，计量基础知识，计量法律、法规及计量组织机构，轨道衡及相关系统的设计，轨道衡称重计量技术，轨道衡检定技术，轨道衡的安装调试、使用、日常养护及修理；在附录中收集了有关轨道衡计量的法律、法规、检定规程、技术规范和技术标准。本书可作为轨道衡检定机构、生产企业及使用维护单位的参考用书。本书的主编及编写人员为多年从事轨道衡研究及管理的专家。由于编者知识和经验的局限性，本书不足之处在所难免，恳请读者来函商榷并指正。

在撰写本书的过程中，得到了国家轨道衡总站及部分分站、部分轨道衡生产企业单位领导和技术人员的大力支持，在此一并表示衷心的感谢。本书的出版，得到了中国铁道科学研究院研修学院有关部门的大力支持，在此表示衷心的感谢。

目　　录

第1章 概　　述

1.1　轨道衡技术现状

轨道衡是称量铁路货运车辆装载货物重量的大型衡器,是列入《中华人民共和国强制检定的工作计量器具明细目录》法制管理的工作计量器具,轨道衡计量是轨道衡量值统一、准确的基础。轨道衡在铁路、煤炭、冶金、电力、石化等多个行业得到广泛使用,轨道衡计量的量值准确与否关系到企业的经济效益,对于铁路运输安全和社会经济发展具有重要意义。

1.1.1　国外轨道衡的发展状况

国外的轨道衡研发主要集中在德国、美国和俄罗斯等国家。20 世纪 80 年代以前,借助于电子产品技术水平的优势、雄厚的技术力量以及较强的工艺生产能力,这些国家在轨道衡的相关技术方面处于领先水平,如称重传感器的制造、信号采集系统的设计等,近年来,我国轨道衡技术快速发展,国内外轨道衡的制造水平已基本相当。在轨道衡的检定方面,由于国外多数国家的轨道衡数量相对较少,对于动态称量轨道衡(现称为自动轨道衡)的检定工作,执行《自动轨道衡》国际建议(R106,2011),现场留用不少于 5 辆不同载重的铁路车辆,配合一定质量的砝码,利用自动轨道衡本身或者附近的数字指示轨道衡(属于静态称量轨道衡的一种)作为控制轨道衡建立临时标准车,通过车辆的联挂或非联挂进行轨道衡的检定,检定时间较长,受环境及临时使用设备的影响较大,检定效率、准确度相对较低。俄罗斯在轨道衡的检定方面,采用了和我国相似的量值传递方式,检定效率、准确度相对较高。

轨道衡计量关系到煤炭、电力、石油、化工等行业的贸易结算,20 世纪 70 年代以来逐步受到世界各发达国家的重视。如美国铁路工程协会设有衡器委员会,该组织定期举办相关论文报告和学术交流会议,对轨道衡相关的检定规程提出修改建议,这些建议也受到美国联邦政府的重视并采纳。国际法制计量组织(The International Organization of Legal Metrology,OIML)下设的 TC9/SP7 质量测量指导秘书处衡器专业组织,审议通过了《非自动衡器》国际建议(R76,2006),其中对数字指示轨道衡提出了相关要求;审议通过的《自动轨道衡》国际建议(R106,2011),对自动轨道衡的计量性能、技术以及相关的试验作出了要求,两个建议被各国相关部门重视并全部或部分采用。

1.1.2　国内轨道衡的发展状况

随着铁路运输事业的发展,我国铁路运力不断增加,需要更加高效而准确地称量铁路车辆装载的货物重量。轨道衡技术是集机械、力学、电学、数学、计算机、铁道线路和土木工程等学科为一体的综合技术,随着这些学科的不断发展,我国的轨道衡技术也已日趋完善、成熟。根据国内不同企业的应用需求,轨道衡生产企业开发了不同型式的轨道衡产品以满足用户的称重需求。现阶段数字指示轨道衡产品有单台面和双台面(长+短)两种型式;自动轨道衡产品有不断轨单台面和断轨单台面、双台面、长台面、三台面等多种型式。

作为国家强制检定的计量器具,轨道衡的生产、检定及使用由不同的部门进行管理,其《制造计量器具许可证》由省级(含省级)以上质量技术监督部门接收申请后委托国家轨道衡型式评价实验室进行型式评价试验,合格后发放;生产安装后向国家轨道衡计量站申请检定,检定合格后投入使用;使用过程中接受当地质量技术监督部门的监督。国家质量监督检验检疫总局(简称国家质检总局)设立了全国衡器计量技术委员会,组织包括轨道衡在内有关衡器的国家计量检定规程、国家计量技术规范的制定、修订,全国衡器标准化委员会组织包括轨道衡在内的有关衡器的国家标准的制定、修订。两个委员会分别结合国际法制计量组织颁布的《非自动衡器》国际建议(R76,2006)和《自动轨道衡》国际建议(R106,2011),组织起草了国家计量检定规程《自动轨道衡》(JJG 234—2012)、《数字指示轨道衡》(JJG 781—2002)以及国家标准《自动轨道衡》(GB/T 11885—2015)和《静态电子轨道衡》(GB/T 15561—2008),推动了轨道衡技术的发展。

1.2　轨道衡计量的组织机构和职责

1.2.1　轨道衡计量的组织机构

国家轨道衡计量站是国家质检总局授权的法定计量检定机构和国家专业计量站,挂靠在中国铁道科学研究院。1979 年,国家计量局(现国家质检总局)和铁道部联合发文,批准成立轨道衡站,同时批准成立分站,总站对分站进行业务指导,分站配合总站工作。自建站以来,分站的名称、数量和授权区域经过一系列调整后,形成现在的 17 个分站:哈尔滨、沈阳、北京、济南、郑州、武汉、西安、成都、兰州、乌鲁木齐、太原、呼和浩特、南宁、广州、南昌、上海、昆明分站,分别挂靠在所在地的铁路局(或铁路公司)。国家轨道衡计量站及分站的组织机构如图 1.2.1所示。

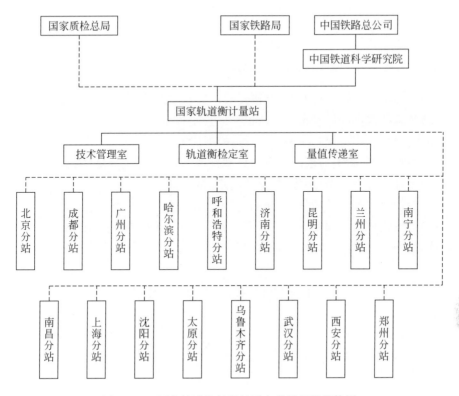

图 1.2.1　国家轨道衡计量站及各分站组织机构图

1.2.2　国家轨道衡计量站和分站的主要职责

由国家质检总局 1991 年 9 月 15 日发布实施的《专业计量站管理办法》规定了国家专业计量站和分站的主要职责,明确了职责和工作范围,以保证完成国家质检总局授权项目的强制检定任务。国家轨道衡计量站及其分站根据该办法,制定了各自的工作职责。

1. 国家轨道衡计量站的主要职责

(1)负责全国范围内轨道衡的强制检定和型式评价。

(2)负责全国轨道衡检衡车的检定。

(3)负责轨道衡、检衡车相关计量标准的建立、维护和使用。

(4)负责检定、检测方法的研究和新型检定、检测设备的研制。

(5)组织或参加本专业标准、规程、规范的制定、修订。

(6)组织或参加国内外有关的学术活动和技术交流。

(7)负责轨道衡和检衡车的计量管理并承办有关的计量监督工作。

(8)负责中国铁路总公司委托的铁路货运安全监控工作。

(9)对分站进行业务指导。

2. 国家轨道衡计量站分站的主要职责

(1)参加轨道衡站系统的管理,接受总站的技术业务指导和监督检查。

(2)负责授权范围内静态称量轨道衡的强制检定。

(3)负责检衡车计量标准的建立、维护和使用。

(4)参加检定、检测方法的研究和新型检定、检测设备的研制。

(5)参加本专业标准、规程、规范的制定、修订。

(6)参加国内外有关的学术活动和技术交流。

(7)负责轨道衡和检衡车的计量管理并承办有关的计量监督工作。

(8)负责中国铁路总公司委托的铁路货运安全监控工作。

1.3　轨道衡计量技术的发展及应用

轨道衡计量是国民经济中的一项重要的基础工作,由国家计量基准到轨道衡工作计量器具的量值传递体系,保证了轨道衡计量的准确性及量值单位的统一。轨道衡计量工作是随着工农业生产和铁路运输的发展、国内外贸易的需要建立和发展起来的。

1.3.1　轨道衡产品的发展及应用

轨道衡按其称量方式分为静态称量轨道衡和动态称量轨道衡两大类别,每一类别又根据其结构的不同分为多种型式。20 世纪 50 年代使用的都是完全机械式的静态称量轨道衡,其机械零部件数量多,制造标准不统一,互换性差;由于采用杠杆、刀承受力结构,该型式轨道衡承受过载能力小,维修周期短,车辆的称重时间长且效率低下,不适应铁路快速发展的要求。到了 20 世纪 80 年代初,沈阳、长春、大连等衡器相关企业联合研制生产了 100t 国家标准的静态机械轨道衡,至此,我国静态称量轨道衡的型式得到了基本统一,这使得轨道衡在准确度、可靠性、稳定性以及设备零部件的通用性、互换性方面得到了改善,在技术应用方面也得到了提高。

我国在 20 世纪 60～70 年代开始研制动态称量轨道衡,由于当时动态称量轨道衡受国产传感器和电子元器件质量的制约,计量性能、稳定性不够理想。经过长期努力,直到 20 世纪 80 年代,伴随着我国的改革开放,引进了一些相关的电子元器件,在吸收国外动态称量轨道衡技术的基础上,结合我国在 20 世纪 70 年代研制动态称量轨道衡的经验,轨道衡厂家相继研制出轴计量动态称量轨道衡及转向架计量动态称量轨道衡,准确度及稳定性得到提高,技术上达到国际同类产品的水平。计算机技术在轨道衡上的应用,使得静态、动态称量轨道衡的应用又上了一个台阶,国内多数静态机械轨道衡通过加装称重传感器、智能称重仪表等进行了电气化改造,提高了准确性,使用也更加方便。同一时期动态称量轨道衡产品也研制出了多种型式。

到 21 世纪初,计算机技术、数字电子技术突飞猛进,与轨道衡结合后,使轨道衡技术也得到了迅猛发展,我国轨道衡由早期的静态机械轨道衡发展到现在使用的数字指示轨道衡,其操作简便,维护方便,比原来静态机械轨道衡的称重效率大幅度提高。动态称量轨道衡的种类也开始多样化,由于该型式的轨道衡是安装在铁路线路上称量运行中铁路货车重量的计量器具,因此需要考虑称量过程中相邻线路钢轨对称量结果的影响。称量时,被称量的车辆首先与称量轨(安装在轨道衡上的钢轨)接触,车辆的重量通过称量轨传递给轨道衡的承载装置,为消除计量过程中引轨(相邻线路钢轨)对称量的影响,称量轨与引轨之间设计断开一定的间隙,这种型式的轨道衡为断轨轨道衡。目前的型式有:断轨单台面、断轨双台面、断轨长台面、断轨三台面动态称量轨道衡等。

21 世纪初,随着传感器技术的发展及铁路货车运行速度的提高,不断轨轨道衡研制成功并投入使用,不断轨轨道衡采用线路的既有钢轨作为称量轨,取消了称量轨与引轨之间的间隙,在称量轨的两端安装了轴销式剪力传感器,检测车辆通过时剪力传感器的输出信号与压力传感器输出信号相结合,确定被检测车辆的重量。这种型式的轨道衡允许被称量铁路货车的通过速度较高,轨道衡设备运行安全性、剪力及压力传感器使用寿命以及设备的稳定性都得到了提高。不断轨轨道衡的机械结构、日常维护、安装调试都得到了简化,维修周期大为延长。随着计算机远程控制技术、计算机网络技术、信号防雷技术、车号识别技术的发展,轨道衡已经可以实现无人值守、远程数据传输、远程设备监控,甚至可以通过互联网实现对轨道衡设备的操作和简单故障诊断。

1.3.2 轨道衡计量标准的发展及应用

新中国成立前,国家工业落后,轨道衡数量较少,在全国范围内没有统一的量值传递体系,检定也只是单一设备的自行调试,使用的检定器具是当时日本生产的 25t 二轴检衡车,国家没有统一的检定部门,轨道衡检定工作很不规范,因此,设备质量、计量可靠性等均没有保证。新中国成立后,随着我国工业生产的发展及对苏联、朝鲜、蒙古等国家的进出口贸易迅速增长,通过铁路运输及通过铁路口岸站的货物贸易显著增加,一些大、中型企业和铁路口岸站开始安装、使用轨道衡。

为了保证量值传递的准确性,我国开始研制标准轨道衡和检衡车。标准轨道衡是检定检衡车的计量标准,检衡车是用来统一全国工作用轨道衡量值的计量标准,检衡车在标准轨道衡上称量后获得其质量的标称值,然后使用检衡车去检定安装在现场的轨道衡,完成从标准轨道衡到检衡车再到工作用轨道衡的量值传递。由于铁路货运车辆车型的不断发展变化,称量货运车辆的工作用轨道衡及检定轨道衡的计量标准检衡车也进行了相应的改变,标准轨道衡为适应检衡车的变化也从第一代发展为第三代。

第一代标准轨道衡始建于 1978 年,其称重台面长度为 7m,也称为 7m 标准轨道衡,采用机电结合的结构形式,承重梁下部为机械杠杆传力到天平杆,在天平杆上采用减码机构平衡整吨位重量,吨以内重量数值采用光栅系统计量,然后累加显示,被称重量在天平杆之前有称重传感器输出,控制减码机构,在承重梁下部还装有液压休止系统。该设备由国家轨道衡计量站和长春衡器厂联合研发,于 1978 年开始安装调试,设计用来检定 T_6 型短轴距检衡车。第一代标准轨道衡如图 1.3.1 所示。

图 1.3.1　第一代标准轨道衡

随着我国进出口贸易的迅速增长、铁路运输货物特别是铁路口岸站货物的增多,对货车称重的要求越来越多,检衡车也在不断改进。1982 年,武汉工程机械厂设计制造了全轴距的 T_{6F} 型砝码检衡车,该车采用国际认可的大砝码检定方法对轨道衡进行检定。同年,为进行动态轨道衡的检定,由齐齐哈尔车辆厂设计生产了全轴距的 T_{6D} 型动态检衡车列。21 世纪初,随着铁路车辆转向架改造,由齐齐哈尔车辆厂对 T_{6F} 型和 T_{6D} 型检衡车进行了 K2 转向架更换及其他设计更改,检衡车的型号改为 T_{6FK} 和 T_{6DK}。

T_{6FK} 型和 T_{6DK} 型检衡车全轴距均超过 7m,第一代标准轨道衡无法进行整车称量,最终采用支顶整车的方法检定车身较长的 T_{6FK} 型检衡车和 T_{6DK} 型检衡车,解决了该型检衡车的检定问题,但检定时操作程序繁琐,劳动强度较大,对建立整车计量的长称重台面标准轨道衡提出了需求。

第二代标准轨道衡为台面长度 11m 的标准轨道衡,由国家轨道衡计量站和沈阳衡器厂联合研发,1998 年开始安装调试,2000 年开始投入使用;其结构、组成与第一代相类似,主要解决了双转向架整车称重检衡车的问题,可以直接检定 T_{6FK}、T_{6DK}、T_7 型检衡车,无需借助其他设备,检定过程较为简便。第二代标准轨道衡总结了第一代标准轨道衡的经验及不足之处,在满足计量检定规程要求的同时,操作简单、方便。第二代标准轨道衡如图 1.3.2 所示。

图 1.3.2　第二代标准轨道衡

　　第三代标准轨道衡于 2011 年底开始设计生产,2015 年 4 月由中国计量科学研究院检定并通过验收,2015 年 10 月通过国家质检总局组织的计量标准考核。为适应铁路货车的技术发展,在第二代标准轨道衡的基础上,台面增加到 12m,虽然台面长度只增加了 1m,但是承重梁及一杠杆的加工难度增加了许多,技术小组通过仿真分析计算,确定了承重梁及一杠杆的设计方案,同时选择大型的加工企业,派人员盯控进度和加工质量。由于标准轨道衡的灵敏度很高,相应的稳定时间过长,在没有阻尼干扰的情况下,空秤稳定时间在 60min 左右,结合第二代标准轨道衡使用的油阻尼装置,技术小组开发设计了电磁阻尼装置,极大地缩短了空秤稳定时间,不仅能够测量出阻尼力的大小,还增加了系统的稳定性。另外,对第二代标准轨道衡的传感器及仪表等做了改进,提高了技术性能。第三代标准轨道衡如图 1.3.3 所示。

　　随着我国轨道衡计量技术的进步及轨道衡数量的增加,检衡车也在不断建造并升级换代,轨道衡量值传递的技术管理体系也逐渐完善。1949 年,我国共有轨道衡 30 多台,检衡车不足 10 辆,均为日本制造的 2 轴车,总重 25t,没有形成全国

图 1.3.3　第三代标准轨道衡

的量值传递系统。1965 年,铁道部在各铁路局成立了衡器管理所并开始研制 30t、40t 检衡车。1971 年,由江岸车辆厂设计制造的 30t 检衡车投入运用,该车属 2 轴车,单辆或 2 辆连挂使用时,可实现轨道衡 30t、60t 两种吨位的检测。与此同时,武昌车辆厂研制的 25t、30t、40t、50t 检衡车也投入生产,该系列的检衡车为 4 轴车,具有单车不能进行任意秤量点检定,检测准确度低、无法实现检衡压点要求等缺点。

1979 年,国家轨道衡计量站及分布在各铁路局的 19 个分站成立,自建站以来,分站的名称、数量和授权区域经过调整,形成现在的 17 个分站。国家轨道衡计量站、分站技术人员及车辆生产企业在总结运用各型检衡车对轨道衡检定经验的基础上,设计生产了总重为 40t 的 T_6 型检衡车,经标准轨道衡检定后,在全国各轨道衡分站检定轨道衡中使用,实现了全国轨道衡量值传递的统一;但使用中发现 T_6 型检衡车挂运时运行速度低、检修困难,检定时由于总重低,需要两台车并配合吊装设备来完成检定工作,劳动强度高、工作效率低,需要设计生产新型的检衡车来替代。

1982 年,为满足铁路货车运输提速要求,武汉工程机械厂设计制造了 T_{6F} 型砝码检衡车,该车采用国际认可的大砝码检定方法对轨道衡进行检定,对铁路车辆的转向架进行了改造,对 T_{6F} 型砝码检衡车进行了 K2 转向架更换及其他设计更改,检衡车的型号变为 T_{6FK},该型砝码检衡车如图 1.3.4 所示。

1982 年,随着动态轨道衡的出现,由齐齐哈尔车辆厂研制成功了 T_{6D} 型动态检衡车列;为满足铁路货车提速运输的要求,2006 年,在 T_{6D} 型动态检衡车的基础上,吸收了 T_{6D} 型检衡车的优点及用户使用意见,设计开发了 T_{6DK} 型动态检衡车。T_{6DK} 型动态检衡车如图 1.3.5 所示。

图 1.3.4　T$_{6FK}$型砝码检衡车

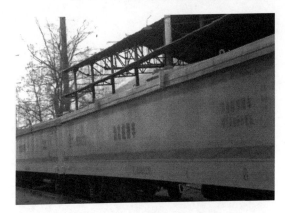

图 1.3.5　T$_{6DK}$型动态检衡车

为更好地满足静态称量轨道衡的检定要求,适应国际轨道衡互检发展需要,齐齐哈尔轨道交通装备有限责任公司于 2001 年研制成功了 T$_6$型检衡车的替代产品 T$_7$型检衡车。T$_7$型检衡车于 2002 年投入批量生产,共生产 51 辆,该车采用了多项先进控制技术及性能可靠的机电产品,采用遥控操作,元件集成化,结构简单,使用、检修、维护方便,较大地提高了工作效率,降低了劳动强度;车体采用通用铁路货车结构,解决了旧型检衡车段修难、运行速度低、操作及检修复杂、劳动强度大、检定效率低等问题;经过使用单位运用考核后,于 2003 年在铁道部科技司主持下完成了科技成果鉴定。T$_7$型砝码检衡车如图 1.3.6 所示。

为解决检衡车在多年的检定工作运用过程中遇到的各种问题,2010 年,中国铁道科学研究院和齐齐哈尔轨道交通装备有限责任公司向铁道部科技司申请了新型检衡车技术方案的研究课题,确立了新型检衡车的技术方案和技术参数,为检衡车的进一步升级打下了基础。2015 年,中国铁道科学研究院和齐齐哈尔轨道交通装备有限责任公司向中国铁路总公司申请了新型动态和静态检衡车研制的课题,成功研制生产了新型动态检衡车、新型静态检衡车样车,新型检衡车的研

图 1.3.6　　T₇型砝码检衡车

制生产标志着我国检衡车技术又上了一个新台阶。新型检衡车的外观如图 1.3.7
和图 1.3.8 所示。

图 1.3.7　　T₈D型动态检衡车

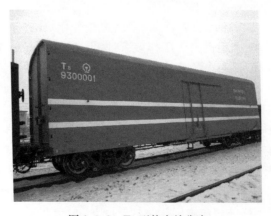

图 1.3.8　　T₈型静态检衡车

第 2 章　计量基础知识

2.1　计量与计量学

2.1.1　术语

1.测量

通过试验获得并合理赋予某量一个或多个量值的过程。

2.计量

实现单位统一、量值准确可靠的活动。

3.计量学

测量及其应用的科学。
计量学涵盖有关测量的理论及不论其测量不确定度大小的所有应用领域。

2.1.2　计量及计量学概述

计量在我国已有几千年的历史,其概念起源于商品交换。春秋战国时期各诸侯国各行其是,导致量值不统一。秦始皇统一六国后为了发展经济,颁布了统一度量衡的诏书,开始了计量的法制管理,度量衡指的是关于长度、容量和质量的测量,其主要的计量器具是尺、斗、秤。随着社会的发展和科学技术的进步,其概念和内容也在不断扩展和充实,远远超出度量衡的范畴。计量原本是物理学的一部分,或者说是物理学的一个分支,现已发展形成一门研究测量理论和实践的综合性学科——计量学。计量是科学技术和管理的结合体,它包括计量技术和计量管理两个方面,两者相互依存、相互渗透,即计量管理工作具有较强的技术性,而计量科学技术中又涉及较强的法制性。

2.1.3　计量学的分类、范围及研究内容

1.分类

按计量的社会功能划分,通常把计量分为法制计量、科学计量和工业计量。

(1)法制计量:与法定计量检定机构所执行工作有关的部分,涉及计量单位、测量方法、测量设备和测量实验室的法定要求。

(2)科学计量:基础性、探索性、先行性的计量科学研究。

(3)工业计量:也称工程计量,一般是指工业、工程、生产企业中的实用计量。

2.范围

计量学应用的范围十分广泛,人们从不同角度,对计量学进行过不同的划分。按计量应用的范围,即按社会服务功能划分,通常把计量分为法制计量、科学计量和工业计量。我国目前根据专业把计量分为十大类计量,即几何量计量、热学计量、力学计量、电磁学计量、电子学计量、时间频率计量、电离辐射计量、声学计量、光学计量、化学计量。

3.研究内容

计量学研究的对象涉及有关测量的各个方面,如:可测的量;计量单位和单位制;计量基准、标准的建立、复现、保存和使用;测量理论及其测量方法;计量检测技术;测量仪器(计量器具)及其特性;量值传递和量值溯源,包括检定、校准、测试、检验和检测;测量人员及其进行测量的能力;测量结果及其测量不确定度的评定;基本物理常数、标准物质及材料特性的准确测定;计量法制和计量管理以及有关测量的一切理论和实际问题。

2.1.4　计量的特点

计量均与社会经济的各个部门、人民生活的各个方面有着密切的关系。社会的进步、经济的发展,加上计量的广泛性、社会性,必然对单位统一、量值准确可靠提出愈来愈高的要求。因此,计量具备以下四个特点。

1.准确性

准确性是计量的基本特点,也是计量科学的命脉、计量技术工作的核心。它表征测量结果与被测量真值的接近程度。所谓量值的准确,是指在一定的不确定度或误差极限或允许误差范围内的准确。只有测量结果准确,计量才具有一致性,测量结果才具有使用价值,才能为社会提供计量保证。

2.一致性

一致性是计量学最本质的特性,计量单位统一和量值统一是计量一致性的两个方面。然而,单位统一是量值统一的重要前提。量值的一致是指在一定不确定度内的一致,是在统一计量单位的基础上,无论在何时、何地,采用何种方法,使用何种测量仪器,由何人测量,只要符合有关的要求,其测量结果就应在给定的区间内一致。计量的一致性,不仅限于国内,也适用于国际范围。

3. 溯源性

为了实现量值一致,任何量值都必须由同一个基准(国家基准或国际基准)传递而来。溯源性指任何一个测量结果或计量标准的量值,都能通过一条具有规定不确定度的连续比较链与计量基准联系起来。溯源性是确保单位统一和量值准确可靠的重要途径。尽管任何准确、一致是相对的,它与科技水平、人的认识能力有关。但是,溯源性毕竟使计量科技与人们的认识相一致,使计量的准确与一致得到基本保证。否则,量值出于多源或多头,必然会在技术上和管理上造成混乱。

4. 法制性

计量的社会性本身就要求有一定的法制来保障。不论是单位制的统一,还是计量基准的建立,制造、修理、进口、销售和使用计量器具的管理,量值的传递,计量检定的实施等,不仅要有技术手段,还要有严格的法制监督管理,必须以法律法规的形式作出相应的规定。尤其是那些重要的或关系到国计民生的计量,更必须有法制保障。否则,计量的准确性、一致性就无法实现,其作用也无法发挥。

2.1.5 计量的作用

计量是发展国民经济的一项重要技术基础,是确保社会活动正常进行的重要条件,是保护国家和人民利益的重要手段,计量在国民经济中具有十分重要的作用。国务院在 2013 年 3 月 2 日印发了《计量发展规划(2013~2020 年)》,提出计量发展水平是国家核心竞争力的重要标志之一,在一定程度上反映了国家科学技术和经济发展水平。可见,计量是国家质量基础设施的重要支柱,是推动科技创新、提高产品质量、加强国防建设的重要技术基础,是促进经济发展、维护市场经济秩序、保证人民生命健康安全、实现国际贸易一体化和促进社会和谐的重要技术保障。

2.2 法定计量单位

2.2.1 术语

1. 量

现象、物体或物质的特性,其大小可用一个数和一个参照对象表示。

（1）量可指一般概念的量或特定量，如表 2.2.1 所示。

表 2.2.1　量的表示

一般概念的量		特定量
长度，l	半径，r	圆 A 的半径 r_A 或 $r(A)$
	波长，λ	钠的 D 谱线的波长 λ 或 $\lambda(D;Na)$
能量，E	动能，T	给定系统中质点 i 的动能 T_i
	热量，Q	水样品 i 的蒸汽的热量，Q_i
电荷，Q		质子电荷，e
电阻，R		给定电路中电阻器 i 的电阻，R_i
实体 B 的物质的量浓度，c_B		酒样品 i 中酒精的物质的量浓度，$c_i(C_2H_5OH)$
实体 B 的数目浓度，C_B		血样品 i 中红细胞的数目浓度，$C(E_{rys};B_i)$
洛氏 C 标尺硬度（150kg 负荷下），HRC(150kg)		钢样品 i 的洛氏 C 标尺硬度，HRC(150kg)

（2）参照对象可以是一个测量单位、测量程序、标准物质或其组合。

（3）量的符号见国家标准《量和单位》的现行有效版本，用斜体表示。一个给定符号可表示不同的量。

（4）国际理论与应用物理联合会（IUPAC）/国际临床化学联合会（IFCC）规定实验室医学的特定量格式为"系统-成分：量的类型"。

例：血浆（血液）-钠离子；特定人在特定时间内物质量的浓度等于143mmol/L。

（5）这里定义的量是标量。然而，各分量是标量的向量或张量也可认为是量。

（6）量从概念上一般可分为诸如物理量、化学量、生物量，或分为基本量和导出量。

2. 量值（全称量的值，简称值）

用数和参照对象一起表示的量的大小。

例：

（1）给定杆的长度：5.34m 或 534cm。

（2）给定物体的质量：0.152kg 或 152g。

（3）给定弧的曲率：112m^{-1}。

（4）给定样品的摄氏温度：-5℃。

（5）在给定频率上给定电路组件的阻抗（其中 j 是虚数单位）：$(7+3j)\Omega$。

（6）给定玻璃样品的折射率：1.52。

（7）给定样品的洛氏 C 标尺硬度（150kg 负荷下）：43.5HRC(150kg)。

(8)钢材样品中钢的质量分数:3μg/kg 或 $3×10^{-9}$。

(9)水样品中溶质 Pb^{2+} 的质量摩尔浓度:1.76mmol/kg。

(10)在给定血浆样本中任意镥亲菌素的物质的量浓度(世界卫生组织国际标准 80/552):50 国际单位/I。

说明:

(1)根据参照对象的类型,量值可表示为一个数和一个测量单位的乘积[见例(1)～例(5),例(8)和例(9)],量纲为1,测量单位1,通常不表示[见例(6)和例(8)];一个数和一个作为参照对象的测量程序[见例(7)];一个数和一个标准物质[见例(10)]。

(2)数可以是复数[见例(5)]。

(3)一个量值可用多种方式表示[见例(1),例(2)和例(8)]。

(4)对向量或张量,每个分量有一个量值。例:作用在给定质点上的力用笛卡儿坐标分量表示为 $(F_x,F_y,F_z)=(-31.5,43.2,17.0)N$。

3.量制

彼此间由非矛盾方程联系起来的一组量。

各种序量,如洛氏 C 标尺硬度,通常不认为是量制的一部分,它仅通过经验关系与其他量相联系。

4.基本量

在给定量制中约定选取的一组不能用其他量表示的量。

(1)定义中提到的"一组量"称为一组基本量。

(2)基本量可认为是相互独立的量,因其不能表示为其他基本量的幂的乘积。

5.导出量

量制中由基本量定义的量。

例:在以长度和质量为基本量的量制中,质量密度为导出量,定义为质量除以体积(长度的三次方)所得的商。

6.量纲

给定量与量制中各基本量的一种依从关系,它用与基本量相应的因子的幂的乘积去掉所有数字因子后的部分表示。

(1)因子的幂是指带有指数(方次)的因子。每个因子是一个基本量的量纲。

(2)基本量量纲的约定符号用单个大写正体字母表示。导出量量纲的约定符号用定义该导出量的基本量的量纲的幂的乘积表示。量 Q 的量纲表示为 $\dim Q$。

(3)在导出某量的量纲时不需考虑该量的标量、向量或张量特性。

(4)在给定量中：

①同类量具有相同的量纲；

②不同量纲的量通常不是同类量；

③具有相同量纲的量不一定是同类量。

(5)在国际量制中,基本量的量纲符号见表 2.2.2。

表 2.2.2 基本量的量纲符号

基本量	量纲符号
长度	L
质量	M
时间	T
电流	I
热力学温度	Θ
物质的量	N
发光强度	J

由此,量 Q 的量纲为 $\dim Q = L^{\alpha} M^{\beta} T^{\gamma} I^{\delta} \Theta^{\epsilon} N^{\zeta} J^{\eta}$,其中的指数称为量纲指数,可以是正数、负数或零。

例：

(1)在国际量制(ISO)中,力的量纲表示为 $\dim F = LMT^{-2}$。

(2)在同一量制中,$\dim \rho_B = ML^{-3}$ 是成分 B 的质量浓度的量纲,也是质量密度 ρ(单位体积的质量)的量纲。

(3)在自由落体加速度为 g 处的长度为 l 的摆的周期 T 如下：

$$T = 2\pi \sqrt{\frac{l}{g}} \quad \text{或} \quad T = C(g)\sqrt{l}$$

式中：$C(g) = \dfrac{2\pi}{\sqrt{g}}$,因此,$\dim C(g) = L^{-1/2}T$。

7. 量纲为一的量(又称无量纲量)

在其量纲表达式中与基本量相对应的因子的指数均为零的量。

(1)术语"无量纲量"使用广泛,且由于历史原因而被保留,因为在这些量的量纲符号表达式中所有的指数均为零,而"量纲为一的量"反映了以符号 1 作为这些量的量纲符号化表达的约定。

(2)量纲为一的量的测量单位和值均是数,但是这样的量比一个数表达了更多的信息。

(3)某些量纲为一的量是以两个同类量之比定义的。

例：平面角、立体角、折射率、相对渗透率、质量分数、摩擦系数、马赫数。

（4）实体的数是量纲为一的量。

例：线圈的圈数、给定样本的分子数、量子系统能级的衰退。

8. 测量单位（计量单位，简称单位）

根据约定定义和采用的标量，任何其他同类量可与其比较使两个量之比用一个数表示。

（1）测量单位具有根据约定赋予的名称和符号。

（2）同量纲量的测量单位可具有相同的名称和符号，即使这些量不是同类量。例如，焦耳每开尔文和 J/K 既是热容量的单位名称和符号也是熵的单位位名称和符号，而热容量和熵并非同类量。然而，在某些情况下，具有专门名称的测量单位仅限用于特定种类的量。如测量单位"秒的负一次方"（1/s）用于频率时称为赫兹，用于放射性核素的活度时称为贝克（Bq）。

（3）量纲为一的量的测量单位是数。在某些情况下这些单位有专门名称，如弧度、球面度和分贝；或表示为商，如毫摩尔每摩尔等于 10^{-3}，微克每千克 10^{-9}。

（4）对于一个给定量，"单位"通常与量的名称连在一起，如"质量单位"或"质量的单位"。

9. 测量单位符号（又称计量单位符号）

表示测量单位的约定符号。

例：m 是米的符号；A 是安培的符号。

10. 单位制（又称计量单位制）

对于给定量制的一组基本单位、导出单位、其倍数单位和分数单位及使用这些单位的规则。

例：国际单位制、CGS 单位制。

11. 一贯导出单位

对于给定量制和选定的一组基本单位，由比例因子为 1 的基本单位的幂的乘积表示的导出单位。

（1）基本单位的幂是按指数增长的基本单位。

（2）一贯性仅取决于特定的量制和一组给定的基本单位。

例：在米、秒、摩尔是基本单位的情况下，如果速度由量方程 $v = dr/dt$ 定义，则米每秒是速度的一贯导出单位；如果物质的量的浓度由量方程 $c = n/V$ 定义，则摩尔每立方米是物质的量浓度的一贯导出单位。千米每小时和节都不是该单位制的一贯导出单位。

（3）导出单位可以对于一个单位制是一贯的，但对于另一个单位制就不是一贯的。

例：厘米每秒是 CGS 单位制中速度的一贯导出单位，但在 SI 中就不是一贯导出单位。

（4）在给定单位制中，每个导出的量纲为一的量的一贯导出单位都是数一，符号为 1。测量单位为一的单位的名称和符号通常不写。

12. 一贯单位制

在给定量制中，每个导出量的测量单位均为一贯导出单位的单位制。

例：一组一贯国际单位制单位及其之间的关系。

（1）一个单位制可以仅对涉及的量制和采用的基本单位是一贯的。

（2）对于一贯单位制，数值方程与相应的量方程（包括数字因子）具有相同形式。

13. 国际单位制（SI）

由国际计量大会（CGPM）批准采用的基于国际量制的单位制，包括单位名称和符号、词头名称和符号及其使用规则。

（1）国际单位制建立在 ISO 的 7 个基本量的基础上。

（2）SI 的基本单位和一贯导出单位形成一组一贯的单位，称为"一组一贯 SI 单位"。

（3）关于国际单位制的完整描述和解释，见国际计量局（BIPM）发布的 SI 小册子的最新版本，在 BIPM 网页上可获得。

（4）量的算法中，通常认为"实体的数"这个量是基本单位为 1、单位符号为 1 的基本量。

14. 法定计量单位

国家法律、法规规定使用的测量单位。

15. 基本单位

对于基本量，约定采用的测量单位。

（1）在每个一贯单位制中，每个基本量只有一个基本单位。例：在 SI 中，米是长度的基本单位。在 CGS 单位制中，厘米是长度的基本单位。

（2）基本单位也可用于相同量纲的导出量。例：当用面体积（体积除以面积）定义雨量时，米是其 SI 中的一贯导出单位。

(3)对于实体的数,数为一,符号为 1,可认为是任意一个单位制的基本单位。

16. 导出单位

导出量的测量单位。

例:在 SI 中,米每秒(m/s)、厘米每秒(cm/s)是速度的导出单位。千米每小时(km/h)是 SI 制外的速度单位,但被采纳与 SI 单位一起使用。节(等于一海里每小时)是 SI 制外的速度单位。

17. 倍数单位

给定测量单位乘以大于 1 的整数得到的测量单位。

例:

(1)千米是米的十进倍数单位。

(2)小时是秒的非十进倍数单位。

SI 词头仅指 10 的幂,不可用于 2 的幂。例如 1024bit(2^{10} bit)不应用 1kilobit 表示,而是用 1kibibit 表示。

18. 分数单位

给定测量单位除以大于 1 的整数得到的测量单位。

例:

(1)毫米是米的十进分数单位。

(2)对于平面角,秒是分的非十进分数单位。

2.2.2　国际单位制

1960 年第十一届国际计量大会通过国际单位制,并用符号 SI 表示。因为 SI 的全部导出单位均为一贯计量单位,所以 SI 是一贯计量单位制。

SI 由 SI 基本单位(7 个)和 SI 导出单位及 SI 单位的倍数单位和分数单位构成。SI 导出单位包括两部分:SI 辅助单位在内的具有专门名称的 SI 导出单位(21 个)和组合形式的 SI 导出单位。SI 单位的倍数单位和分数单位由 SI 词头($10^{-24} \sim 10^{24}$ 共 20 个)与 SI 单位(包括 SI 基本单位和 SI 导出单位)构成。

1. SI 基本单位

国际单位制选择了彼此独立的七个量作为基本量,即长度、质量、时间、电流、热力学温度、物质的量和发光强度。对每一个量分别定义了一个单位,称为国际单位制的基本单位,SI 基本单位的名称和符号见表 2.2.3 所示。

表 2.2.3　SI 基本单位

量的名称	量的符号	单位名称	单位符号
长度	l,h,r	米	m
质量	m	千克(公斤)	kg
时间	t	秒	s
电流	I	安[培]	A
热力学温度	T	开[尔文]	K
物质的量	n	摩[尔]	mol
发光强度	I_V	坎[德拉]	cd

注:表中圆括号中的名称是它前面名称的同义词;方括号[　]内的字在不致混淆的情况下,可以省略。

基本单位的定义。

1)长度单位——米(m)

米是长度的 SI 单位名称,是长度、宽度、厚度、半径、周长、距离等物理量的单位,都是用米或它的十进倍数单位或分数单位来表示的。其定义为:"光在真空中于(1/299792458)s 的时间间隔内所经路径的长度"。这是 1983 年召开的第十七届国际计量大会正式通过的,由于采用的是激光稳频技术,米的复现不确定度达到 1×10^{-11}。

2)质量单位——千克(kg)

千克是质量的 SI 单位名称,其定义为:"千克是质量单位,等于国际千克原器的质量"。1889 年,第一届国际计量大会承认了国际千克原器作为质量的实物基准,在 1901 年第三届国际计量大会上被正式定义。

在国际单位制基本单位中,千克是唯一的实物基准。1883 年,法国用 90% 的铂和 10% 的铱所组成的铂铱合金,制成了高和直径都是 39mm 的圆柱体千克原器。国际上一些科学家试图用自然基准来取代这一实物基准,但到目前为止,尚未取得成功。千克基准的比对不确定度为 10^{-9} 量级。

我国在日常生活和贸易中,习惯地把质量称为重量。过去,在物理学中,常常把重量和重力混在一起,把质量和力相混淆。国际单位制中,重量是指质量,是标量,而重力是力,是矢量,力不仅有大小,还有方向和作用点。因此,要注意在指力的场合,一定不要用重量而是用重力,千万不能混淆。质量(重量)的单位是千克,重力的单位为牛顿。

质量单位千克中的千不是词头,要把千克作为一个整体来使用。因为千克是质量的基本单位,克是千克的分数单位,不能说千克是克的倍数单位。

3)时间单位——秒(s)

秒是时间的 SI 单位名称,其定义为:"秒是铯-133 原子基态的两个超精细能级之间跃迁相对应的辐射的 9192631770 个周期的持续时间"。1967 年,第十三届国际计量大会决定采用现在秒的定义,称它为原子时,从而使秒的复现不确定度进一步减小,不确定度达到 10^{-15} 量级,相当于三千万年只差一秒,是目前所有计量单位中复现准确度最高的。

4)电流单位——安培(A)

安培是电流的 SI 单位名称,其定义为:"在真空中,截面积可忽略的两根相距 1m 的无限长平行圆直导线内通以等量恒定电流时,若导线间相互作用力在每米长度上为 $2×10^{-7}N$,则每根导线中的电流为 1A"。现在使用的安培定义是一个理论上的定义,实际要用这个定义来复现安培,会遇到难以克服的难题,因此目前用约瑟夫森效应保持电压伏特基准(不确定度为 10^{-13}),用霍尔效应(或称克里青效应)保持电阻欧姆基准(不确定度为 10^{-10}),再利用欧姆定律实现电流基准。

5)热力学温度单位——开尔文(K)

开尔文是热力学温度的 SI 单位名称,其定义为:"热力学温度单位开尔文是水的三相点热力学温度的 1/273.16"。水的三相点是指水的固态、液态和气态三相间平衡时所具有的温度。水的三相点温度为 0.01℃。水的三相点温度和三相点压力是唯一确定的。

热力学温度单位开尔文是在 1954 年第十届国际计量大会上正式定义的,当时称为开氏度(°K)。1967 年第十三届国际计量大会上决定改为开尔文(K)。

6)物质的量单位——摩尔(mol)

摩尔是物质的量的 SI 单位名称,其定义为:"摩尔是一个系统的物质的量,该系统中所包含的基本单元(原子、分子、离子、电子及其他粒子或是这些粒子的特定组合)数与 0.012kg 碳 12 的原子数目相等"。1971 年,第十四届国际计量大会决定把摩尔作为一个基本单位列入国际单位制中。由于 0.012kg 碳 12 含有原子数目是 $6.022045×10^{23}$ 个(相对标准不确定度为 $5.1×10^{-6}$),这个数目叫做阿伏伽德罗常数,因此 1 摩尔中的基本单元数等于 $6.022045×10^{23}$ 个。

根据摩尔的定义,对物质的量可以这样理解:含有 $6.022045×10^{23}$ 个碳原子,它们的质量是 12g,或 1mol 的碳 12 原子含有 $6.022045×10^{23}$ 个原子,其质量为 12g。同样,1mol 的水分子含有 $6.022045×10^{23}$ 个水分子,则它的质量为 18g。

7)发光强度单位——坎德拉(cd)

坎德拉是发光强度的 SI 单位名称,其定义为:"坎德拉是一光源在给定方向上的发光强度,该光源发出频率为 $540×10^{12}Hz$ 的单色辐射,且在此方向上的辐射强度为 (1/683)W/sr"。其中频率 $540×10^{12}Hz$ 的辐射波长为 555nm 的波是人眼感觉最灵敏的波长。

2. SI 导出单位

SI 导出单位由两部分组成,一部分是包括 SI 辅助单位在内的具有专门名称的

SI 导出单位,另一部分是组合形式的 SI 导出单位。

1)具有专门名称的 SI 导出单位

国际单位制中具有专门名称的导出单位总计 21 个,如表 2.2.4 所示,

表 2.2.4　国际单位制中具有专门名称的导出单位

量的名称	单位名称	单位符号
[平面]角	弧度	rad
立体角	球面度	sr
频率	赫[兹]	Hz
力	牛[顿]	N
压力、压强、应力	帕[斯卡]	Pa
能量,功,热量	焦[耳]	J
功率,辐[射能]通量	瓦[特]	W
电荷[量]	库[仑]	C
电位,电压,电动势	伏[特]	V
电容	法[拉]	F
电阻	欧[姆]	Ω
电导	西[门子]	S
磁通[量]	韦[伯]	Wb
磁通[量]密度,磁感应密度	特[斯拉]	T
电感	亨[利]	H
摄氏温度	摄氏度	℃
光通量	流[明]	lm
[光]照度	勒[克斯]	lx
[放射性]活度	贝可[勒尔]	Bq
吸收剂量	戈[瑞]	Gy
剂量当量	希[沃特]	Sv

2)组合形式的 SI 导出单位

除了上述由 SI 基本单位组合成具有专门名称的 SI 导出单位外,还有用 SI 基本单位间或 SI 基本单位和具有专门名称的 SI 导出单位的组合通过相乘或相除构成的但没有专门名称的 SI 导出单位。如速度单位 m/s、加速度单位 m/s^2、面积单位 m^2、力矩单位 N·m 等。

3) SI 单位的倍数单位和分数单位

SI 单位的倍数单位和分数单位是由 SI 词头加在 SI 基本单位或 SI 导出单位

的前面所构成的单位,如千米(km)、纳米(nm)等,但应该注意的是,kg 是质量单位而不是十进倍数单位。SI 词头共有 20 个,从 10^{-24} 到 10^{24},其中 4 个是十进位的,即百(10^2)、十(10^1)、分(10^{-1})、厘(10^{-2}),这些词头通常只加在长度、面积和体积单位上,如分米(dm)、厘米(cm)、平方厘米(cm^2)、平方毫米(mm^2)等。其他 16 个词头都是千进位。用于构成的十进倍数和分数单位的词头见表 2.2.5。

表 2.2.5　倍数单位和分数单位的 SI 词头

因数	词头名称	国际符号	中文符号	因数	词头名称	国际符号	中文符号
10^{24}	尧它	Y	尧[它]	10^{-1}	分	d	分
10^{21}	泽它	Z	泽[它]	10^{-2}	厘	c	厘
10^{18}	艾可萨	E	艾[可萨]	10^{-3}	毫	m	毫
10^{15}	拍它	P	拍[它]	10^{-6}	微	μ	微
10^{12}	太拉	T	太[拉]	10^{-9}	纳诺	n	纳[诺]
10^{9}	吉咖	G	吉[咖]	10^{-12}	皮可	p	皮[可]
10^{6}	兆	M	兆	10^{-15}	飞母托	f	飞[母托]
10^{3}	千	k	千	10^{-18}	阿托	a	阿[托]
10^{2}	百	h	百	10^{-21}	仄普托	z	仄[普托]
10^{1}	十	da	十	10^{-24}	幺科托	y	幺[科托]

注:10^4 称为万,10^8 称为亿,10^{12} 称为万亿,这类数词的使用不受词头名称的影响,但不应与词头混淆。

2.2.3　我国的法定计量单位

1. 我国法定计量单位的构成

《中华人民共和国计量法》(简称《计量法》)规定,我国的法定计量单位由两部分单位组成:国际单位制计量单位(SI 单位)和国家选定的其他计量单位(非 SI 单位)。包括:

(1)国际单位制的基本单位。

(2)国际单位制的辅助单位。

(3)国际单位制中具有专门名称的导出单位。

(4)国家选定的非国际单位制单位。

(5)由以上单位构成的组合形式的单位。

(6)由国际单位制词头和以上单位所构成的十进倍数单位和分数单位。

国家选定的非国际单位制单位总计 11 个,如表 2.2.6 所示。

表 2.2.6　　国家选定的非国际单位制单位

量的名称	单位名称	单位符号	与 SI 单位关系
时间	分 [小]时 天(日)	min h d	1min＝60s 1h＝60min＝3600s 1d＝24h＝86400s
[平面]角	[角]秒 [角]分 度	″ ′ °	$1″＝(\pi/648000)$rad $1′＝60″＝(\pi/10800)$rad $1°＝60′＝(\pi/180)$rad
旋转速度	转每分	r/min	1r/min$＝(1/60)$s^{-1}
长度	海里	n mile	1n mile ＝1852m(只用于航程)
速度	节	kn	1kn＝1n mile/h＝ (1852/3600)m/s (只用于航行)
质量	吨 原子质量单位	t u	1t$＝10^3$kg 1u$≈1.660540×10^{-27}$kg
体积	升	L,l	1L$＝1$dm$^3＝10^{-3}$m^3
能	电子伏	eV	1eV$≈1.602177×10^{-19}$J
级差	分贝	dB	—
线密度	特[克斯]	tex	1tex$＝10^{-6}$kg/m
面积	公顷	hm^2	1hm$^2＝10^4$m^2

注：[ ]内的字,是在不致混淆的情况下,可以省略的字。( )内的字为前者的同义语。周、月、年(年的符号为 a)虽然没有列入表中,但为一般常用的时间单位。人民生活和贸易中,质量习惯称为重量。公里为千米的俗称,符合为 km。角度单位分秒的符号不处于数字后时,要用括弧,如(°)。升的符号中,小写字母 l 为备用符号。r 为转的符号。

2.我国法定计量单位的实施要求

《计量法》规定:"国家法定计量单位的名称、符号由国务院公布。非国家法定计量单位应当废除。废除的办法由国务院制定"。通过广泛的法定计量单位的宣传、进行计量单位改制等一系列活动,1991 年,国家技术监督局检查验收,全国基本上实现了向法定计量单位的过渡。又经过了十多年的努力,包括土地面积计量单位的改革等都已经完成,全国已经全面使用法定计量单位。但是,由于人们的习惯及重视程度不够,在贸易市场、商店等地方偶尔还出现使用不规范的情况,这些都需要加强法制计量,普及法定计量单位的使用,从而达到规范使用法定计量单位的要求。

2.2.4　法定计量单位的使用规则

1. 法定计量单位名称的使用规则

(1)方括号内有字的可用该单位的简称,没有方括号的必须用全称。

(2)组合单位的中文名称与符号表示的顺序一致。

(3)乘法形式的单位名称,其顺序应是指数名称在前,单位名称在后。

(4)如果长度的 2 次幂和 3 次幂表示面积和体积,则相应的指数名称为"平方"和"立方"并置于长度单位之前,否则应称为"二次方"和"三次方"。

(5)书写单位名称时,不加任何表示乘或除的符号或其他符号。

2. 法定计量单位和词头的使用规则

(1)单位与词头的名称,一般只宜在叙述性文字中使用。单位和词头的符号,在公式、数据表、曲线图、刻度盘和产品铭牌等需要简单明了表示的地方使用,也可用于叙述性文字中。应优先采用符号。

(2)单位的名称或符号必须作为一个整体使用,不得拆开。例如,摄氏温度单位"摄氏度"表示的量值应写成并读成"20 摄氏度",不得写成并读成"摄氏 20 度"。例如,30km/h 应读成"三十千米每小时",不应读成"每小时三十千米"。

(3)选用 SI 单位的倍数单位或分数单位,一般应使量的数值处于 $0.1\sim1000$ 范围内。例如,1.2×10^4N 可以写成 12kN,0.00394m 可以写成 3.94mm,11401Pa 可以写成 11.401kPa,3.1×10^{-8}s 可以写成 31ns。

某些场合习惯使用的单位可以不受上述限制。例如:大部分机械制图使用的长度单位可以用"mm(毫米)",导线截面积使用的面积单位可以用"mm^2(平方毫米)"。

在同一个量的数值表中或叙述一个量的文章中,为对照方便而使用相同的单位时,数值不受限制。

词头 h、da、d、c(百、十、分、厘),一般用于某些长度、面积和体积的单位中,但根据习惯和方便也可用于其他场合。

(1)有些非法定单位,可以按习惯用 SI 词头构成倍数单位或分数单位。如 mCi、mGal、mR 等。法定单位中有些非十进制的单位,如平面角单位"度"、"[角]分"、"[角]秒"与时间单位"分"、"小时"、"日"等,不得用 SI 词头构成倍数或分数单位。

(2)不得使用重叠的词头。例如,应该用 nm,不应该用 mum;应该用 am,不应该用 uuum,也不应该用 nnm。亿(10^8)、万(10^4)等是我国习惯用的数词,仍可使用,但不是词头。习惯使用的统计单位,如万公里可记为"万 km"或"10^4km";万吨公里可记为"万 t · km"或"10^4 t · km"。

(3)只是通过相乘构成的组合单位在加词头时,词头通常加在组合单位中的第一个单位之前,例如:力矩的单位 kN · m 不宜写成 N · km。

(4)只通过相除构成的组合单位或通过乘和除构成的组合单位在加词头时,词头一般应加在分子中的第一个单位之前,分母中一般不用词头。但质量的 SI 单位 kg,这里不作为有词头的单位对待。例如,摩尔内能单位 kJ/mol 不宜写成 J/mmol。比能单位可以是 J/kg。

(5)当组合单位分母是长度、面积和体积单位时,按习惯与方便,分母中可以选用词头构成倍数单位或分数单位。例如,密度的单位可以选 g/cm³。

(6)一般不在组合单位的分子分母中同时采用词头,但质量单位 kg 不作为有词头对待。例如,电场强度的单位不宜用 kV/mm,而用 MV/m;质量摩尔浓度可以用 mmol/kg。

(7)倍数单位和分数单位的指数,指包括词头在内的单位的幂。例如,$1cm^2 = 1 \times (10^{-2}m)^2 = 1 \times 10^{-4} m^2$,而 $1cm^2 \neq 10^{-2} m^2$,$1\mu s^{-1} = 1 \times (10^{-6}s)^{-1} = 10^6 s^{-1}$。

(8)在计算中,建议所有量值都采用 SI 单位表示,词头应以相应的 10 的幂代替(kg 本身是 SI 单位,故不应换成 10^3 g)。

(9)将 SI 词头的部分中文名称置于单位名称的简称之前构成中文符号时,应注意避免与中文数词混淆,必要时应使用圆括号。

例如,旋转频率的量值不得写成 3 千秒⁻¹。如表示"三每千秒",则应写为"3(千秒)⁻¹"("千"为词头);如表示"三千每秒",则应写为"3 千(秒)⁻¹"("千"为词)。

例如,体积的量值不得写为"2 千米³"。如表示"二立方千米",则应写为"2(千米)³"("千"为词头);如表示"二千立方米",则应写为"2 千(米)³"("千"为数词)。

3. 使用法定计量单位和词头的符号使用注意问题

(1)在初中、小学课本和普通书刊中,有必要时,可将单位的简称(包括带有词头的单位简称)作为符号使用,这样的符号称为"中文符号"。

(2)法定单位和词头的符号,不论拉丁字母或希腊字母,一律用正体,不附省略点,且无复数形式。

(3)单位符号的字母一般用小写体,若单位名称来源于人名,则其符号的第一个字母用大写体。例如:时间单位"秒"的符号是 s;压力、压强的单位"帕斯卡"的符号是 Pa。

(4)词头符号的字母当其所表示的因数小于或等于 10^3 时,一律用小写体,如 10^3 为 k(千)、10^{-1} 为 d(分)、10^{-2} 为 c(厘);大于或等于 10^6 时用大写体,如 10^6 为 M

(兆)、10^9 为 G(吉)等。

(5)由两个以上单位相乘构成的组合单位,其符号有下列两种形式:

$$N · m \quad Nm$$

若组合单位符号中某单位的符号同时又是某词头的符号,并有可能发生混淆时,则应尽量将它置于右侧。

例如,力矩单位"牛·米"的符号应写成 Nm,而不宜写成 mN,以免误解为"毫牛顿"。

(6)由两个以上单位相乘所构成的组合单位,其中文符号只用一种形式,即用居中圆点代表乘号。

例如,动力黏度单位"帕斯卡秒"的中文符号是"帕·秒"而不是"帕秒"、"[帕][秒]"、"帕·[秒]"、"帕—秒"、"(帕)(秒)"、"帕斯卡·秒"等。

(7)由两个以上单位相除所构成的组合单位,其符号可用下列三种形式:

$$kg/m^3 \quad kg · m^{-3} \quad kgm^{-3}$$

当可能发生误解时,应尽量用居中圆点或斜线(/)的形式。

例如,速度单位"米每秒"的符号用 m·s^{-1} 或 m/s,而不宜用 ms^{-1},以免误解为"每毫秒"。

(8)由两个以上单位相除所构成的组合单位,其中文符号可采用以下两种形式之一:

$$千克/米^3 \quad 千克·米^{-3}$$

(9)在进行运算时,组合单位中的除号可用水平横线表示。

例如,速度单位可以写成 $\frac{m}{s}$ 或 $\frac{米}{秒}$。

(10)分子无量纲而分母有量纲的组合单位即分子为 1 的组合单位的符号,一般不用分式而用负数幂的形式。

例如,波数单位的符号是 m^{-1},一般不用 1/m。

(11)在用斜线表示相除时,单位符号的分子和分母都与斜线处于同一行内。当分母中包含两个以上单位符号时,整个分母一般应加圆括号。在一个组合单位的符号中,除加括号避免混淆外,斜线不得多于一条。

例如,热导率单位的符号是 W/(K·m),而不能表示成 W/K·m 或 W/K/m。

(12)词头的符号和单位的符号之间不得有间隙,也不加表示相乘的任何符号。

(13)单位和词头的符号应按其名称或者简称读音,而不得按字母读音。

(14)摄氏温度的单位"摄氏度"的符号℃,可作为中文符号使用,可与其他中文符号构成组合形式的单位。

2.3　测量误差和数据处理

2.3.1　术语

1. 测量结果

与其他有用的相关信息一起赋予被测量的一组真值。

（1）测量结果通常包含这组量值的"相关信息"，诸如某些可以比其他方式更能代表被测量的信息。它可以用概率密度函数（probability density function，PDF）的方式表示。

（2）测量结果通常表示为单个测得的量值和一个测量不确定度，对某些用途，如果认为测量不确定度可忽略不计，则测量结果可表示为单个测得的量值。在许多领域中这是表示测量结果的常用方式。

（3）在传统文献和1993版VIM中，测量结果定义为赋予被测量的值，并按情况解释为平均示值、未修正的结果或已修正的结果。

2. 测得的量值（又称量的测得值，简称测得值）

代表测量结果的量值。与其他有用的相关信息一起赋予被测量的一组量值。

（1）对重复示值的测量，每个示值可提供相应的测得值。用这一组独立的测得值可计算出作为结果的测得值，如平均值或中位值，通常它附有一个已减小了的与其相关联的测量不确定度。

（2）当认为代表被测量的真值范围与测量不确定度相比小得多时，量的测得值可认为是实际唯一真值的估计值，通常是通过重复测量获得的各独立测得值的平均值或中位值。

（3）当认为代表被测量的真值范围与测量不确定度相比不太小时，被测量的测得值通常是一组真值的平均值或中位值的估计值。

（4）在"测量不确定度表示指南"中，对测得的量值使用的术语有"测量结果"和"被测量的值的估计"或"被测量的估计值"。

3. 测量误差（简称误差）

测得的量值减去参考量值。

（1）测量误差的概念在以下两种情况下均可使用：

①当涉及存在单个参考量值，如用测得值的测量不确定度可忽略的测量标准进行校准，或约定量值给定时，测量误差是已知的；

②假设被测量使用唯一的真值或范围可忽略的一组真值表征时,测量误差是未知的;

(2)测量误差不应与出现的错误或过失相混淆。

4.量的真值(简称真值)

与量的定义一致的量值。

(1)在描述关于测量的"误差方法"中,认为真值是唯一的,实际上是不可知的。在"不确定度方法"中认为,由于定义本身细节不完善,不存在单一真值,只存在与定义一致的一组真值,然而,从原理上和实际上,这一组值是不可知的。另一些方法免除了所有关于真值的概念,而依靠测量结果计量兼容性的概念去评定测量结果的有效性。

(2)在基本常量的这一特殊情况下,量被认为具有一个单一真值。

(3)当被测量的定义的不确定度与测量不确定度其他分量相比可忽略时,认为被测量具有一个"基本唯一"的真值。这就是 GUM 和相关文件采用的方法,其中,"真"字被认为是多余的。

5.约定量值(又称量的约定值,简称约定值)

对于给定目的,由协议赋予某量的量值。

(1)有时将术语"约定真值"用于此概念,但不提倡这种用法。

(2)有时约定量值是真值的一个估计值。

(3)约定量值通常被认为具有适当小(可能为零)的测量不确定度。

6.系统测量误差(简称系统误差)

在重复测量中保持不变或按可预见方式变化的测量误差的分量。

(1)系统测量误差的参考量值是真值,或是测量不确定度可忽略不计的测量标准的测得值,或是约定量值。

(2)系统测量误差及其来源可以是已知或未知的。对于已知的系统测量误差可采用修正补偿。

(3)系统测量误差等于测量误差减随机测量误差。

7.随机测量误差(简称随机误差)

在重复测量中按不可预见方式变化的测量误差的分量。

(1)随机测量误差的参考量值是对同一被测量由无穷多次重复测量得到的平均值。

(2)一组重复测量的随机测量误差形成一种分布,该分布可用期望和方差描述,其期望通常可假设为零。

（3）随机误差等于测量误差减去系统测量误差。

8.测量偏移(简称偏移)

系统测量误差的估计值。

2.3.2　测量误差的分类

测量误差包括系统测量误差和随机测量误差两类不同性质的误差。

1.系统测量误差

系统测量误差简称系统误差,是指在重复测量中保持不变或按可预见方式变化的测量误差的分量。系统误差是测量误差的一个分量。当系统误差的参考量值是真值时,系统误差是未知的。而当参考量值是测量不确定度可忽略不计的测量标准的量值或约定量值时,可以获得系统误差的估计值,此时系统误差是已知的。

系统误差的来源可以是已知的或未知的,对已知的来源,如果可能,系统误差可以从测量方法上采取措施予以减小或消除。对于已知估计值的系统误差可以采用修正来补偿。由系统误差的估计值可以求得修正值或修正因子,从而得到已修正的测量结果。由于参考量值是有不确定度的,因此,由系统误差的估计值得到的修正值也有不确定度,这种修正只能起到补偿作用,不能完全消除系统误差。

2.随机测量误差

随机测量误差简称随机误差,是指在重复测量中按不可预见方式变化的测量误差的分量。

随机误差也是测量误差的一个分量。随机误差的参考量值是对同一被测量由无穷多次重复测量得到的平均值,即期望。由于实际上不可能进行无穷多次测量,因此定义的随机误差是得不到的,随机误差是一个概念性术语,不要用定量的随机误差来描述测量结果。

随机误差是由影响量的随机时空变化所引起,它导致重复测量中数据的分散性。一组重复测量的随机误差形成一种分布,该分布可用期望和方差描述,其期望通常可假设为零。

2.3.3　测量误差的计算

1.绝对误差(Δx)的计算

$$\Delta x = x - x_0 \qquad\qquad (2.3.1)$$

式中：x 为测量结果；x_0 为约定量值。

2. 相对误差的 (δ_x) 计算

$$\delta_x = \frac{x - x_0}{x_0} \times 100\% \qquad (2.3.2)$$

2.3.4　有效数字及其运算规则

1. 有效数字

用近似值表示一个量的数值时，通常规定近似值修约误差限的绝对值不超过末位的单位量值的一半，该数值从第一个不是零的数字起到最末一位数的全部数字就称为有效数字。

例：3.1415 的修约误差限为 ±0.00005，有效数字为 5 位，3×10^{-4} 的修约误差限为 $\pm 0.5 \times 10^{-4}$，其有效数字为 1 位。

2. 有效数字的运算规则

1）加、减运算

参与运算的数，小数位数多的数要比小数位最少的数多取一位，余者皆可舍去，最后结果的位数应与位数最少者相同。

例：

$$0.28 + 0.492 + 0.4313 \rightarrow 0.28 + 0.492 + 0.431 \rightarrow 1.203 \rightarrow 1.20$$

2）乘、除运算

当两个小数作乘法除法运算时，在各数中以有效数字位数最少的为准，其余各数均凑成比该数多一个数字而与小数点位置无关。

例：

$$0.58394 \times 0.19 \rightarrow 0.584 \times 0.19 \rightarrow 0.11096 \rightarrow 0.11$$

3）乘方、开方运算

乘方或开方运算时，其运算结果的位数应从第一个不是零的数字算起，与运算前的位数相同。

例：

$$(0.13)^2 \rightarrow 0.0169 \rightarrow 0.02, \quad \sqrt{0.87} \rightarrow 0.9327 \rightarrow 0.93$$

4）复合运算

对于复合运算，中间运算所得数字应比单一运算所得数字至少多取一位（如果运算量大而又要求高的精密测试，可根据需要多取），以保证最后结果的有效数字不受运算过程的影响。

例：

$0.27 \times 0.5819 + 0.259^2 - \sqrt{0.631} + 0.1 \rightarrow 0.27 \times 0.582 + 0.067081 - 0.794355 + 0.1 \rightarrow$
$0.15714 + 0.07 - 0.79 + 0.1 \rightarrow 0.16 + 0.07 - 0.79 + 0.1 \rightarrow -0.46 \rightarrow -0.5$

5)有效位数的增计

若有效数字的第一位数为 8 或 9,则有效位数可增计一位。

例:9.7 的有效位数为两位,但可做三位考虑。

2.3.5　数值修约规则

数值修约是对某一个数字,根据保留数位的要求,将多余位数的数字按照一定规则进行取舍的过程。准确表达测量结果及其测量不确定度必须对有关数值进行修约。

1.确定修约间隔

(1)指定修约间隔 10^{-n}(n 为正整数),或指明将数值修约到 n 位小数。

(2)指定修约间隔为 1,或指明将数值修约到个数位。

(3)指定修约间隔为 10^n(n 为正整数),或指明将数值修约到 10^n 数位,或指明将数值修约到十、百、千…数位。

2.进舍规则

(1)拟舍弃数字的最左一位数字小于 5,则舍去,保留其余各位数字不变。

例:将 12.1498 修约到个数位,得 12;将 12.1498 修约到一位小数,得 12.1。

(2)拟舍弃数字的最左一位数字大于 5,则进一,即保留数字的末位数字加 1。

例:将 1268 修约到百数位,得 13×10^2(特定场合可写成 1300)。

示例中,特定场合指修约间隔明确时。

(3)拟舍弃数字的最左一位数字是 5,且其后有非 0 数字时进一,即保留数字的末位数字加 1。

例:将 10.5002 修约到个数位,得 11。

(4)拟舍弃数字的最左一位数字是 5,且其后无数字或皆为 0 时,若所保留的末位数字为奇数(1,3,5,9)则进一,即保留数字的末位数字加 1;若所保留的末位数字为偶数(0,2,4,6,8),则舍去。

例:修约间隔为 0.1(或 10^{-1})。

拟修约数值	修约值
1.050	10×10^{-1}(特定场合可写为 1.0)
0.35	4×10^{-1}(特定场合可写为 0.4)

(5)负数修约时,先将它的绝对值按照(1)~(4)的规定进行修约,然后在所得

值前面加上负号。

例:将下列数字修约到十数位。

拟修约数值	修约值
−355	−36×10(特定场合可写为−360)
−325	−32×10(特定场合可写为−320)

3. 不允许连续修约

(1)拟修约数字应在确定修约间隔或指定修约数位后一次修约获得结果,不得多次按进舍规则连续修约。

例 1:修约 97.46,修约间隔为 1。

正确的做法:97.46→97;

不正确的做法:97.46→97.5→98。

例 2:修约 15.4546,修约间隔为 1。

正确的做法:15.4546→15;

不正确的做法:15.4546→15.455→15.46→15.5→16。

(2)在具体实施中,有时测试与计算部门先将获得数值按指定的修约数位多一位或几位报出,而后由其他部门判定。为避免产生连续修约的错误,应按下述步骤进行。

①报出数值最右的非零数字为 5 时,应在数值右上角加"+"或加"−"或不加符号,分别表明已进行过舍,进或未舍未进。

例:16.50^+ 表示实际数值大于 16.50,经修约舍弃为 16.50;16.50^- 表示实际值小于 16.50,经修约进一为 16.50。

②如对报出值需进行修约,当拟舍弃数字的最左一位数字为 5,且其后无数字或皆为零时,数值右上角有"+"者进一,有"−"者舍去,其他仍按进舍的规定进行。

例:将下列数字修约到个数位(报出值多留一位至一位小数)。

实测值	报出值	修约值
15.4546	15.5^-	15
−15.4546	$−15.5^-$	−15
16.5203	16.5^+	17

4. 0.5 单位修约与 0.2 单位修约

在对数值进行修约时,若有必要,也可采用 0.5 单位修约或 0.2 单位修约。

1)0.5 单位修约（半个单位修约）

0.5 单位修约是指按指定修约间隔对拟修约的数值 0.5 单位进行的修约。

0.5 单位修约方法如下：将拟修约数值 X 乘以 2，按指定修约间隔对 $2X$ 依进舍规则的规定修约，所得数值（$2X$ 修约值）再除以 2。

例：将下列数字修约到个数位的 0.5 单位修约。

拟修约数值 X	$2X$	$2X$ 修约值	X 修约值
60.25	120.50	120	60.0
60.38	120.76	121	60.5
60.28	120.56	121	60.5
−60.75	−121.50	−122	−61.0

2)0.2 单位修约

0.2 单位修约是指按指定修约间隔对拟修约的数值 0.2 单位进行的修约。

0.2 单位修约方法如下：将拟修约数值 X 乘以 5，按指定修约间隔对 $5X$ 依 3.2 的规定修约，所得数值（$5X$ 修约值）再除以 5。

例：将下列数字修约到百数位的 0.2 单位修约。

拟修约数值 X	$5X$	$5X$ 修约值	X 修约值
830	4150	4200	840
842	4210	4200	840
832	4160	4200	840
−930	−4645	−4600	−920

2.4　测量仪器（计量器具）及其特性

2.4.1　术语

1.测量仪器（也称计量器具）

单独或与一个或多个辅助设备组合，用于进行测量的装置。

(1)一台可单独使用的测量仪器是一个测量系统。

(2)测量仪器可以是指示式测量仪器,也可以是实物量具。

2.实物量具

具有所赋量值,使用时以固定形态复现或提供一个或多个量值的测量仪器。
(1)实物量具的示值是其所赋的量值。
(2)实物量具可以是测量标准。

3.测量系统

一套组装的并适用于特定量在规定区间内给出测得值信息的一台或多台测量仪器,通常还包括其他装置,诸如试剂和电源。
一个测量系统可以包括一台测量仪器。

4.测量设备

为实现测量过程所必需的测量仪器、软件、测量标准、标准物质、辅助设备或其组合。

5.被测量

拟测量的量。

6.影响量

在直接测量中不影响实际被测的量、但会影响示值与测量结果之间关系的量。

7.分辨力

引起相应示值产生可觉察到变化的被测量的最小变化。
分辨力可能与诸如噪声(内部或外部的)或摩擦有关,也可能与被测量的值有关。

8.测量系统的灵敏度(简称灵敏度)

测量系统的示值变化除以相应的被测量值变化所得的商。
(1)测量系统的灵敏度可能与被测量的量值有关。
(2)所考虑的被测量值的变化必须大于测量系统的分辨力。

9.鉴别阈

引起相应示值不可检测到变化的被测量值的最大变化。
鉴别阈可能与诸如噪声(内部或外部的)或摩擦有关,也可能与被测量的值及其变化是如何施加的有关。

10.测量仪器的稳定性(简称稳定性)

测量仪器保持其计量特性随时间恒定的能力。
稳定性可以用几种方式量化。
例:
(1)用计量特性变化到某个规定的量所经过的时间间隔表示。
(2)用特性在规定时间间隔内发生的变化表示。

11.仪器漂移

由于测量仪器计量特性的变化引起的示值在一段时间内的连续或增量变化。
仪器漂移既与被测量的变化无关,也与任何认识到的影响量的变化无关。

12.准确度等级

在规定工作条件下,符合规定的计量要求,使测量误差或仪器不确定度保持在规定极限内的测量仪器或测量系统的等别或级别。
(1)准确度等级通常用约定采用的数字或符号表示。
(2)准确度等级也适用于实物量具。

13.示值误差

测量仪器示值与对应输入量的参考量值之差。

14.最大允许测量误差(简称最大允许误差)

对给定的测量、测量仪器或测量系统,由规范或规程所允许的,相对于已知参考量值的测量误差的极限值。
(1)通常,术语"最大允许误差"或"误差限"是用在有两个极端值的场合。
(2)不应该用术语"容差"表示"最大允许误差"。

2.4.2　计量器具的使用条件

计量器具的计量特性受使用条件的影响,通常允许的使用条件有以下三种形式。

1.参考工作条件

参考工作条件简称参考条件,是指为测量仪器或测量系统的性能评价或测量结果的相互比较而规定的工作条件。这是指测量仪器在进行检定、校准、比对时的使用条件,也就是标准工作条件或称为标准条件。测量仪器具有自身的基本计量性能,而这些计量性能是在有一定影响量的情况下考核的,严格规定的考核测量仪器计量性能的工作条件就是参考条件。开展检定、校准工作时,通常参考条件就是计量检定规程或校准规范上规定的工作条件。

2. 额定工作条件

额定工作条件是指为使测量仪器或测量系统按设计性能工作,在测量时必须满足的工作条件。额定工作条件就是指测量仪器的正常工作条件。额定工作条件一般要规定被测量和影响量的范围或额定值,只有在规定的范围和额定值下使用,测量仪器才能达到规定的计量特性或规定的示值允许误差值,满足规定的正常使用要求。

3. 极限工作条件

极限工作条件是指为使测量仪器或测量系统所规定的计量特性不受损害也不降低,其后仍可在额定工作条件下工作,所能承受的极端工作条件。承受这种极限工作条件后,其规定的计量特性不会受到损坏或降低,测量仪器仍可在额定操作条件下正常运行。极限工作条件应规定被测量和影响量的极限值。

2.5　量值传递与量值溯源

2.5.1　术语

1. 测量标准

测量标准具有确定的量值和相关联的测量不确定度,实现给定量定义的参照对象。

(1)在我国,测量标准按其用途分为计量基准和计量标准。

(2)给定量的定义可通过测量系统、实物量具或有证标准物质复现。

(3)测量标准经常作为参照对象用于为其他同类量确定量值及其测量不确定度。通过其他测量标准、测量仪器或测量系统对其进行校准,确立其计量溯源性。

(4)这里所用的"实现"是按一般意义说的。实现有三种方式:一是根据定义,物理实现测量单位,这是严格意义上的实现;二是基于物理现象建立可高度复现的测量标准,它不是根据定义实现的测量单位,所以称"复现";三是采用实物量具作为测量标准。

(5)测量标准的标准不确定度是用该测量标准获得的测量结果的合成标准不

确定度的一个分量。通常,该分量比合成标准不确定度的其他分量小。

(6)量值及其测量不确定度必须在测量标准使用的当时确定。

(7)几个同类量或不同类量可由一个装置实现,该装置通常也称测量标准。

(8)术语"测量标准"有时用于表示其他计量工具,如"软件测量标准"。

例:

(1)具有标准不确定度为 $3\mu g$ 的 1kg 质量测量标准。

(2)具有标准不确定度为 $1\mu\Omega$ 的 100Ω 测量标准电阻器。

(3)具有相对标准不确定度为 2×10^{-15} 的铯频率标准。

(4)量值为 7.072,其标准测量不确定度为 0.006 的氢标准电极。

(5)每种溶液具有测量不确定度的有证量值的一组人体血清中的可的松参考溶液。

(6)对 10 种不同蛋白质中每种的质量浓度提供具有测量不确定度量值的有证标准物质。

2.国家测量标准(简称国家标准)

经国家权威机构承认,国家测量标准是在一个国家或经济体内作为同类量的其他测量标准定值依据的测量标准。

在我国称计量基准或国家计量标准。

3.参考测量标准(简称参考标准)

参考测量标准是在给定组织或给定地区内指定用于校准或检定同类量其他测量标准的测量标准。

在我国,这类标准称为计量标准。

4.工作测量标准(简称工作标准)

工作测量标准是用于日常校准、检定测量仪器或测量系统的测量标准。

注:工作测量标准通常用参考测量标准校准或检定。

5.量值传递

量值传递是通过对测量仪器的校准或检定,将国家测量标准所实现的单位量值通过各等级的测量标准传递到工作测量仪器的活动,以保证测量所得的量值准确一致。

6.溯源性

溯源性是通过一条具有规定不确定度不间断的比较链,使测量结果或测量标准的值能够与规定的参考标准通常是与国家测量标准或国际测量标准联系起来的特性。溯源性的概念是量值传递概念的逆过程。

2.5.2　量值传递与量值溯源的方式

量值传递与量值溯源的方式有以下几种。

1. 用计量基准及计量标准进行逐级传递

即将受检计量器具送到具有高一等级计量标准的计量机构进行检定。这是传统的量值传递方式,也是现在主要的量值传递方式。

2. 发放有证标准物质进行传递

即通过有证标准物质来校准计量器具及评价测量方法。该方式主要用于化学计量领域。

3. 用发播标准信号进行传递

即通过发播标准信号统一量值。该方式只限于时间频率计量。

4. 用计量保证方案进行传递或溯源

用数理统计的方法,对参加的计量技术机构的校准质量进行控制,定量地确定校准的总不确定度,并对其分析。这是一种新型的量值传递(或溯源)方式,起始于美国,现已引起许多国家的重视,我国也在积极研究中。

2.5.3　量值传递与量值溯源的关系

量值传递与量值溯源是同一过程的两种不同的表达,其含义就是把每一种可测量的量从国际计量基准或国家计量基准复现的量值通过检定或校准,从准确度高到低地向下一级计量标准传递,直到工作计量器具。量值溯源与量值传递互为逆过程,两者的关系如图 2.5.1 所示。

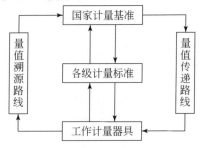

图 2.5.1　量值传递与量值溯源的关系

　　量值传递是自上而下逐级传递。在每一种量的量值传递关系中,国家计量基准只允许有一个。在我国,大部分国家计量基准保存在中国计量科学研究院,社会公用计量标准主要建立在各级法定计量检定机构,部门计量标准建立在省级以上政府有关主管部门,企事业单位计量标准建立在企事业单位,工作计量器具广泛用于生产、科研、商贸领域和人民生活之中。

　　量值溯源是一种自下而上的自愿行为,溯源的起点是计量器具测得的量值,即测量结果或计量标准所指示或代表的量值,通过工作计量器具、各级计量标准直至国家基准。溯源的途径允许逐级或越级送往计量技术机构检定或校准,从而将测量结果与国家计量基准的量值相联系,但必须确保溯源的链路不能间断。

2.6　计量检定、校准和检测

2.6.1　术语

　　1.测量仪器的检定(计量器具的检定,简称计量检定或检定)

　　查明和确认测量仪器符合法定要求的活动,包括检查、加标记和/或出具检定证书。

　　2.首次检定

　　对未被检定过的测量仪器进行的检定。

　　3.后续检定

　　测量仪器在首次检定后的一种检定,包括强制周期检定和修理后检定。

　　4.强制周期检定

　　根据规程规定的周期和程序,对测量仪器定期进行的一种后续检定。

　　5.仲裁检定

　　用计量基准或社会公用计量标准进行的以裁决为目的的检定活动。

　　6.校准

　　在规定条件下的一组操作。第一步是确定由测量标准提供的量值与相应示值之间的关系,第二步则是用此信息确定由示值获得测量结果的关系,这里测量标准提供的量值与相应示值都具有测量不确定度。

（1）校准可以用文字说明、校准函数、校准图、校准曲线或校准表格的形式表示。某些情况下，可以包含示值的具有测量不确定度的修正值或修正因子。

（2）校准不应与测量系统的调整（常被错误称作自校准）相混淆，也不应与校准的验证相混淆。

（3）通常，只把上述定义中的第一步认为是校准。

7. 检测

对给定产品，按照规定程序确定某一种或多种特性、进行处理或提供服务所组成的技术操作。

2.6.2　检定的分类

1. 按照管理环节分类

按照管理环节分类可分为：首次检定、后续检定、进口检定以及仲裁检定。

首次检定是指对未曾检定过的计量器具进行的一种检定。这类检定的对象仅限于新生产或新购置未使用过并且从未检定过的计量器具。其目的是为确认新的计量器具是否符合法定要求，符合法定要求的才能投入使用。所以依法管理的计量器具在投入使用前都要进行首次检定。

后续检定是指计量器具首次检定后的任何一种检定，包括强制周期检定和修理后检定。后续检定的对象有以下几种：

（1）已经过首次检定，使用一段时间后，已到达规定的检定有效期的计量器具。

（2）由于故障经修理后的计量器具。

（3）虽然在检定有效期内，但用户认为有必要重新检定的计量器具。

（4）原封印由于某种原因失效的计量器具。

后续检定的目的是检查和验证计量器具是否仍然符合法定要求，符合要求才准许继续使用，以保证使用中的计量器具是满足法定要求的。但根据计量器具本身的结构特性和使用状况，经过首次检定的计量器具不一定都要进行后续检定。

进口检定是指进口以销售为目的，列入《中华人民共和国依法管理的计量器具目录（型式批准部分）》的计量器具，在海关验放后所进行的检定。这类检定的对象是从国外进口到国内销售的计量器具，以保证在我国销售的进口计量器具都满足法定要求。

仲裁检定是指用计量基准或社会公用计量标准所进行的以裁决为目的的检定活动。这一类特殊的检定是为处理因计量器具准确度引起的计量纠纷而进行的。检定对象是对其是否准确有怀疑而引起纠纷的计量器具。

2.按照管理性质分类

按照管理性质分类可分为强制检定和非强制检定。

强制检定是指对于列入强制管理范围的计量器具由政府计量行政部门指定的法定计量检定机构或授权的计量技术机构实施的定点定期检定。这类检定是政府强制实施的,而非自愿的,《计量法》规定属于强制检定范围的计量器具,未按照规定申请检定或者检定不合格继续使用的,属于违法行为,将追究法律责任。

强制检定的对象包括两类。一类是计量标准器具,它们是社会公用计量标准器具,部门和企业、事业单位使用的最高计量标准器具。这些计量标准器具肩负着全国量值传递的重任。另一类是工作计量器具,指列入《中华人民共和国强制检定的工作计量器具目录》,并且是用于贸易结算、安全防护、医疗卫生、环境监测方面的工作计量器具。这些工作计量器具直接维护着市场经济秩序的正常,交易的公平,人民群众健康、安全以及国家环境、资源的保护。

非强制检定是指对强制检定范围以外的计量器具,可由使用单位自行依法进行定期检定,若本单位自己不能检定的,可送到有权开展量值传递工作的其他计量技术机构检定。《计量法》第九条规定:"使用单位应当自行定期检定或者送其他计量检定机构检定,县级以上人民政府计量行政部门应当进行监督检查"。《中华人民共和国计量法实施细则》(简称《计量法实施细则》)第十二条规定:"企业、事业单位应当配备与生产、科研、经营管理相适应的计量检测设施,制定具体的检定管理办法和规章制度,规定本单位管理的计量器具明细目录及相应的检定周期,保证使用的非强制检定的计量器具定期检定"。

2.6.3 检定的特点

(1)检定的对象是计量器具,不是一般的工业产品。

(2)检定的目的是确保量值的统一和准确可靠,其主要作用是评定计量器具的计量性能是否符合法定要求。

(3)检定的结论是确定计量器具是否合格,是否允许使用。

(4)检定具有计量监督管理的性质,即具有法制性。法定计量检定机构或授权的计量技术机构出具的检定证书,在社会上具有特定的法律效力。

2.6.4 实施检定的原则

(1)计量检定活动必须受国家计量法律、法规和规章的约束,按照经济合理的原则、就近就地进行。

(2)从计量基准到各级计量标准直到工作计量器具的检定程序,必须按照国家计量检定系统表的要求进行。

（3）对计量器具的计量性能、检定项目、检定条件、检定方法、检定周期以及检定数据的处理等，必须执行计量检定规程。

（4）检定结果必须做出合格与否的结论，并出具证书或加盖印记。

（5）从事计量检定的工作人员必须是经过考核合格，并持有有关计量行政部门颁发的检定员证。

2.6.5　检定与校准的关系

计量检定与校准的关系见表 2.6.1 所示。

表 2.6.1　计量检定与校准的关系

序号	内容	计量检定	计量校准
1	定义	查明和确认测量仪器符合法定要求的活动，它包括检查、加标记和/或出具检定证书。	在规定条件下的一组操作，其第一步是确定由测量标准提供的量值与相应示值之间的关系，第二步则是用此信息确定由示值获得测量结果的关系，这里测量标准提供的量值与相应示值都具有测量不确定度。
2	性质	具有法制性，是一种监督	一个组织的技术管理自主行为
3	依据	计量检定规程(三种)	计量校准规范(国家制定或自定)
4	评定	计量器具全面性能	仅对计量器具的示值
5	对象	各级计量标准、强制检定的工作计量器具	生产、经营、科研、教学过程中使用的非强制检定的计量器具及设备
6	时效	周期固定、给出有效期	只给出建议再校准时间、使用者自己确定
7	检定或校准机构	法定计量机构或授权的计量技术机构	选择校准中介机构或进行自校准
8	结果	必须给出计量器具是否合格的结论	给出被校计量器具的示值误差及其测量不确定度
9	证书或报告	提供检定证书或检定结果通知书	提供校准证书或校准报告、校准曲线、示值修正值
10	费用	国家统一规定	双方协议
11	用途	计量器具的量值传递	计量器具的量值溯源

2.6.6　计量检定印、证的管理

1. 计量检定印证的种类

计量检定印证指在计量检定管理工作中证明计量器具检定结论的印证或文件。计量检定印证的种类有：检定证书、检定结果通知书、检定合格证、检定合格印

（錾印、喷印、钳印、漆封印）、注销印。

2. 计量检定印证的管理

计量检定印、证的管理,必须符合《计量检定印、证管理办法》及有关国家计量检定规程和规章制度的规定。计量器具的检定结论不同,使用的检定印、证也不同。

（1）计量器具经检定合格的,由检定单位按照计量检定规程的规定出具《检定证书》《检定合格证》或加盖检定合格印。

（2）计量器具经检定不合格的,由检定单位出具《检定结果通知书》,或注销原检定合格印、证。

（3）《检定证书》或《检定结果通知书》必须字迹清楚,数据无误,内容完整,有检定、核验、主管人员签字,并加盖检定单位印章。

（4）计量检定印、证应有专人保管,并建立使用管理制度。检定合格印应清晰完整。残缺、磨损的检定合格印,应立即停止使用。

（5）对伪造、盗用、倒卖强制检定印、证的,没收其非法所得,可并处罚款;构成犯罪的,依法追究刑事责任。

2.6.7　计量检定人员的管理

计量检定人员应当履行以下义务:
（1）依照有关规定和计量检定规程,开展计量检定活动,恪守职业道德。
（2）保证计量检定数据和有关真实资料的完整。
（3）正确保存、维护、使用计量基准和计量标准,使其保持良好的技术状态。
（4）承担质量技术监督部门委托的与计量检定有关的任务。
（5）保守在计量检定活动中所知悉的商业和技术秘密。
计量检定人员享有以下权利:
（1）在职责范围内依法从事计量检定活动。
（2）依法使用计量检定设施,并获得相关文件。
（3）参加本专业继续教育。

2.6.8　检定、校准和检测依据的技术文件

检定应依据国家计量检定系统表和计量检定规程。国家计量检定系统表和国家计量检定规程由国务院计量行政部门制定。如无国家计量检定规程,则依据国务院有关主管部门和省、自治区、直辖市人民政府计量行政部门分别制定,并向国务院计量行政部门备案的部门计量检定规程和地方计量检定规程。

校准应根据顾客的要求选择适当的技术文件。首选是国家计量校准规范。如

果没有国家计量校准规范,可使用满足顾客需要的、公开发布的,国际的、地区的或国家的技术标准或技术规范,或依据计量检定规程中的相关部分,或选择知名的技术组织或有关科学书籍和期刊最新公布的方法,或由设备制造商指定的方法。还可以使用自编的校准方法文件,自编的校准方法应经过确认后使用。

检测中的型式评价应使用国家统一的型式评价大纲。国家计量检定规程中规定了型式评价要求的按规程进行。对没有国家统一制定的型式评价大纲,也没有在计量检定规程中规定的型式评价要求,由承担任务单位的计量技术人员,依据《计量器具型式评价通用规范》(JJF 1015—2014)和《计量器具型式评价大纲编写导则》(JJF 1016—2014)自行编制该产品的型式评价大纲,经本单位技术负责人审查批准后使用。

2.7　测量不确定度评定与表示

2.7.1　术语

1.测量重复性(简称重复性)

在一组重复性测量条件下的测量精密度。

2.测量复现性(简称复现性)

在复现性测量条件下的测量精密度。

3.测量准确度(简称准确度)

被测量的测得值与其真值间的一致程度。

(1)概念"测量准确度"不是一个量,不给出有数字的量值。当测量提供较小的测量误差时就说该测量是较准确的。

(2)术语"测量准确度"不应与"测量正确度"、"测量精密度"相混淆,尽管它与这两个概念有关。

(3)测量准确度有时被理解为赋予被测量的测得值之间的一致程度。

4.测量精密度(简称精密度)

在规定条件下,对同一或类似被测对象重复测量所得示值或测得值间的一致程度。

(1)测量精密度通常用不精密程度以数字形式表示,如在规定测量条件下的标准偏差、方差或变差系数。

（2）规定条件可以是重复性测量条件、期间精密度测量条件或复现性测量条件。

（3）测量精密度用于定义测量重复性、期间测量精密度或测量复现性。

（4）术语"测量精密度"有时用于指"测量准确度"，这是错误的。

5.试验标准偏差（简称试验标准差）

对同一被测量进行 n 次测量，表征测量结果分散性的量。用符号 s 表示。

（1）n 次测量中某单个测得值 x_k 的试验标准偏差 $s(x_k)$ 可按贝塞尔公式计算：

$$s(x_k) = \sqrt{\frac{\sum_{i=1}^{n}(x_i - \bar{x})^2}{n-1}} \qquad (2.7.1)$$

式中：x_i 为第 i 次测量的测得值；$\bar{x}$ 为 n 次测量所得一组测得值的算术平均值；n 为测量次数。

（2）n 次测量的算术平均值 $\bar{x}$ 的试验标准偏差 $s(\bar{x})$ 为

$$s(\bar{x}) = \frac{s(x_k)}{\sqrt{n}} \qquad (2.7.2)$$

6.测量不确定度（简称不确定度）

根据所用到的信息，表征赋予被测量值分散性的非负参数。

（1）测量不确定度包括由系统影响引起的分量，如与修正量和测量标准所赋量值有关的分量及定义的不确定度。有时对估计的系统影响未作修正，而是当做不确定度分量处理。

（2）此参数可以是诸如称为标准测量不确定度的标准偏差（或其特定倍数），或是说明了包含概率的区间半宽度。

（3）测量不确定度一般由若干分量组成。其中一些分量可根据一系列测量值的统计分布，按测量不确定度的 A 类评定进行评定，并可用标准偏差表征。而另一些分量则可根据基于经验或其他信息获得的概率密度函数，按测量不确定度的 B 类评定进行评定，也用标准偏差表征。

（4）通常，对于一组给定的信息，测量不确定度是相应于所赋予被测量的值的。该值的改变将导致相应的不确定度的改变。

（5）本定义是按 2008 版 VIM 给出，而在 GUM 中的定义是：表征合理地赋予被测量之值的分散性，与测量结果相联系的参数。

7.标准不确定度（全称标准测量不确定度）

以标准偏差表示的测量不确定度。

8. 测量不确定度的 A 类评定(简称 A 类评定)

对在规定测量条件下测得的量值用统计分析的方法进行的测量不确定度分量的评定。

规定测量条件是指重复性测量条件、期间精密度测量条件或复现性测量条件。

9. 测量不确定度的 B 类评定(简称 B 类评定)

用不同于测量不确定度 A 类评定的方法对测量不确定度分量进行的评定。
评定基于以下信息:
(1)权威机构发布的量值。
(2)有证标准物质的量值。
(3)校准证书。
(4)仪器的漂移。
(5)经检定测量仪器的准确度等级。
(6)根据人员经验推断的极限值等。

10. 合成标准不确定度(全称合成标准测量不确定度)

由在一个测量模型中各输入量的标准测量不确定度获得输出量的标准测量不确定度。

在数学模型中的输入量相关的情况下,当计算合成标准不确定度时必须考虑协方差。

11. 相对标准不确定度(全称相对标准测量不确定度)

标准不确定度除以测得值的绝对值。

12. 扩展不确定度(全称扩展测量不确定度)

合成标准不确定度与一个大于 1 的数字因子的乘积。
(1)该因子取决于测量模型中输出量的概率分布类型及所选取的包含概率。
(2)本定义中术语"因子"是指包含因子。

13. 包含区间

基于可获得的信息确定的包含被测量一组值的区间,被测量值以一定概率落在该区间内。
(1)包含区间不一定以所选的测得值为中心。
(2)不应把包含区间称为置信区间,以避免与统计学概念混淆。

(3)包含区间可由扩展测量不确定度导出。

14. 包含概率

在规定的包含区间内包含被测量的一组值的概率。
(1)为避免与统计学概念混淆,不应把包含概率称为置信水平。
(2)在 GUM 中包含概率又称置信的水平(level of confidence)。
(3)包含概率替代了曾经使用过的置信水准。

15. 包含因子

为获得扩展不确定度,对合成标准不确定度所乘的大于 1 的数。包含因子通常用符号 k 表示。

16. 自由度

在方差的计算中,和的项数减去对和的限制数。
(1)在重复性条件下,用 n 次独立测量确定一个被测量时,所得的样本方差为 $(v_1^2+v_2^2+\cdots+v_n^2)/(n-1)$,其中,$v_i$ 为残差,$v_1=x_1-\bar{x}$,$v_2=x_2-\bar{x}$,$\cdots$,$v_n=x_n-\bar{x}$。和的项数即为残差的个数 n,和的限制数为 1。由此可得自由度 $\nu=n-1$。
(2)当用测量所得的 n 组数据按最小二乘法拟合的校准曲线确定 t 个被测量时,自由度 $\nu=n-t$。如果另有 r 个约束条件,则自由度 $\nu=n-(t+r)$。
(3)自由度反映了相应试验标准偏差的可靠程度。用贝塞尔公式估计试验标准偏差 s 时,s 的相对标准偏差为 $\sigma(s)/s=1/\sqrt{2\nu}$。若测量次数为 10,则 $\nu=9$,表明估计的 s 的相对标准偏差约为 0.24,可靠程度达 76%。
(4)合成标准不确定度 $u_c(y)$ 的自由度,称为有效自由度 ν_{eff},用于在评定扩展不确定度 U_p 时求得包含因子 k_p。

17. 修正

对估计的系统误差的补偿。
(1)补偿可取不同形式,诸如加一个修正值或乘一个修正因子,或从修正值表或修正曲线上得到。
(2)修正值是用代数方法与未修正测量结果相加,以补偿其系统误差的值。修正值等于负的系统误差估计值。
(3)修正因子是为补偿系统误差而与未修正测量结果相乘的数字因子。
(4)由于系统误差不能完全知道,因此这种补偿并不完全。

18. 协方差

协方差是两个随机变量相互依赖性的度量,它是两个随机变量各自的误差之积的期望。用符号 $COV(X,Y)$ 或 $V(X,Y)$ 表示：

$$V(X,Y) = E[(X - \mu_x)(Y - \mu_y)] \tag{2.7.3}$$

定义的协方差是在无限多次测量条件下的理想概念。有限次测量时两个随机变量的单个估计值的协方差估计值用 $s(x,y)$ 表示：

$$s(x,y) = \frac{1}{n-1} \sum_{i=1}^{n} (x_i - \bar{X})(y_i - \bar{Y}) \tag{2.7.4}$$

式中：

$$\bar{X} = \frac{1}{n} \sum_{i=1}^{n} x_i, \quad \bar{Y} = \frac{1}{n} \sum_{i=1}^{n} y_i \tag{2.7.5}$$

有限次测量时两个随机变量的算术平均值的协方差估计值用 $s(\bar{x}, \bar{y})$ 表示：

$$s(\bar{x}, \bar{y}) = \frac{1}{n(n-1)} \sum_{i=1}^{n} (x_i - \bar{X})(y_i - \bar{Y}) \tag{2.7.6}$$

2.7.2　测量误差与测量不确定度的区别

测量误差与测量不确定度的主要区别见表 2.7.1。

表 2.7.1　测量误差与测量不确定度的主要区别

序号	测量误差	测量不确定度
1	有正号或负号的量值,其值为测量结果减去被测量真值	无符号的参数,用标准差或其倍数(置信区间的半宽度)表示
2	表明测量结果偏离真值	表明被测量值的分散性
3	客观存在,不以人的认识程度而改变	与人们对被测量、影响量及测量过程的认识有关
4	由于真值未知,用约定真值代替真值,可以得到估计值	根据试验、资料、经验等信息进行评定,可定量确定
5	分为随机误差和系统误差,都是理想概念	不必区分性质,必要时可表述为"随机或系统影响引入的不确定度分量"
6	已知系统误差的估计值,可对测量结果进行修正	不能用不确定度修正测量结果

2.7.3　产生测量不确定度的原因

(1)由测量所得的测得值只是被测量的估计值,测量过程中的随机效应及系统效应均会导致测量不确定度。对已认识的系统效应进行修正后的测量结果仍然只是被测量的估计值,还存在由随机效应导致的不确定度和由于对系统效应修正不完善导致的不确定度。从不确定度评定方法上所做的 A 类评定、B 类评定的分类与产生不确定度的原因无任何联系,不能称为随机不确定度和系统不确定度。

(2)在实际测量中,有许多可能导致测量不确定度的来源。例如：

①被测量的定义不完整；

②被测量定义的复现不理想；

③取样的代表性不够，即被测样本可能不完全代表所定义的被测量；

④对测量受环境条件的影响认识不足或对环境条件的测量不完善；

⑤模拟式仪器的人员读数偏移；

⑥测量仪器的计量性能（如最大允许误差、灵敏度、鉴别力、分辨力、死区及稳定性等）的局限性，即导致仪器的不确定度；

⑦测量标准或标准物质提供的标准值的不准确；

⑧引用的常数或其他参数值的不准确；

⑨测量方法和测量程序中的近似和假设；

⑩在相同条件下，被测量重复观测值的变化。

测量不确定度的来源必须根据实际测量情况进行具体分析。分析时，除了定义的不确定度外，可从测量仪器、测量环境、测量人员、测量方法等方面全面考虑，特别要注意对测量结果影响较大的不确定度来源，应尽量做到不遗漏、不重复。

2.7.4　评定测量不确定度的数学模型

（1）测量中，当被测量（即输出量）Y 由 N 个其他量 $X_1, X_2, \cdots, X_N$（即输入量），通过函数 f 来确定时，则式（2.7.7）称为测量模型：

$$Y = f(X_1, X_2, \cdots, X_N) \tag{2.7.7}$$

式中：大写字母表示量的符号，f 为测量函数。

设输入量 X_i 的估计值为 x_i，被测量 Y 的估计值为 y_i，则测量模型可写成式（2.7.8）的形式：

$$y = f(x_1, x_2 \cdots, x_N) \tag{2.7.8}$$

测量模型与测量方法有关。

在一系列输入量中，第 k 个输入量用 X_k 表示。如果第 k 个输入量是电阻，其符号为 R，则 X_k 可表示为 R。

（2）在简单的直接测量中测量模型可能简单到式（2.7.9）的形式：

$$Y = X_1 - X_2 \tag{2.7.9}$$

甚至简单到式（2.7.10）的形式：

$$Y = X \tag{2.7.10}$$

例如，用压力表测量压力，被测量（压力）的估计值 y 就是仪器（压力表）的示值 x。测量模型为 $y = x$。

（3）输出量 Y 的每个输入量 $X_1, X_2, \cdots, X_N$ 本身可看作为被测量，也可取决于其他量，甚至包括修正值或修正因子，从而可能导出一个十分复杂的函数关系，甚至测量函数 f 不能用显式表示出来。

(4)物理量测量的测量模型一般根据物理原理确定。非物理量或在不能用物理原理确定的情况下,测量模型也可以用试验方法确定,或仅以数值方程给出,在可能情况下,尽可能采用按长期积累的数据建立的经验模型。用核查标准和控制图的方法表明测量过程始终处于统计控制状态时,有助于测量模型的建立。

(5)如果数据表明测量函数没有能将测量过程模型化至测量所要求的准确度,则要在测量模型中增加附加输入量来反映对影响量的认识不足。

(6)测量模型中输入量可以如下:

①由当前直接测得的量。这些量值及其不确定度可以由单次观测、重复观测或根据经验估计得到,并可包含对测量仪器读数的修正值和对诸如环境温度、大气压力、湿度等影响量的修正值。

②由外部来源引入的量。如已校准的计量标准或有证标准物质的量,以及由手册查得的参考数据等。

(7)在分析测量不确定度时,测量模型中的每个输入量的不确定度均是输出量的不确定度的来源。

(8)如果是非线性函数,可采用泰勒级数展开并忽略其高阶项,将被测量近似为输入量的线性函数,才能进行测量不确定度评定。若测量函数为明显非线性,合成标准不确定度评定中必须包括泰勒级数展开中的主要高阶项。

(9)被测量 Y 的最佳估计值 y 在通过输入量 $X_1, X_2, \cdots, X_N$ 的估计值 $x_1, x_2, \cdots, x_N$ 得出时,有式(2.7.11)和式(2.7.12)两种计算方法。

①计算方法一:

$$y = \bar{y} = \frac{1}{n} \sum_{k=1}^{n} y_k = \frac{1}{n} \sum f(x_{1k}, x_{2k}, \cdots, x_{Nk}) \qquad (2.7.11)$$

式中:y 是取 Y 的 n 次独立测量得到的测得值 y_k 的算术平均值,其每个测得值 y_k 的不确定度相同,且每个 y_k 都是根据同时获得的 N 个输入量 X_i 的一组完整的测得值求得的。

②计算方法二:

$$y = f(x_1, x_2, \cdots, x_N) \qquad (2.7.12)$$

式中:$x_i = \frac{1}{n} \sum_{k=1}^{n} x_{i,k}$,它是第 i 个输入量的 k 次独立测量所得的测得值 $x_{i,k}$ 的算术平均值。这一方法的实质是先求 X_i 的最佳估计值 $\bar{x}_i$,再通过函数关系式计算得出 y。当 f 是输入量 X_i 的线性函数时,以上两种方法的计算结果相同。但当 f 是 X_i 的非线性函数时,应采用式(2.7.11)的计算方法。

2.7.5　常用的标准不确定度分量评定方法

1. 概述

(1)测量不确定度一般由若干分量组成,每个分量用其概率分布的标准偏差估计值表征,称标准不确定度。用标准不确定度表示的各分量用 u_i 表示。根据对 X_i 的一系列测得值 x_i 得到试验标准偏差的方法为 A 类评定。根据有关信息估计的先验概率分布得到标准偏差估计值的方法为 B 类评定。

(2)在识别不确定度来源后,对不确定度各个分量做一个预估是必要的,测量不确定度评定的重点应放在识别并评定那些重要的、占支配地位的分量上。

2.标准不确定度的 A 类评定

1) A 类评定的方法

对被测量进行独立重复观测,通过所得到的一系列测得值,用统计分析方法获得试验标准偏差 $s(x)$,当用算术平均值 $\bar{x}$ 作为被测量估计值时,被测量估计值的 A 类标准不确定度按式(2.7.13)计算:

$$u_A = u(\bar{x}) = s(\bar{x}) = \frac{s(x_k)}{\sqrt{n}} \qquad (2.7.13)$$

标准不确定度的 A 类评定的一般流程如图 2.7.1 所示。

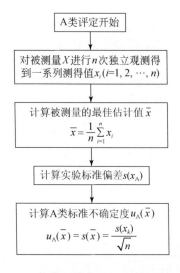

图 2.7.1　标准不确定度的 A 类评定流程图

2)贝塞尔公式法

在重复性条件或复现性条件下对同一被测量独立重复观测 n 次,得到 n 个测得值 $x_i(i=1,2,\cdots,n)$,被测量 X 的最佳估计值是 n 个独立测得值的算术平均值 $\bar{x}$,按式(2.7.14)计算:

$$\bar{x} = \frac{1}{n} \sum_{i=1}^{n} x_i \qquad (2.7.14)$$

单个测得值 x_k 的试验方差 $s^2(x_k)$,按式(2.7.15)计算:

$$s^2(x_k) = \frac{1}{n-1} \sum_{i=1}^{n} (x_i - \bar{x})^2 \qquad (2.7.15)$$

单个测得值 x_k 的试验标准偏差 $s(x_k)$ 按式(2.7.16)计算：

$$s(x_k) = \sqrt{\frac{1}{n-1} \sum_{i=1}^{n} (x_i - \bar{x})^2} \qquad (2.7.16)$$

式(2.7.16)就是贝塞尔公式,自由度 ν 为 $n-1$。试验标准偏差 $s(x_k)$ 表征了测得值 x 的分散性,测量重复性用 $s(x_k)$ 表征。

被测量估计值 $\bar{x}$ 的 A 类标准不确定度 $u_A(\bar{x})$ 按式(2.7.17)计算：

$$u_A(\bar{x}) = s(\bar{x}) = \frac{s(x_k)}{\sqrt{n}} \qquad (2.7.17)$$

A 类标准不确定度 $u_A(\bar{x})$ 的自由度为试验标准偏差 $s(x_k)$ 的自由度,即 $\nu = n-1$。试验标准偏差 $s(\bar{x})$ 表征了被测量估计值 $\bar{x}$ 的分散性。

3)极差法

一般在测量次数较少时,可采用极差法评定获得 $s(x_k)$。在重复性条件或复现性条件下,对 X_i 进行 n 次独立重复观测,测得值中的最大值与最小值之差称为极差,用符号 R 表示。在 X_i 可以估计接近正态分布的前提下,单个测得值 x_k 的试验标准差 $s(x_k)$ 可按式(2.7.18)近似地评定：

$$s(x_k) = \frac{R}{C} \qquad (2.7.18)$$

式中:R 为极差;C 为极差系数。

极差系数 C 及自由度 ν 可查表 2.7.2 得到。

表 2.7.2　极差系数 C 及自由度 ν

n	2	3	4	5	6	7	8	9
C	1.13	1.69	2.06	2.33	2.53	2.70	2.85	2.97
ν	0.9	1.8	2.7	3.6	4.5	5.3	6.0	6.8

被测量估计值的标准不确定度按式(2.7.19)计算：

$$u_A(\bar{x}) = s(\bar{x}) = \frac{s(x_k)}{\sqrt{n}} = \frac{R}{C\sqrt{n}} \qquad (2.7.19)$$

例:对某被测件的长度进行 4 次测量的最大值与最小值之差为 3cm,查表 2.7.2 得到极差系数 C 为 2.06,则长度测量的 A 类标准不确定度为

$$u_A(x) = \frac{R}{C\sqrt{n}} = \frac{3\text{cm}}{2.06 \times \sqrt{4}} = 0.73\text{cm}, \quad \text{自由度 } \nu = 2.7$$

3.标准不确定度的 B 类评定

(1)B 类评定的方法是根据有关的信息或经验,判断被测量的可能值区间 $[\bar{x}-$

a, $\bar{x}+a$],假设被测量值的概率分布,根据概率分布和要求的概率 P 确定 k,则 B 类标准不确定度 u_B 可由式(2.7.20)得

$$u_B = \frac{a}{k} \qquad (2.7.20)$$

式中:a 为被测量可能值区间的半宽度。

根据概率论获得的 k 称置信因子,当 k 为扩展不确定度的倍乘因子时称包含因子。

标准不确定度的 B 类评定的一般流程如图 2.7.2 所示。

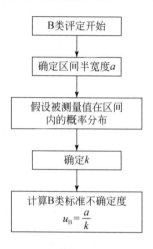

图 2.7.2　标准不确定度的 B 类评定流程图

（2）区间半宽度 a 一般根据以下信息确定:

①以前测量的数据;

②对有关技术资料和测量仪器特性的了解和经验;

③生产厂提供的技术说明书;

④校准证书、检定证书或其他文件提供的数据;

⑤手册或某些资料给出的参考数据;

⑥检定规程、校准规范或测试标准中给出的数据;

⑦其他有用的信息。

4. 合成标准不确定度的计算

1）不确定度传播律

当被测量 Y 由 N 个其他量 $X_1, X_2, \cdots, X_N$ 通过线性测量函数 f 确定时,被测量的估计值 y 为 $y = f(x_1, x_2, \cdots, x_N)$。被测量的估计值 y 的合成标准不确定度 $u_c(y)$ 按式(2.7.21)计算:

$$u_{c}(y)=\sqrt{\sum_{i=1}^{N}\left(\frac{\partial f}{\partial x_{i}}\right)^{2}u^{2}(x_{i})+2\sum_{i=1}^{N-1}\sum_{j=i+1}^{N}\frac{\partial f}{\partial x_{i}}\frac{\partial f}{\partial x_{j}}r(x_{i},x_{j})u(x_{i})u(x_{j})}$$

$$(2.7.21)$$

式中：y 为被测量 Y 的估计值，又称输出量的估计值；x_i 为输入量 X_i 的估计值，又称第 i 个输入量的估计值；$\frac{\partial f}{\partial x_i}$ 为被测量 Y 与有关的输入量 X_i 之间的函数对于输入量 X_i 的偏导数，称灵敏系数，灵敏系数通常是对测量函数 f 在 $X_i=x_i$ 处取偏导数得到，也可用 c_i 表示。灵敏系数是一个有符号和单位的量值，它表明了输入量 x_i 的不确定度 $u(x_i)$ 影响被测量估计值的不确定度 $u_c(y)$ 的灵敏程度。有些情况下，灵敏系数难以通过函数 f 计算得到，可以用试验确定，即采用变化一个特定的 X_i，测量出由此引起的 Y 的变化。$u(x_i)$ 为输入量 x_i 的标准不确定度。$r(x_i,x_j)$ 为输入量 x_i 与 x_j 的相关系数，$r(x_i,x_j)u(x_i)u(x_j)=u(x_i,x_j)$。$u(x_i,x_j)$ 为输入量 x_i 与 x_j 的协方差。

　　式(2.7.21)被称为不确定度传播律，它是计算合成标准不确定度的通用公式，当输入量间相关时，需要考虑它们的协方差。当各输入量间均不相关时，相关系数为零。被测量的估计值 y 的合成标准不确定度 $u_c(y)$ 按式(2.7.22)计算：

$$u_{c}(y)=\sqrt{\sum_{i=1}^{N}\left(\frac{\partial f}{\partial x_{i}}\right)^{2}u^{2}(x_{i})} \qquad (2.7.22)$$

　　当测量函数为非线性，由泰勒级数展开成为近似线性的测量模型。若各输入量间均不相关，必要时，被测量的估计值 y 的合成标准不确定度 $u_c(y)$ 的表达式中应包括泰勒级数展开式中的高阶项。当每个输入量 X_i 都是正态分布时，考虑高阶项后的 $u_c(y)$ 可按式(2.7.23)计算：

$$u_{c}(y)=\sqrt{\sum_{i=1}^{N}\left(\frac{\partial f}{\partial x_{i}}\right)^{2}u^{2}(x_{i})+\sum_{i=1}^{N}\sum_{j=1}^{N}\left[\frac{1}{2}\left(\frac{\partial^{2}f}{\partial x_{i}\partial x_{j}}\right)^{2}+\frac{\partial f}{\partial x_{i}}\frac{\partial^{3}f}{\partial x_{i}\partial x_{j}^{2}}\right]u^{2}(x_{i})u^{2}(x_{j})}$$

$$(2.7.23)$$

　　常用的合成标准不确定度计算流程如图 2.7.3 所示。

　　2)当输入量间不相关时，合成标准不确定度的计算

　　对于每一个输入量的标准不确定度 $u(x_i)$，设 $u_i(y)=\left|\dfrac{\partial f}{\partial x_i}\right|u(x_i)$，$u_i(y)$ 为相应于 $u(x_i)$ 的输出量 y 的不确定度分量。当输入量间不相关，即 $r(x_i,x_j)=0$ 时，式(2.7.21)可变换为式(2.7.24)：

$$u_{c}(y)=\sqrt{\sum_{i=1}^{N}u_{i}^{2}(y)} \qquad (2.7.24)$$

　　(1) 当简单直接测量，测量模型为 $y=x$ 时，应该分析和评定测量时导致测量不确定度的各分量 u_i，若相互间不相关，则合成标准不确定度按式(2.7.25)计算：

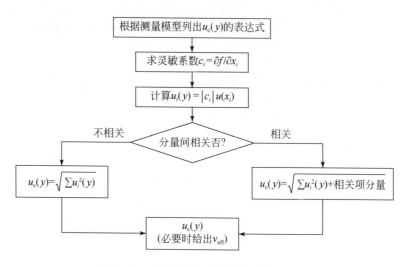

图 2.7.3　合成标准不确定度计算流程图

$$u_c(y) = \sqrt{\sum_{i=1}^{N} u_i^2} \tag{2.7.25}$$

（2）当测量模型为 $Y = A_1 X_1 + A_2 X_2 + \cdots + A_N X_N$ 且各输入量间不相关，合成标准不确定度可用式（2.7.26）计算：

$$u_c(y) = \sqrt{\sum_{i=1}^{N} A_i^2 u^2(x_i)} \tag{2.7.26}$$

（3）当测量模型为 $Y = A X_1^{P_1} X_2^{P_2} \cdots X_N^{P_N}$ 且各输入量间不相关时，合成标准不确定度可用式（2.7.27）计算：

$$\frac{u_c(y)}{|y|} = \sqrt{\sum_{i=1}^{N} \left[\frac{P_i u(x_i)}{x_i} \right]^2} = \sqrt{\sum_{i=1}^{N} \left[P_i u_r(x_i) \right]^2} \tag{2.7.27}$$

当测量模型为 $Y = A X_1 X_2 \cdots X_N$ 且各输入量间不相关时，式（2.7.27）变换为式（2.7.28）：

$$\frac{u_c(y)}{|y|} = \sqrt{\sum_{i=1}^{N} \left[\frac{u(x_i)}{x_i} \right]^2} \tag{2.7.28}$$

只有在测量函数是各输入量的乘积时，可由输入量的相对标准不确定度计算输出量的相对标准不确定度。

3）各输入量间正强相关，相关系数为 1 时，合成标准不确定度的计算

$$u_c(y) = \left| \sum_{i=1}^{N} \frac{\partial f}{\partial x_i} u(x_i) \right| = \left| \sum_{i=1}^{N} c_i u(x_i) \right| \tag{2.7.29}$$

若灵敏系数为 1，则式（2.7.29）变换为式（2.7.30）：

$$u_c(y) = \sum_{i=1}^{N} u(x_i) \tag{2.7.30}$$

4)各输入量间相关时合成标准不确定度的计算

(1)协方差的估计方法。

①两个输入量的估计值 x_i 与 x_j 的协方差在以下情况时可取为零或忽略不计。

a)x_i 和 x_j 中任意一个量可作为常数处理;

b)在不同实验室用不同测量设备、不同时间测得的量值;

c)独立测量的不同量的测量结果。

②用同时观测两个量的方法确定协方差估计值。

a)设 x_{ik},x_{jk} 分别是 X_i 及 X_j 的测得值。下标 k 为测量次数($k=1,2,\cdots,n$)。$\bar{x}_i$,$\bar{x}_j$ 分别为第 i 个和第 j 个输入量的测得值的算术平均值;两个重复同时观测的输入量 x_i,x_j 的协方差估计值 $u(x_i,x_j)$ 可由式(2.7.31)确定:

$$u(x_i,x_j)=\frac{1}{n-1}\sum_{k=1}^{n}(x_{ik}-\bar{x}_i)(x_{jk}-\bar{x}_j) \tag{2.7.31}$$

b)当两个量均因与同一个量有关而相关时,协方差的估计方法为:设 $x_i=F(q)$,$x_j=G(q)$,式中,q 为使 x_i 和 x_j 相关的变量 Q 的估计值,F、G 分别表示两个量与 q 的测量函数。则 x_i 和 x_j 的协方差按公式(式 2.7.32)计算:

$$u(x_i,x_j)=\frac{\partial F}{\partial q}\frac{\partial G}{\partial q}u^2(q) \tag{2.7.32}$$

如果有多个变量使 x_i 和 x_j 相关,当 $x_i=F(q_1,q_2,\cdots,q_L)$,$x_i=G(q_1,q_2,\cdots,q_L)$ 时,协方差按式(2.7.33)计算:

$$u(x_i,x_j)=\sum_{k=1}^{L}\frac{\partial F}{\partial q_k}\frac{\partial G}{\partial q_k}u^2(q_k) \tag{2.7.33}$$

(2)相关系数的估计方法。

①根据对两个量 X 和 Y 同时观测的 n 组测量数据,相关系数的估计值按式(2.7.34)计算:

$$r(x,y)=\frac{\sum_{i=1}^{n}(x_i-\bar{X})(y_i-\bar{Y})}{(n-1)s(x)s(y)} \tag{2.7.34}$$

式中:$s(x)$,$s(y)$ 分别为 x 和 y 的试验标准偏差。

②如果两个输入量的测得值 x_i 和 x_j 相关,x_i 变化 δ_i 会使 x_j 相应变化 δ_j,则 x_i 和 x_j 的相关系数可用经验式(2.7.35)近似估计:

$$r(x,y)\approx\frac{u(x_i)\delta_i}{u(x_j)\delta_i} \tag{2.7.35}$$

式中:$u(x_i)$ 和 $u(x_j)$ 为 x_i 和 x_j 的标准不确定度。

(3)采用适当方法去除相关性。

①将引起相关的量作为独立的附加输入量引入测量模型;

②采取有效措施变换输入量。

5)合成标准不确定度的有效自由度

(1)合成标准不确定度 $u_c(y)$ 的自由度称为有效自由度,用符号 ν_{eff} 表示。它表示了评定的 $u_c(y)$ 的可靠程度,ν_{eff} 越大,评定的 $u_c(y)$ 越可靠。

(2)在以下情况时需要计算有效自由度 ν_{eff}:

①当需要评定 U_p 时为求得 k_p 而必须计算 $u_c(y)$ 的有效自由度 ν_{eff};

②当用户为了解所评定的不确定度的可靠程度而提出要求时。

(3)当各分量间相互独立且输出量接近正态分布或 t 分布时,合成标准不确定度的有效自由度通常可按式(2.7.36)计算:

$$\nu_{eff} = \frac{u_c^4(y)}{\sum_{i=1}^{N} \dfrac{u_i^4(y)}{\nu_i}} \tag{2.7.36}$$

且

$$\nu_{eff} \leqslant \sum_{i=1}^{N} \nu_i$$

当测量模型为 $Y = AX_1^{P_1} X_2^{P_2} \cdots X_N^{P_N}$ 时,有效自由度可用相对标准不确定度的形式计算,见式(2.7.37):

$$\nu_{eff} = \frac{\left[u_c(y)/y\right]^4}{\sum_{i=1}^{N} \dfrac{\left[P_i u(x_i)/x_i\right]^4}{\nu_i}} \tag{2.7.37}$$

实际计算中,得到的有效自由度 ν_{eff} 不一定是一个整数。如果不是整数,可以将 ν_{eff} 的数字舍去小数部分取整。

2.7.6 扩展不确定度的确定

(1)扩展不确定度是被测量可能值包含区间的半宽度。扩展不确定度分为 U 和 U_p 两种。在给出测量结果时,一般情况下报告扩展不确定度 U。

(2)扩展不确定度 U。

扩展不确定度 U 由合成标准不确定度 u_c 乘包含因子 k 得到,按(2.7.38)计算:

$$U = ku_c \tag{2.7.38}$$

测得结果可用式(2.7.39)表示:

$$Y = y \pm U \tag{2.7.39}$$

式中:y 是被测量 Y 的估计值,被测量 Y 的可能值以较高的包含概率落在 $[y-U$,$y+U]$ 区间内,即 $y-U \leqslant Y \leqslant y+U$。被测量的值落在包含区间内的包含概率取决于所取的包含因子 k 的值,k 值一般取 2 或 3。

当 y 和 $u_c(y)$ 所表征的概率分布近似为正态分布时,且 $u_c(y)$ 的有效自由度较大情况下,若 $k=2$ 则由 $U=2u_c$ 所确定的区间具有的包含概率约为 95%。若 $k=$

3,则由 $U=3u_c$ 所确定的区间具有的包含概率约为 99%。

在通常的测量中,一般取 $k=2$。当取其他值时,应说明其来源。当给出扩展不确定度 U 时,一般应注明所取的 k 值;若未注明 k 值,则指 $k=2$。

应当注意,用 k 乘以 u_c 并不提供新的信息,仅是对不确定度的另一种表示形式,在大多数情况下,由扩展不确定度所给出的包含区间具有的包含概率是相当不确定的,不仅因为对用 y 和 $u_c(y)$ 表征的概率分布了解有限,而且因为 $u_c(y)$ 本身具有不确定度。

(3)扩展不确定度 U_p。

当要求扩展不确定度所确定的区间具有接近于规定的包含概率 p 时,扩展不确定度用符号 U_p 表示,当 p 为 0.95 或 0.99 时,分别表示为 U_{95} 和 U_{99}。U_p 由式 (2.7.40) 获得:

$$U_p=k_pu_c \qquad (2.7.40)$$

k_p 是包含概率为 p 时的包含因子,由式 (2.7.41) 获得:

$$k_p=t_p(\nu_{\text{eff}}) \qquad (2.7.41)$$

根据合成标准不确定度 $u_c(y)$ 的有效自由度 ν_{eff} 和需要的包含概率,查《t 分布在不同概率 p 与自由度 v 时的 $t_p(v)$ 值(t 值)表》得到 $t_p(\nu_{\text{eff}})$ 值,该值即包含概率为 p 时的包含因子 k_p 值。

扩展不确定度 $U_p=k_pu_c(y)$ 提供了一个具有包含概率为 p 的区间 $y\pm U_p$。在给出 U_p 时,应同时给出有效自由度 ν_{eff}。

(4)如果可以确定 Y 可能值的分布不是正态分布,而是接近于其他某种分布,则不应按 $k_p=t_p(\nu_{\text{eff}})$ 计算 U_p。

例:Y 可能值近似为均匀分布,取 $p=0.95$ 时 $k_p=1.65$;取 $p=0.99$ 时 $k_p=1.71$;取 $p=1$ 时 $k_p=1.73$。

2.7.7　测量不确定度的报告与表示

(1)测量不确定度报告一般包括以下内容:

①被测量的测量模型;

②不确定度来源;

③输入量的标准不确定度 $u(x_i)$ 的值及其评定方法和评定过程;

④灵敏系数 $c_i=\dfrac{\partial f}{\partial x_i}$;

⑤输出量的不确定度分量 $u_i(y)=|c_i|u(x_i)$,必要时给出各分量的自由度 ν_i;

⑥对所有相关的输入量给出其协方差或相关系数;

⑦合成标准不确定度 u_c 及其计算过程,必要时给出有效自由度 ν_{eff};

⑧扩展不确定度 U 或 U_p,及其确定方法;

⑨报告测量结果,包括被测量的估计值及其测量不确定度。

通常测量不确定度报告除文字说明外,必要时可将上述主要内容和数据列成表格。

(2)当用合成标准不确定度报告测量结果时,应:

①明确说明被测量 Y 的定义;

②给出被测量 Y 的估计值 y、合成标准不确定度 $u_c(y)$ 及其计量单位,必要时给出有效自由度 ν_{eff};

③必要时也可给出相对标准不确定度 $u_{\mathrm{crel}}(y)$。

(3)测量不确定度的表示。

①合成标准不确定度 $u_c(y)$ 的报告可用以下三种形式之一。

例如,标准砝码的质量为 m_s,被测量的估计值为 100.02147g,合成标准不确定度 $u_c(m_s)=0.35\mathrm{mg}$,则报告为:

a)$m_s=100.02147$g;合成标准不确定度 $u_c(m_s)=0.35\mathrm{mg}$。

b)$m_s=100.02147(35)$g;括号内的数是合成标准不确定度的值,其末位与前面结果内末位数对齐。

c)$m_s=100.02147(0.00035)$g;括号内是合成标准不确定度的值,与前面结果有相同计量单位。

形式 b)常用于公布常数、常量。

为了避免与扩展不确定度混淆,对合成标准不确定度的报告,规定不使用 $m_s=(100.02147\pm0.00035)$g 的形式。

②当用扩展不确定度 U 或 U_p 报告测量结果的不确定度时,应:

a)明确说明被测量 m_s 的定义;

b)给出被测量 Y 的估计值 y 及其扩展不确定度 U 或 U_p,包括计量单位;

c)必要时也可给出相对扩展不确定度 U_{rel};

d)对 U 应给出 k 值,对 U_p 应给出 p 值。

③$U=ku_c(y)$ 的报告可用以下四种形式之一。

例如,标准砝码的质量为 m_s,被测量的估计值为 100.02147g,$u_c(y)=0.35\mathrm{mg}$,取包含因子 $k=2$,$U=2\times0.35\mathrm{mg}=0.70\mathrm{mg}$,则报告如下:

a)$m_s=100.02147$g,$U=0.70\mathrm{mg}$;$k=2$。

b)$m_s=(100.02147\pm0.00070)$g;$k=2$。

c)$m_s=100.02147(70)$g,括号内为 $k=2$ 的 U 值,其末位与前面结果内末位数对齐。

d)$m_s=100.02147(0.00070)$g;括号内为 $k=2$ 时的 U 值,与前面结果有相同计量单位。

④$U_p=k_pu_c(y)$ 的报告可用以下四种形式之一。

例如,标准砝码的质量为 m_s,被测量的估计值为 100.02147g,$u_c(y)=$

0.35mg,ν_{eff}＝9,按p＝95％,查表得 k_p＝t_{95}(9)＝2.26,U_{95}＝2.26×0.35mg＝0.79mg,则:

　　a)m_s＝100.02147g,U_{95}＝0.79mg,ν_{eff}＝9。

　　b)m_s＝(100.02147±0.00079)g,ν_{eff}＝9,括号内第二项为U_{95}之值。

　　c)m_s＝100.02147(79)g,ν_{eff}＝9 括号内为U_{95}之值,其末位与前面结果内末位数对齐。

　　d)m_s＝100.02147(0.00079)g,ν_{eff}＝9 括号内为U_{95}之值,与前面结果有相同计量单位。

　　当给出扩展不确定度U_p时,为了明确,推荐以下说明方式。

　　例如,m_s＝(100.02147±0.00079)g,式中,正负号后的值为扩展不确定度U_{95}＝$k_{95}u_c$,其中,合成标准不确定度 $u_c(m_s)$＝0.35g,自由度 ν_{eff}＝9,包含因子 k_p＝t_{95}(9)＝2.26,从而具有包含概率为 95％的包含区间。

2.7.8　报告测量不确定度时的要求

　　(1)相对不确定度的表示应加下标 r 或 rel。例如:相对合成标准不确定度 u_r 或 u_{rel};相对扩展不确定度 U_r 或 U_{rel}。测量结果的相对不确定度 U_{rel} 或 u_{rel} 的报告形式举例如下:

　　①m_s＝100.02147(1±7.0×10^{-6})g,k＝2,式中正负号后的数为U_{rel}的值。

　　②m_s＝100.02147g,$U_{95\text{rel}}$＝7.0×10^{-6},ν_{eff}＝9。

　　(2)在对合成标准不确定度与扩展不确定度这些术语还不太熟悉的情况下,必要时在技术报告或科技文章中报告测量结果的不确定度时可作如下说明:"合成标准不确定度(标准偏差)u_c","扩展不确定度(二倍标准偏差估计值)U"。

　　(3)测量不确定度表述和评定时应采用规定的符号。

　　(4)不确定度单独表示时,不要加"±"号。

　　例如,u_c＝0.1mm 或 U＝0.2mm,不应写成 u_c＝±0.1mm 或 U＝±0.2mm。

　　(5)在给出合成标准不确定度时,不必说明包含因子k或包含概率p。

　　如写成 u_c＝0.1mm(k＝1)是不对的,括号内关于 k 的说明是不需要的,因为合成标准不确定度 u_c 是标准偏差,它是一个表明分散性的参数。

　　(6)扩展不确定度U取k＝2或k＝3时,不必说明p。

　　(7)不带形容词的"不确定度"或"测量不确定度"用于一般概念性的叙述。当定量表示某一被测量估计值的不确定度时要说明是"合成标准不确定度"还是"扩展不确定度"。

　　(8)估计值y的数值和它的合成标准不确定度$u_c(y)$或扩展不确定度U的数值都不应该给出过多的位数。

　　①通常最终报告的 $u_c(y)$ 和 U 根据需要取一位或两位有效数字。$u_c(y)$ 和 U

的有效数字的首位为 1 或 2 时,一般应给出两位有效数字。对于评定过程中的各不确定度分量 $u(x_i)$ 或 $u_i(y)$,为了在连续计算中避免修约误差导致不确定度而可以适当保留多一些位数。

②当计算得到的 $u_c(y)$ 和 U 有过多位的数字时,一般采用常规的修约规则将数据修约到需要的有效数字,修约规则参见《数值修约规则与极限数值的表示和判定》(GB/T 8170—2008)。有时也可以将不确定度最末位后面的数都进位而不是舍去。

例如,$U=28.5\text{kHz}$,需取两位有效数字,按常规的修约规则修约后写成 28kHz。

又如,$U=10.47\text{m}\Omega$,有时可以进位到 $11\text{m}\Omega$;$U=28.5\text{kHz}$ 也可以写成 29kHz。

③通常,在相同计量单位下,被测量的估计值应修约到其末位与不确定度的末位一致。

如 $y=10.05762\Omega$,$U=0.027\Omega$,报告时由于 $U=0.027\Omega$,则 y 应修约到 10.058Ω。

2.7.9 测量不确定度分析计算举例

1.检衡车测量不确定度的评定

1)测量方法及数学模型

依据《轨道衡检衡车》(JJG 567—2012)检定规程,检衡车检定包括空车质量和砝码质量两方面,整车质量是空车与车内所有砝码之和,检定时将检衡车推至标准轨道衡台面上,称量后读取示值。在检定规定的允许条件下,环境温度变化、室内湿度变化、电压波动等引起的标准不确定度可忽略不计。检衡车空车的检定结果,其不确定度主要与上级标准的标准轨道衡和分辨力有关。其数学模型为

$$m=I+C \tag{2.7.42}$$

式中:m 为空车质量值,kg;I 为标准轨道衡通过闪变点法测得的显示值,kg;C 为标准轨道衡在此秤量点时的修正值,kg。

此处以某 T_7 型检衡车为例,空车检定结果为 32400kg,则其最大允许误差 $MPE=\pm1.5\times10^{-4}\times32400\text{kg}=\pm4.86\text{kg}$。

2)灵敏系数

由于各输入量间不相关,因此式(2.7.42)中灵敏系数为

$$c_1=\frac{\partial m}{\partial I}=1, \quad c_2=\frac{\partial m}{\partial C}=1 \tag{2.7.43}$$

3)测量不确定度分量来源及评定

(1)标准轨道衡引入的不确定度分量 u_1。

标准轨道衡引入的不确定度分量 u_1 可以使用式(2.7.44)进行评定:

$$u_1 = \sqrt{\left(\frac{U_1}{k}\right)^2 + u_{\text{inst}}^2} \tag{2.7.44}$$

式中:U_1 为检定标准轨道衡时扩展不确定度;k 为包含因子;u_{inst} 为标准轨道衡不稳定性引起的不确定度。

在用砝码检定标准轨道衡(20~40)t 的秤量点,标准轨道衡检定结果的扩展不确定度要满足:$U_1 \leqslant \frac{1}{3}|\text{MPE}|$。其中最大允许误差 MPE $= \pm 2\text{kg}$, $U_1 \leqslant \frac{1}{3}|\text{MPE}| = 0.667\text{kg}$,所以取 $U_1 = 0.667\text{kg}, k = 2$。标准轨道衡的不稳定性引起的不确定度分量计算,表 2.7.3 给出了近四年检定 30t 秤量点的示值误差。

表 2.7.3　30t 秤量点时检定记录　　　　　　　(单位:kg)

年份	2008	2007	2006	2005
示值误差	−1.4	−1.2	−1.2	−1.4

按均匀分布处理这一分量,即

$$u_{\text{inst}} = \frac{E_{\max} - E_{\min}}{2\sqrt{3}} = \frac{-1.2 - (-1.4)}{2\sqrt{3}} = 0.058\text{kg}$$

标准轨道衡引入的不确定度分量为

$$u_1 = \sqrt{\left(\frac{U_1}{k}\right)^2 + u_{\text{inst}}^2} = \sqrt{\left(\frac{0.667}{2}\right)^2 + 0.058^2} = 0.34\text{kg}$$

(2)分辨力引入的标准不确定度 u_2。

根据《标准轨道衡》(JJG 444—2005),在(20~40)t 称量范围时,标准轨道衡的实际分度值 $e = d = 2\text{kg}$。标准轨道衡数字指示装置的分辨力 $\delta = d = 2\text{kg}$,在对标准轨道衡进行检定时,由于采用的是闪变点法,数字指示装置的分辨力 δ 变为 0.1δ,按照均匀分布进行处理,则有

$$u_2 = \frac{0.1\delta}{2\sqrt{3}} = 0.029\delta = 0.029 \times 2 = 0.058\text{kg}$$

4)测量不确定度来源汇总表

标准不确定度各分量汇总见表 2.7.4。

表 2.7.4　标准不确定度各分量汇总表

序号	标准不确定度来源	符号	u_i/kg	u_c/kg
1	标准轨道衡引入的不确定度	u_1	0.34	0.34
2	分辨力	u_2	0.058	

5)合成标准不确定度

合成标准不确定度 $u_c(y)$ 的评定计算如下所示：

$$u_c(y)=\sqrt{u_1^2+u_2^2}=\sqrt{0.34^2+0.058^2}=0.34\text{kg}$$

6)扩展不确定度

取包含因子 $k=2$，则扩展不确定度 $U=ku_c=2\times0.34=0.68\text{kg}$。

所以该检衡车的测量不确定度为

$$U=0.68\text{kg}, \quad k=2$$

2. 自动轨道衡测量不确定度的评定

1)测量方法及数学模型

以总质量约为 20t,50t,68t,76t,84t 的 5 辆检衡车或参考车辆进行编组,以一定的编组顺序和速度往返 10 次,对自动轨道衡进行检定。数学模型如下：

$$E=I-m_0 \tag{2.7.45}$$

式中：E 为轨道衡称量的示值误差,kg；I 为轨道衡称量检衡车的示值,kg；m_0 为检衡车的标准值,kg。

此处以 T_{6DK} 型检衡车(其中一个秤量点标准值为 82000kg)检定自动轨道衡,被检自动轨道衡为 0.5 级($e=100\text{kg},d=10\text{kg}$)为例。

2)灵敏系数

由于各输入量间不相关,式(2.7.46)中灵敏系数为

$$c_1=\frac{\partial E}{\partial I}=1, \quad c_2=\frac{\partial E}{\partial m_0}=-1 \tag{2.7.46}$$

3)测量不确定度分量来源及评定

(1)自动轨道衡测量的重复性引入的不确定度分量 u_1。

由机车牵引检衡车在自动轨道衡上往返 10 次,共计 20 次称量,其称量结果为 $x_i(i=1,2,\cdots,n)$,见表 2.7.5,计算其示值的平均值 $\bar{x}$ 见式(2.7.47),然后求出试验标准偏差见式(2.7.48),不确定度分量 u_1 见式(2.7.49)：

$$\bar{x}_i=\frac{1}{n}\sum_{i=1}^{n}x_i, \quad i=1,2,\cdots,n \tag{2.7.47}$$

$$s(x)=\sqrt{\frac{1}{n-1}\sum_{i=1}^{n}(x_i-\bar{x})^2}, \quad i=1,2,\cdots,n \tag{2.7.48}$$

$$u_1=\frac{s(x)}{\sqrt{n}} \tag{2.7.49}$$

表 2.7.5　称量数据表　　　　　　　　（单位:kg）

n	1	2	3	4	5	6	7	8	9	10
称量值→	81990	82020	82010	82080	82020	82000	82020	82000	81980	82020
称量值←	82000	82010	82020	81960	82080	82010	82000	82000	82060	82030

$$u_1 = \frac{s(x)}{\sqrt{n}} = \sqrt{\frac{1}{n(n-1)} \sum_{i=1}^{n} (x_i - \bar{x})^2} = 6.7\text{kg}$$

（2）分辨力引入的不确定度分量 u_2。

自动轨道衡的称重指示器的分度值为 d，其不确定度分量采用 B 类评定方法，可作为均匀分布处理，所以分辨力的不确定度分量 u_2 计算如下：

$$u_2 = \frac{d}{2\sqrt{3}} = 2.9\text{kg} \tag{2.7.50}$$

重复性条件下，示值的分散性既决定于仪器结构和原理上的随机效应的影响，也决定于分辨力，当同一种效应导致的不确定度已作为一个分量进入 $u_c(y)$ 时，它不应再包含在另外的分量中。所以选取 u_1 和 u_2 中的一个较大者，即 $u_1 = 6.7\text{kg}$。

（3）检衡车引入的不确定度分量 u_3。

如检衡车质量值为 m_0，在 m_0 处 T_{6DK} 型检衡车的最大允许误差为 3.0×10^{-4} m_0，此处不确定度分量采用 B 类评定方法，可作为均匀分布处理，其 $k = \sqrt{3}$，则不确定度分量 u_3 的计算如下：

$$u_3 = \frac{3.0 \times 10^{-4} \times 82000}{\sqrt{3}} = 14.2\text{kg}。 \tag{2.7.51}$$

4）测量不确定度来源汇总表

标准不确定度各分量汇总见表 2.7.6。

表 2.7.6　标准不确定度各分量汇总表

序号	标准不确定度来源	符号	u_i/kg	u_c/kg
1	自动轨道衡测量的重复性	u_1	6.7	
2	分辨力	u_2	2.9	16
3	检衡车	u_3	14.2	

注:1 和 2 选取其中较大者。

5）合成标准不确定度

合成标准不确定度 $u_c(y)$ 的评定计算如下：

$$u_c(y) = \sqrt{u_1^2 + u_3^2} = 16\text{kg} \tag{2.7.52}$$

6）扩展不确定度

取包含因子 $k = 2$，则扩展不确定度 $U = ku_c = 2 \times 16 = 32\text{kg}$。所以自动轨道衡

测量不确定度为

$$U=32\text{kg}, \quad k=2$$

3. 数字指示轨道衡测量不确定度的评定

数字指示轨道衡使用砝码检衡车对其进行检定,以 T_{6FK} 型检衡车检定约 40t 秤量点,被检数字指示轨道衡为Ⅲ级($e=d=20$kg)为例。

1)测量方法及数学模型

数学模型见下式:

$$E=P-m=I+0.5e-\Delta m-m \tag{2.7.53}$$

式中:E 为轨道衡称量的示值误差,kg;P 为化整前的示值,kg;I 为轨道衡称量的示值,kg;Δm 为附加的小砝码;m 为加载检衡车或砝码的质量,kg。

2)灵敏系数

由于各输入量间不相关,式中 e 和 Δm 为常数,因此式(2.7.53)中的灵敏系数为

$$c_1=\frac{\partial E}{\partial I}=1, \quad c_2=\frac{\partial E}{\partial m}=-1 \tag{2.7.54}$$

3)测量不确定度分量来源及评定

(1)测量的重复性引入的不确定度分量 u_1。

T_{6FK} 检衡车在数字指示轨道衡上进行 3 次重复性称量,其数据为 39982kg、39984kg、39980kg,在这里,R 取该秤量点的最大允许误差 30kg,因此根据极差法得

$$u_1(m)=\frac{R}{C}=\frac{P_{\text{max}}-P_{\text{min}}}{1.69}=\frac{4}{1.69}=2.4\text{kg} \tag{2.7.55}$$

(2)分辨力引入的不确定度分量 u_2。

由于数字指示轨道衡采用闪变点法来确定化整前的示值,其不确定度分量采用 B 类评定方法,可作为均匀分布处理,所以分辨力的不确定度分量 u_2 计算见下式:

$$u_2=\frac{0.1e}{2\sqrt{3}}=\frac{0.1\times20}{2\sqrt{3}}=0.58\text{kg} \tag{2.7.56}$$

重复性条件下,示值的分散性既决定于仪器结构和原理上的随机效应的影响,也决定于分辨力,当同一种效应导致的不确定度已作为一个分量进入 $u_c(y)$ 时,它不应再包含在另外的分量中。所以选取 u_1 和 u_2 中的一个较大者,即 $u_1=2.4$kg。

(3)检衡车或砝码小车引入的不确定度分量 u_3。

对应于 40t 秤量点,利用 T_{6FK} 砝码检衡车中的砝码小车,其最大允许误差为 MPE$=\pm1.0\times10^{-4}\times39980=\pm4.0$kg,按照均匀分布来考虑,$k=\sqrt{3}$,由上级标准带来的不确定度分量为

$$u_3 = \frac{|\text{MPE}|}{\sqrt{3}} = \frac{4.0}{\sqrt{3}} = 2.3\text{kg} \qquad (2.7.57)$$

4)测量不确定度来源汇总表

标准不确定度各分量汇总见表 2.7.7。

表 2.7.7　标准不确定度各分量汇总表

序号	标准不确定度来源	符号	u_i/kg	u_c/kg
1	测量的重复性	u_1	2.4	
2	分辨力	u_2	0.58	3.0
3	检衡车或砝码小车	u_3	2.3	

注:1 和 2 选取其中较大者。

5)合成标准不确定度

合成标准不确定度 $u_c(y)$ 的评定计算见下式:

$$u_c(y) = \sqrt{u_1^2 + u_3^2} = 3.0\text{kg} \qquad (2.7.58)$$

6)扩展不确定度

取包含因子 $k=2$,则扩展不确定度 $U=ku_c=2\times3=6.0\text{kg}$。所以数字指示轨道衡的测量不确定度为

$$U = 6.0\text{kg}, \quad k = 2$$

第 3 章　计量法律、法规及计量组织机构

3.1　计量法律、法规及计量监督管理

3.1.1　术语

1. 计量法

定义法定计量单位、规定法制计量任务及其运作的基本架构的法律。

2. 法定计量机构

负责在法制计量领域实施法律或法规的机构。

法定计量机构可以是政府机构，也可以是国家授权的其他机构，其主要任务是执行法制计量控制。

3.1.2　概述

《计量法》于 1985 年 9 月 6 日在第六届全国人民代表大会常务委员会第十二次会议通过，1986 年 7 月 1 日实施。计量法是调整计量关系的法律规范的总称。《计量法》第一条规定了计量立法的宗旨："为了加强计量监督管理，保障国家计量单位制的统一和量值的准确可靠，有利于生产、贸易和科学技术的发展，适应社会主义现代化建设的需要，维护国家、人民的利益，制定本法"。《计量法》第二条规定了计量立法的调整范围："在中华人民共和国境内，建立计量基准器具、计量标准器具，进行计量检定，制造、修理、销售、使用计量器具，必须遵守本法"。

3.1.3　我国计量法规体系的组成

计量法规体系是指以《计量法》为母法及其从属于《计量法》的若干法规、规章所构成的有机联系的整体。计量法规体系主要包括以下三个方面的内容：

第一是法律，即《计量法》。

第二是法规，包括国务院依据《计量法》制定或批准的计量行政法规，如《计量法实施细则》。《国防计量监督管理条例》、《进口计量器具监督管理办法》等，迄今共有八件。其次还有部分省、自治区、直辖市人大常委会制定的地方性计量

法规。

第三是规章和规范性文件,包括国家技术监督局制定的有关计量的部门规章,如《中华人民共和国计量法条文解释》、《计量基准管理办法》、《计量标准考核办法》、《制造,修理计量器具许可证管理办法》、《计量器具新产品管理办法》等,迄今共有三十多件。其次还有国务院有关部门制定的计量管理办法。此外还有县级以上地方人民政府及计量行政部门制定的地方计量管理规范性文件。

3.1.4　计量监督管理的体制

1. 我国计量监督管理体系

《计量法》第四条明确规定:"国务院计量行政部门对全国计量工作实施统一监督管理"。县级以上地方人民政府计量行政部门对本行政区域内的计量工作实施监督管理。

在《计量法实施细则》第二十六条中又进一步明确规定:"国务院计量行政部门和县级以上地方人民政府计量行政部门监督和贯彻实施计量法律、法规的职责是:(一)贯彻执行国家计量工作的方针、政策和规章制度,推行国家法定计量单位;(二)制定和协调计量事业的发展规划,建立计量基准和社会公用计量标准,组织量值传递;(三)对制造、修理、销售、使用计量器具实施监督;(四)进行计量认证,组织仲裁检定,调解计量纠纷;(五)监督检查计量法律、法规的实施情况,对违反计量法律、法规的行为,按照本细则的有关规定进行处理"。

此外,为了保证计量监督工作的实施,《计量法》第十九条明确规定:"县级以上人民政府计量行政部门,根据需要设置计量监督员。计量监督员管理办法,由国务院计量行政部门制定"。

在《计量法实施细则》第二十七条中又进一步明确规定:"县级以上人民政府计量行政部门的计量管理人员,负责执行计量监督、管理任务;计量监督员负责在规定的区域、场所巡回检查,并可根据不同情况在规定的权限内对违反计量法律、法规的行为,进行现场处理,执行行政处罚。计量监督员必须经考核合格后,由县级以上人民政府计量行政部门任命并颁发监督员证件"。

2001 年 6 月,为适应完善社会主义市场经济体制的要求,进一步加强市场执法监督,维护市场秩序,国务院决定将原国家质量技术监督局、原国家出入境检验检疫局合并,组建国家质量监督检验检疫总局(简称国家质检总局),同时成立认证认可监督管理委员会(简称认监委)和标准化管理委员会(简称标准委),认监委和标准委由国家质检总局实施管理。国家质检总局是国务院主管全国质量、计量、出入境商品检验、出入境卫生检疫、出入境动植物检疫、食品生产监督和认证认可、标准化等工作,并行使行政执法职能的直属机构。

目前,我国的各级质量技术监督部门及法定计量技术机构的关系如图 3.1.1 所示。

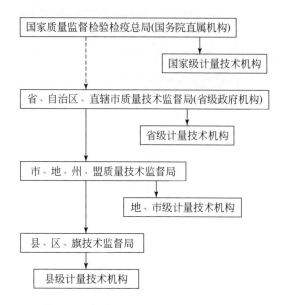

图 3.1.1　各级质量技术监督部门及法定计量技术机构的关系

2.我国计量技术机构体系

《计量法》第二十条规定:"县级以上人民政府计量行政部门可以根据需要设置计量检定机构,或者授权其他单位的计量检定机构,执行强制检定和其他检定、测试任务"。

《计量法实施细则》第二十八条进一步明确:"县级以上人民政府计量行政部门依法设置的计量检定机构,为国家法定计量检定机构。其职责是:负责研究建立计量基准、社会公用计量标准,进行量值传递,执行强制检定和法律规定的其他检定、测试任务,起草技术规范,为实施计量监督提供技术保证,并承办有关计量监督工作"。

在第三十条中又明确规定:"县级以上人民政府计量行政部门可以根据需要,采取以下形式授权其他单位的计量检定机构和技术机构,在规定的范围内执行强制检定和其他检定、测试任务:(一)授权专业性或区域性计量检定机构,作为法定计量检定机构;(二)授权建立社会公用计量标准;(三)授权某一部门或某一单位的计量检定机构,对其内部使用的强制检定计量器具执行强制检定;(四)授权有关技术机构,承担法律规定的其他检定、测试任务"。

因此,我国的法定计量检定机构包括两种:一是县级以上人民政府计量行政部门依法设置的计量检定机构,为国家法定计量检定机构;二是县级以上人民政府计量行政部门根据需要,授权的专业性或区域性计量检定机构,作为法定计量检定机构。

3.2　计量器具产品的法制管理

3.2.1　术语

1. 型式批准

根据型式评价报告所做出的符合法律规定的决定,确定该测量仪器的型式符合相关的法定要求并适用于规定领域,以期能在规定的期间内提供可靠的测量结果。

2. 型式批准标记

施加于测量仪器上用于证明该仪器已通过型式批准的标记。

3. 型式批准的撤销

取消已批准的型式的决定。
撤销适用于下列情况:
(1) 型式变更时。
(2) 计量耐久性和/或可靠性受到影响时。
(3) 法律对测量仪器计量性能要求发生变更并在型式批准主管部门给出新的型式批准时。

4. 型式批准的承认

自愿或根据双边或多边协议所做出的法制性决定,一方承认另一方进行的型式批准符合相关法规的要求,不再颁发新的型式批准证书。

5. 型式批准证书

证明型式批准已获通过的文件。

6. 型式评价

根据文件要求对测量仪器指定型式的一个或多个样品性能所进行的系统检查和试验,并将其结果写入型式评价报告中,以确定是否可对该型式予以批准。

7. 型式评价报告

型式评价中对代表一种型式的一个或多个样本进行检测结果的报告,该报告根据规定的格式编写并给出是否符合规定要求的结论。

3.2.2　计量器具新产品

计量器具新产品是指本单位从未生产过的计量器具,包括对原有产品在结构、材质等方面做了重大改进导致性能、技术特征发生变更的计量器具。国家质检总局负责统一监督管理全国的计量器具新产品型式批准工作,省级质量技术监督部门负责本地区的计量器具新产品型式批准工作。实施管理的范围是国家质检总局发布的《中华人民共和国依法管理的计量器具目录(型式批准部分)》。省级质量技术监督部门须委托相应的技术机构进行型式评价,并通知申请单位。

凡制造计量器具新产品,必须申请型式批准。在我国境内,任何单位或个体工商户制造以销售为目的的计量器具新产品必须遵守《计量器具新产品管理办法》。以下是轨道衡新产品的型式批准和型式评价过程。

3.2.3　轨道衡新产品型式批准和型式评价

轨道衡(包括数字指示轨道衡、自动轨道衡等)列入了国家质检总局发布的《中华人民共和国依法管理的计量器具目录(型式批准部分)》。因此,进行轨道衡的生产,需要申请轨道衡新产品型式批准。国家质检总局负责统一监督管理全国的计量器具新产品型式批准工作,省级质量技术监督部门负责本地区的计量器具新产品型式批准工作。申请轨道衡《制造计量器具许可证》的单位向当地的省级质量技术监督部门提出申请,由省级质量技术监督部门委托有轨道衡型式评价授权的技术部门进行型式评价,型式评价完成后根据结果作出行政许可的决定。

1. 型式批准的申请程序

(1)生产单位在申请《制造计量器具许可证》前,应向当地省级质量技术监督部门申请型式批准。申请型式批准应递交申请书以及营业执照等合法身份证明。

(2)受理申请的省级质量技术监督部门,自接到申请书之日起在 5 个工作日内对申请资料进行初审,初审通过后,委托相应的技术机构进行型式评价,并通知申请单位。

(3)承担型式评价的技术机构,根据省级质量技术监督部门的委托,在 10 个工作日内与申请单位联系,做出型式评价的具体安排。

（4）申请单位应向承担型式评价的技术机构提供试验样机，并递交有关的技术资料。

2. 型式批准的审批程序

（1）省级质量技术监督部门应在接到型式评价报告之日起 10 个工作日内，根据型式评价结果和计量法制管理的要求，对计量器具新产品的型式进行审查。经审查合格的，向申请单位颁发型式批准证书；经审查不合格的，发给不予行政许可决定书。

（2）对已经不符合计量法制管理要求和技术水平落后的计量器具，国家质检总局可以废除原批准的型式。任何单位不得制造已废除型式的计量器具。

3. 轨道衡新产品的型式评价程序

轨道衡新产品的型式评价分为申请、技术资料审查、样机试验及专家技术评价几个环节，其中任一环节不合格，即终止整个流程。型式评价通过后由省级技术监督部门授予相应型式的轨道衡《制造计量器具许可证》，该证书的有效期为 3 年，到期后向发证单位申请许可证到期复查换证考核。

4. 型式评价的技术依据

轨道衡的型式评价按以下现行有效的技术文件进行：
1）数字指示轨道衡
《数字指示轨道衡型式评价大纲》（JJF 1333—2012）。
2）自动轨道衡
《自动轨道衡（动态称量轨道衡）型式评价大纲》（JJF 1359—2012）。

5. 申请企业的基本条件

申请轨道衡生产许可证的企业应具备以下基本条件：
（1）企业应持有工商行政主管部门颁发的《企业法人营业执照》，经营范围应涵盖取证产品，境外企业应持有企业法人资格证明文件。
（2）生产的产品符合国家、行业颁布的产品标准或技术条件要求。
（3）必须具备保证产品质量的计量器具和试验手段。
（4）企业能正常批量生产和供应，产品质量稳定，有足够的供货能力，具备售前、售后的优良服务和备品、备件的供应条件。

6. 生产许可证的申请

轨道衡的生产企业要取得制造计量器具新产品的生产许可证，首先应具备生产轨道衡的能力,生产并安装试验样机取得初步试验数据,并准备好全部资料后可向当地的省级质量技术监督部门申请委托。当地的省级质量技术监督部门收到申请企业的申请及资料后指定技术专家对申请企业进行技术资料审查。

生产企业申请许可时应提交技术资料如下:

应提交轨道衡计量器具新产品生产许可证申请表一份,并附以下文件(加盖单位公章):

(1)组织机构代码、《企业法人营业执照》副本或登记注册证明文件的复印件。

(2)能够反映轨道衡工作特性的整套样机的照片(室外和室内)。

(3)技术报告。

(4)产品总装图、电路图和主要零部件图。

(5)产品标准(企业标准及引用的技术标准文件)。

(6)使用说明书(包括软、硬件操作)。

(7)制造单位或技术机构所做的试验报告。

以上技术资料的审查由承担型式评价的技术机构指定技术专家对申请企业按照下述要求进行技术方案可行性的审查。

7. 技术方案可行性审查

对轨道衡的生产企业进行五个方面的可行性审查:

(1)轨道衡照片应与实际申报的型号相一致,并反映其工作特性和使用环境,必要时可通过多张照片说明。

(2)轨道衡各主要测量功能参数的工作原理、关键零部件的工作特性等应在技术报告中描述清晰、完整;各项功能、计量技术要求以及可靠性要求等应满足所列文件的规定。

(3)轨道衡的工作可靠性,主要包括称重传感器计量性能、模/数转换器的稳定性和承载结构框架的整体刚度,整机的工作稳定性、绝缘性能,使用环境条件包括温度、湿热、电磁兼容等方面符合要求。

(4)影响测量准确度的零部件结构,在相关图样中应提供齐全的结构参数。

(5)测试报告应涵盖轨道衡的全部性能。

8. 计量及技术保证能力审查

轨道衡生产企业应有以下四个方面的计量及技术保证能力:

(1)轨道衡出厂检验规则、方法和校准规范应科学、规范与可行,并经主管批准后实施;对所有用于产品质量检验(包括常规检验项目和抽检项目)和量值溯源的计量器具应进行检定或校准,其证书应现行有效;专用量值溯源设备的溯源应合理、可行,使用未通过有关部门技术认证的专用量值溯源设备时,应通过相应的技术报告、量值溯源规范等证实其可行,所用量值溯源设备的检定或校准证书亦应现行有效等。

(2)企业标准应针对所申报产品的具体特点编制,且技术指标不应在通用技术要求的基础上放宽,必要时应有针对性地加严控制,尤其是出厂验收技术要求。

(3)技术资料的完备性,如:使用说明书中应包括主要技术参数、适用环境条件的说明,测量、标定和检定(或校准)、后续数据处理软件等的详细操作方法说明,且相应方法应适应现场的实际情况;说明书中还应包含所采取的必要修正措施等可能对测量结果产生影响的内容,以及使用安全防护等。

(4)技术资料的信息一致性,如:技术报告、审查表、企业标准、产品使用说明书、测试报告等的相关信息应一致。

9. 型式评价的时限

型式评价时限是指自收到技术监督部门的委托之日至提交评价报告的时间,包括安排技术资料审查、现场试验、整改时间、组织专家技术评价时间、提交型式评价报告时间。一般情况下,技术资料审查时间从收到技术监督部门委托之日起不超过 20 个工作日。因轨道衡的现场试验需要使用检衡车进行,检衡车需要按照调车计划使用,并且根据型式评价大纲要求需要进行长期稳定性试验,周期为 1 年。因此,在一般情况下,轨道衡的型式评价时限为自型式评价单位收到技术监督部门委托的 2 年内完成,现场试验分为首次试验和长期稳定性试验两个部分。

10. 型式评价的结果处理

样机试验结果合格的,由技术机构组织技术专家组对技术资料审查结果和样机试验结果进行技术评价,出具《计量器具型式评价报告》;样机试验结果不合格的,中止审查,出具《计量器具型式评价报告》并将其作为最终审查结果报省级技术监督部门,样机试验报告中应包括产品一致性检查的结果及其符合性结论,省级技术监督部门根据报告的结论,对合格者授予申请单位产品型式批准证书及制造计量器具许可证。

11. 轨道衡的型式评价过程

根据国家质检总局的授权和省级计量行政主管部门的委托,国家轨道衡型式评价实验室组织成立型式评价小组开展工作,审查申请单位提交的技术资料,依据型式评价大纲进行首次试验和稳定性试验等。轨道衡型式评价工作的流程图如图 3.2.1 所示。

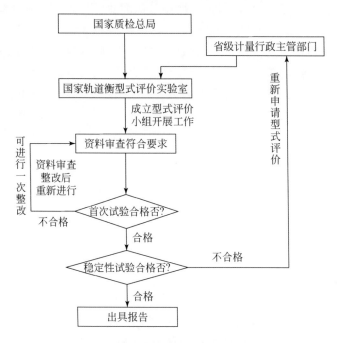

图 3.2.1　轨道衡型式评价流程图

3.3　自动轨道衡的型式评价

3.3.1　术语

1. 长期稳定性试验

在规定的使用周期内,轨道衡维持其性能特征的能力。
型式评价的长期稳定性试验为一个检定周期内的试验。

2. 增差

轨道衡的示值误差与固有误差之差。

3. 显著增差

大于 $1e$ 的增差。
下列情形不认为是显著增差:
(1)轨道衡或检验设备内由于同时发生的、且相互独立的诸原因而引起的增差。

(2)意味着不可能进行任何测量的增差。

(3)严重程度势必被所有关注测量结果的人员所察觉的增差。

(4)由于示值瞬间变动而引起的暂时性增差,作为测量结果这种变动系无法解释、存储或转换。

4.法定相关软件

轨道衡的程序、数据及相关参数,其能定义或执行受法定计量管理的功能。

5.软件标识

一个可读的软件序列号且与该软件有密不可分的对应关系(如版本号)。

6.用户接口

用户与轨道衡的硬件或软件进行信息交流的接口。

3.3.2　型式评价依据及准备

自动轨道衡按照《自动轨道衡(动态称量轨道衡)型式评价大纲》(JJF1359—2012)开展型式评价,型式评价现场工作开始前,型式评价小组需审核提交的软件说明(版本号及声明、系统界面图、操作手册)、影响因子和干扰试验报告以及关键零部件的制造许可证和合格证书。与申请单位确认试验地点、人员、设备(准备吊车及一定量的砝码)、时间等条件是否已满足《自动轨道衡(动态称量轨道衡)型式评价大纲》(JJF1359—2012)要求。

3.3.3　型式评价过程

(1)型式评价小组人员准备好相关文件资料及有关设备赴现场进行型式评价现场试验。

(2)首次试验。

①现场确认样机与申请单位提交的技术资料是否一致,如果不一致停止试验或限期整改。对基础、线路、秤房等进行拍照、存档。

②如果样机与技术资料一致,按照《自动轨道衡(动态称量轨道衡)型式评价大纲》(JJF1359—2012)要求进行首次试验,检查轨道衡的技术状态并记录。

③静态称量和鉴别力试验。

a)将轨道衡的分度值 d 至少细化到 $0.2e$。使用质量值约为 20t、68t、84t 的检衡车进行静态称量试验,根据轨道衡承载器的型式(单承载器或多承载器)使用动态检衡车组或砝码检衡车的砝码及砝码小车进行试验,往返 5 次,记录称量和零点示值,应符合《自动轨道衡(动态称量轨道衡)型式评价大纲》(JJF1359—2012)中表2首次检定的最大允许误差要求。

　　b)在零点、静态称量试验中的各个秤量点上施加或取下1.4d的附加载荷进行鉴别力试验,初始示值应相应改变1d(一般情况下d为20kg)。

　　④动态称量试验。

　　a)常规动态称量试验。

　　以总质量约为20t,50t,68t,76t,84t的5辆检衡车或参考车辆编成以下车组:

　　(a)机车—84t—50t—76t—68t—20t;

　　(b)机车—68t—76t—50t—84t—20t。

　　采用两个编组进行试验,试验时以允许的称量速度往返试验各10次,速度范围应涵盖该型式轨道衡日常使用的全速度范围,包括接近最高称量速度至少2个往返和接近最低称量速度至少2个往返,称量结果应符合《自动轨道衡(动态称量轨道衡)型式评价大纲》(JJF1359—2012)中表3首次检定最大允许误差的要求。

　　b)调整质量试验。

　　在第二个编组中的一辆检衡车上,加或减一定质量的砝码,至少往返5次,称量结果不得超过《自动轨道衡(动态称量轨道衡)型式评价大纲》(JJF1359—2012)中表3对应的首次检定最大允许误差。

　　c)混编质量试验。

　　由5辆检衡车与5辆不同车型(两种或以上)的装载车辆组成混编车组,至少往返5次,检衡车称量结果应满足《自动轨道衡(动态称量轨道衡)型式评价大纲》(JJF1359—2012)中表3首次检定的最大允许误差的要求,混编车辆称量结果的最大变差(最大值减最小值)应不超过相应秤量点(取各次称量值的平均值)首次检定的最大允许误差绝对值的两倍;试验中不得误判车辆。该试验可与调整质量试验同时进行。

　　⑤称量速度试验。

　　该试验在常规动态称量试验中的第一个编组中进行,试验速度应达到以下范围的上下限:

　　a)断轨:(3.0~20.0)km/h;

　　b)不断轨:(5.0~35.0)km/h。

　　进行常规动态称量试验的第一个编组时,记录前三个往返中第一辆和最后一辆检衡车通过轨道衡样机时机车的速度v_L及显示或打印的称量速度v,共6组数据的计算结果均应符合$\left|\dfrac{v-v_L}{v_L}\right| \leqslant 10\%$。

　　首次试验完成后,对调整参数等进行记录,调整参数以及原始打印数据须经制造单位签字确认。

　　⑥长期稳定性试验。

a)首次试验合格后,在一个检定周期内进行长期稳定性试验。首次试验结束后到长期稳定性试验之前,不得对轨道衡样机进行任何调整。

b)长期稳定性试验前检查样机,确保样机各组成部分与首次试验时一致。

c)长期稳定性试验使用首次试验时的程序及调整参数,试验期间不得对样机进行调试。

d)长期稳定性试验应进行以上静态称量试验、鉴别力试验以及动态称量试验项目,计量性能应符合《自动轨道衡(动态称量轨道衡)型式评价大纲》(JJF1359—2012)中使用中检查的规定。

首次试验和长期稳定性试验结束后,型式评价小组根据型式评价情况进行结果的判定,出具型式评价报告。

3.4　数字指示轨道衡的型式评价

3.4.1　术语

1.数字指示轨道衡

一种在铁路线上使用的装有电子装置具有数字指示功能,用于称量静止状态铁路货车的大型衡器(也称静态电子轨道衡)。

2.多承载器数字指示轨道衡

由主承载器和多个副承载器组成的轨道衡。主承载器可作为单承载器轨道衡使用,主承载器和副承载器组合后可作为多承载器轨道衡使用。

3.长期稳定性试验

在规定的使用周期内,轨道衡维持其性能特征的能力。
型式评价的长期稳定性试验为一个检定周期内的试验。

3.4.2　型式评价依据及准备

数字指示轨道衡按照《数字指示轨道衡型式评价大纲》(JJF1333—2012)开展型式评价,型式评价现场工作开始前,型式评价小组需审核制造单位提交的兼容性核查表、称重指示器和传感器型式批准证书和制造计量器许可证。与制造单位确认试验地点、人员、设备、时间等条件是否已满足《数字指示轨道衡型式评价大纲》(JJF1333—2012)要求。

3.4.3　型式评价过程

（1）型式评价小组人员准备好相关文件资料及有关设备赴现场进行型式评价现场试验。

（2）首次试验。

①确认试验样机与制造单位提交的技术资料是否一致，如果不一致停止试验或限期整改。对基础、线路、钢轨、秤房等进行拍照、存档。

②如果与技术资料一致，按照《数字指示轨道衡型式评价大纲》（JJF1333—2012)要求进行首次试验，检查轨道衡的技术状态并记录。

③检查样机的基础、线路、钢轨、秤房状况。

④如果样机具有细分显示装置（不大于 $0.2e$），该装置可以用于确定误差，则直接读数，可不采用闪变点法施加砝码，但应在试验报告中注明。

⑤自动置零。

在承载器上加放 20kg 的砝码，接通电源，然后观察示值。保持稳定 5s 后，示值能够指示零点，则该功能为合格。

⑥零点跟踪装置。

设置零点跟踪范围为 $2e$，施加 $1e$ 砝码后，示值应为零，稳定 2s 后，施加 $1e$ 砝码，示值应为零，再加 $0.4e$，快速同时取下施加的砝码后示值变为 $-2e$，判定零点跟踪装置合格。

⑦初始置零范围。

设置初始置零范围为不大于最大秤量的 20%，将轨道衡置零，然后施加 20t 载荷并关闭电源，接通电源。重复此操作，如果不能置零，则去掉一定质量的载荷，能重新置零的载荷就是轨道衡初始置零范围，则该项合格。如果在 20t 载荷时，能够置零，则再加 $2e$ 的砝码，不能置零，则该项合格，如果仍能置零，则该项不合格，该项试验也可用模拟器进行。

⑧置零范围。

设置置零范围为 4t，施加 3t 的载荷，如果不能置零，则该项不合格；如果能够置零，则再施加 1t 载荷，如果不能置零，则该项不合格；如果能够置零，则下秤后再重新施加 $4t+2e$ 的载荷，如果不能置零，则该项合格，否则不合格，该项试验也可用模拟器进行。

⑨置零准确度。

按置零键使轨道衡置零，关闭零点跟踪装置或使其超出工作范围（如施加一定量的砝码），然后逐个加 $0.1e$ 的砝码，计算零点误差 E_0，应不超过 $\pm0.25e$。

⑩除皮装置准确度。

关闭零点跟踪装置或使其超出工作范围（如施加一定量的砝码），施加 18t 载荷,操作除皮装置,将示值调整为零,然后测定使示值由零变为零上一个分度值所施加的砝码,计算零点误差 E_0,应不超过 $\pm 0.25e$。

⑪除皮称量。

运行零点跟踪装置,加载一定的载荷(大于 $2e$)使其超出零点跟踪范围。施加18t 载荷,操作除皮装置,将示值调整为零,然后将砝码检衡车推至承载器上,确定加载值的误差,应符合相应秤量点的最大允许误差。

⑫承载器检查试验。

现场试验时,使用约 40t 的载荷加载至承载器相邻两个承重点的中间位置,用置于中间位置的百分表测量变形量。该项检查可以与偏载试验同时进行。

⑬偏载试验。

关闭零点跟踪装置或使其超出工作范围(如施加一定量的砝码)。每次加载前确定轨道衡的零点误差 E_0,将质量约为 40t(包括施加的一定量的砝码)的装载砝码小车由承载器一端开始依次推至各承重点及相邻两承重点的中间位置,记录示值,由另一端推离承载器,往返 3 次,确定载荷值的误差,用零点误差值 E_0 进行修正,每个位置的称量结果不超出该载荷下的最大允许误差。具有四组称重传感器的轨道衡,砝码小车在承载器上停放位置如图 3.4.1 所示。

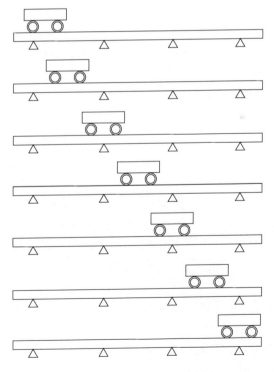

图 3.4.1　偏载试验示意图

⑭称量性能。

运行零点跟踪装置,加载一定的载荷(大于 $2e$)使其超出零点跟踪范围,每个秤量点加载前确定轨道衡的零点误差 E_0,分别施加约 18t、40t、80t 等 3 个载荷值,各秤量点应往返试验 3 次,确定每个加载值的误差,用零点误差值 E_0 进行修正。每个称量值的误差,都不应超出其最大允许误差。

⑮鉴别力试验。

分别在约 18t、40t 和 80t 附近进行试验。在承载器上依次施加 $0.1e$ 的小砝码,直至示值 I 确实地增加了一个分度值而成为 $I+e$。然后在承载器上轻缓的施加 $1.4e$ 的载荷,示值应为 $I+2e$。可在称量试验中进行。

⑯重复性试验。

如果轨道衡具有自动置零或零点跟踪装置,试验时应运行。分别在约 40t 和接近 80t 进行试验,每个秤量点重复 3 次。每次试验前,应将轨道衡调至零点位置。可以与称量性能试验同时进行。

⑰示值随时间的变化试验。

a)蠕变试验。

在轨道衡上施加接近最大秤量的载荷,示值稳定后立即记录,然后按规定时间记录示值。

b)回零试验。

测定轨道衡上施加接近最大秤量载荷前和卸下载荷后的零点示值的偏差。示值稳定后立即记录。

以上试验适用于单承载器的数字指示轨道衡,目前,多承载器轨道衡只有一种型式,即一个长承载器加一个短承载器,因此除了以上的试验外,还增加了不同承载器间的选择(切换)试验,另外,部分试验的方法进行了调整,试验方法如下。

⑱不同承载器间的选择(切换)试验。

a)空载时承载器间的关联性。

关闭零点跟踪装置。当称重指示器选择一个主承载器时,将一个载荷放置于副承载器上,称重指示器示值应为 0;当称重指示器选择组合承载器后的轨道衡时,将一个 $2e$ 的载荷任意放置于其中的一个承载器上或分别放置两个承载器上(一个承载器上加 $1e$),称重指示器示值应为 $2e$。

b)置零。

当称重指示器选择单承载器或多承载器时,置零操作应对每一个承载器有效。

c)称量的不可能性。

选择装置在切换中应不能进行称量。

d)组合使用的可识别性。

检查称重指示器在选择承载器后,指示器上的识别应正确可见。

⑲偏载试验。

关闭零点跟踪装置或使其超出工作范围(如施加一定量的砝码),每次加载前确定轨道衡的零点误差 E_0,将质量约为 40t 的装载砝码小车由承载器一端开始依次推至各承重点及相邻两承重点的中间位置,记录示值,由另一端推离承载器,往返 3 次,确定载荷值的误差,用零点误差值 E_0 进行修正。每个位置的称量结果不大于该载荷下的最大允许误差。双承载器的轨道衡,砝码小车在承载器上停放位置如图 3.4.2 所示。

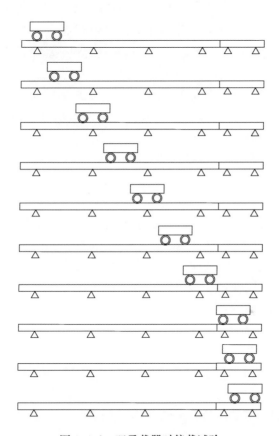

图 3.4.2 双承载器时偏载试验

⑳称量性能。

运行零点跟踪装置,加载一定的载荷使其超出零点跟踪范围,每个秤量点加载前确定轨道衡的零点误差 E_0,在两个承载器上施加共约 18t、40t、80t 等 3 个载荷值,各秤量点应往返试验 3 次。组合承载器使用砝码检衡车和该车内砝码及砝码小车组合进行试验确定每个载荷值的误差,用零点误差值 E_0 进行修正。每个称量值的误差,都不应超出其最大允许误差,试验示意图如图 3.4.3 所示。

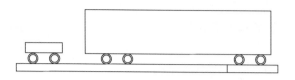

图 3.4.3　双承载器时称量试验

㉑鉴别力试验。

分别在约 18t、40t 和 80t 附近进行试验,可在任意一个承载器上依次施加 $0.1e$ 的小砝码,直至示值 I 确实地增加了一个实际分度值而成为 $I+e$。然后在承载器上轻缓的施加 $1.4e$ 的载荷,示值应为 $I+2e$,可在称量试验中进行。

㉒重复性试验。

如果轨道衡具有自动置零或零点跟踪装置,试验时应运行。分别在约 40t 和接近 80t 进行试验,每个秤量点重复 3 次。每次试验前,应将轨道衡调至零点位置,可以与称量性能试验同时进行。

首次试验后记录称重仪表的相关参数,对影响计量性能的装置进行必要的封存。

(3)长期稳定性试验。

①首次试验合格后,在一个检定周期内按照大纲要求进行长期稳定性试验。首次试验结束后到长期稳定性试验之前,不得对轨道衡进行任何调整。

②长期稳定性试验前检查样机,确保轨道衡各组成部分与首次试验时一致。

③长期稳定性试验使用首次试验时的程序及调整参数,长期稳定性试验期间不得对轨道衡进行调试。

④置零准确度。

按置零键使轨道衡置零,关闭零点跟踪装置或使其超出工作范围(如施加一定量的砝码),然后逐个加 $0.1e$ 的砝码,计算零点误差 E_0,应不超过 $\pm 0.25e$。

⑤偏载试验。

偏载试验按照相应的试验方法进行,每个偏载值的误差,都不应超过使用中检查的最大允许误差。

⑥称量性能。

称量性能按照相应的试验方法进行,每个称量值的误差,都不应超过使用中检查的最大允许误差。

⑦鉴别力试验。

鉴别力试验按照相应的试验方法进行。

⑧重复性试验。

重复性试验按照相应的试验方法进行,同一载荷多次称量结果之间的差值,应不大于该载荷下使用中检查最大允许误差的绝对值。

⑨多指示装置。

如果轨道衡具有多个指示装置,观察不同指示装置的示值,进行比较,各示值装置的显示数值应一致。

3.5　制造、修理计量器具许可证的颁发

3.5.1　术语

1.考核准则

一组方针、程序或要求,用作与考核证据进行比较的依据。

2.考核证据

与考核准则有关的并且能够证实的记录、事实陈述或其他信息。

3.考核结论

考评组根据考核目标和所有考核项目的判定得出的考核结果。

4.考评员

经培训、考试合格并取得制造计量器具许可证考评员证的人员。

5.考核组

实施考核的若干名考评员,并指定其中的一名考评员为考核组组长。需要时,由技术专家提供支持。

3.5.2　法律、法规的规定

《计量法》第十二条规定:"制造、修理计量器具的企业、事业单位,必须具备与所制造、修理的计量器具相适应的设施、人员和检定仪器设备,经县级以上人民政府计量行政部门考核合格,取得《制造计量器具许可证》或者《修理计量器具许可证》。"

2007 年 12 月 29 日国家质检总局以总局令第 104 号令发布了新的《制造、修理及器具许可监督管理办法》,该办法对制造、修理计量器具许可的范围、管理体制、申请与受理、核准与发证、证书和标志、监督管理以及法律责任等做出了规定。其目的是规范制造计量器具许可活动,加强制造计量器具许可监督管理,确保计量器

具量值的准确可靠。

为了规范制造计量器具许可考核工作,保证考核的科学、客观、公平、公正和有效性,根据《计量法》和《制造、修理计量器具许可监督管理办法》等计量法律法规,国家质检总局于 2010 年 3 月 2 日发布了《制造计量器具许可考核通用规范》(JJF 1246—2010),对列入《中华人民共和国依法管理的计量器具目录(型式批准部分)》的计量器具许可考核工作进行了规定。

3.5.3　颁发的对象

《制造计量器具许可证》或者《修理计量器具许可证》颁发的对象是在中华人民共和国境内,以销售为目的制造计量器具、以经营为目的修理计量器具的企业、事业单位和个体工商户。所称计量器具是指列入《中华人民共和国依法管理的计量器具目录(型式批准部分)》的计量器具。

3.5.4　管理体制

国家质检总局统一负责全国制造、修理计量器具许可监督管理工作。省级质监部门负责本行政区域内制造、修理计量器具许可监督管理工作。市、县级质监部门在省级质监部门的领导和监督下负责本行政区域内制造、修理计量器具许可监督管理工作。制造、修理计量器具许可监督管理应当遵循科学、高效、便民的原则。

3.5.5　申请条件

申请制造、修理计量器具许可,应当具备以下条件:
(1)具有与所制造、修理计量器具相适应的技术人员和检验人员。
(2)具有与所制造、修理计量器具相适应的固定生产场所及条件。
(3)具有保证所制造、修理计量器具量值准确的检验条件。
(4)具有与所制造、修理计量器具相适应的技术文件。
(5)具有相应的质量管理制度和计量管理制度。
申请制造计量器具许可的,还应当按照规定取得计量器具型式批准证书,并具有提供售后技术服务的条件和能力。

3.5.6　许可效力

许可的法律效力主要体现在项目效力、生产地效力、时间效力、委托加工效力四个方面。

1. 项目效力

制造、修理计量器具许可只对经批准的计量器具名称、型号等项目有效。新增制造、修理项目的,应当另行办理新增项目制造、修理计量器具许可。制造量程扩大或者准确度提高等超出原有许可范围的相同类型计量器具新产品,或者因有关技术标准和技术要求改变导致产品性能发生变更的计量器具的,应当另行办理制造计量器具许可;其有关现场考核手续可以简化。

2. 生产地效力

因制造或修理场地迁移、检验条件或技术工艺发生变化、兼并或重组等原因造成制造、修理条件改变的,应当重新办理制造、修理计量器具许可。

3. 时间效力

制造、修理计量器具许可有效期为 3 年。有效期届满,需要继续从事制造、修理计量器具的,应当在有效期届满 3 个月前,向原准予制造、修理计量器具许可的质监部门提出复查换证申请。

4. 委托加工效力

采用委托加工方式制造计量器具的,被委托方应当取得与委托加工产品项目相应的制造计量器具许可,并与委托方签订书面委托合同。委托加工的计量器具,应当标注被委托方的制造计量器具许可证标志和编号。

3.5.7　监督管理

(1)任何单位和个人未取得制造、修理计量器具许可,不得制造、修理计量器具。任何单位和个人不得销售未取得制造计量器具许可的计量器具。

(2)各级质监部门应当对取得制造、修理计量器具许可单位和个人实施监督管理,对制造、修理计量器具质量实施监督检查。

(3)根据不同的情况,原准予制造、修理计量器具许可的质监部门或者其上级质监部门可以撤销其制造、修理计量器具许可。

3.5.8　考核要求

申请制造许可的计量器具必须按规定取得相应的型式批准证书。考核要求包括《制造计量器具许可考核通用规范》(JJF 1246—2010)中的计量法制管理(4.2)、人力资源(4.3)、生产场所(4.4)、生产设施(4.5)、检验条件(4.6)、技术文件(4.7)、管理制度(4.8)、售后服务(4.8)和产品质量(4.10)等九个方面。申请制造计量器具许可的单位必须符合上述九个方面的全部要求,其中生产场所、生产设施和检验条件等还必须符合该项目许可考核必备条件所规定的全部要求。

3.5.9　考核原则及过程

制造计量器具许可的现场考核应坚持独立性、保密性和基于证据的方法原则。考核组实行考核组长负责制。考核组组长全面负责组织对生产条件的考核工作；负责制定考核计划；代表考核组与被考核单位领导接触；有权对考核结果作最后的决定以及负责审定并提交考核报告。考核组组长在对申请材料进一步详细审查的基础上，负责制定现场考核计划，并形成文件。为了实施出厂检验能力的考核，考核组组长根据考核的项目合理确定必要的现场试验样品。

现场考核时，申请单位应当保持申请许可项目的正常生产状态，并按照《制造计量器具许可考核通用规范》(JJF 1246—2010)中的要求准备相应资料，供考核组检查。考核过程中，考核组通过预备会议、首次会议、现场巡视、分组检查、现场试验、末次会议等方式，对考核过程的各项活动应形成记录。记录应包括足够的信息，以对考核活动进行正确评价，使每项评价基于证据的方法原则，并使每个证据具有可证实性和溯源性。考核完成后，根据形成的记录情况，形成考核报告，考核组向组织考核的质量技术监督部门提交考核报告，做出考核结论意见。

3.5.10　许可证的颁发

受理申请的质量技术监督部门根据现场考核报告，自受理申请之日起 20 日内作出是否核准的决定。作出核准决定的，应当自作出核准决定之日起 10 日内向申请人颁发制造、修理计量器具许可证；作出不予核准决定的，应当书面告知申请人，并说明理由。例如轨道衡的《制造计量器具许可证》的申请过程为：按照型式评价大纲进行首次试验和长期稳定性试验结束后，型式评价小组根据型式评价情况进行结果的判定，出具相应《计量器具型式评价报告》，进行型式评价委托的省级质量技术监督部门在收到轨道衡的《计量器具型式评价报告》后，根据《计量器具型式评价报告》的结论向申请企业颁发相应型式的计量器具新产品型式批准证书，并组织考核组对申请企业进行制造计量器具许可考核，考核合格后颁发《制造计量器具许可证》。

3.6　计量技术法规及国际计量技术文件

3.6.1　术语

1.计量检定规程

为评定计量器具的计量特性，规定了计量性能、法制计量控制要求、检定条件和检定方法以及检定周期等内容,并对计量器具作出合格与否的判定的计量技术法规。

2. 国家计量检定规程

由国家计量主管部门组织制定并批准颁布,在全国范围内施行,作为计量器具特性评定和法制管理的计量技术法规。

3. 国际建议

国际法制计量组织的出版物之一,它给出了制定法规的模板,旨在提出某种测量器具必须具备的计量特性,并规定了检查其合格与否的方法和设备。

4. 国际文件

国际法制计量组织的出版物之一,它提供的信息旨在指导法定计量机构的工作。

5. OIML 计量器具证书制度

在自愿基础上,对符合国际法制计量组织国际建议要求的测量器具进行证书签发、注册和使用的一种制度。

6. OIML 合格证书

由 OIML 成员国的授权机构签发,证明由提交的检测样品所代表的某种计量器具的型式符合 OIML 相关国际建议有关要求的文件。

3.6.2　计量技术法规的分类

计量技术法规包括国家计量检定系统表、计量检定规程和计量技术规范。它们是正确进行量值传递、量值溯源,确保计量基准、计量标准所测出的量值准确可靠,以及实施计量法制管理的重要手段和条件。

制定计量技术法规采用国际通行做法,即由专家组成的专业技术委员会完成技术性起草和审定工作,由国家质检总局批准发布。

《计量法》第十条规定:"计量检定必须按照国家计量检定系统表进行。国家计量检定系统表由国务院计量行政部门制定"。

计量检定必须执行计量检定规程。国家计量检定规程由国务院计量行政部门制定。没有国家计量检定规程的,由国务院有关主管部门和省、自治区、直辖市人民政府计量行政部门分别制定部门计量检定规程和地方计量检定规程,并向国务院计量行政部门备案。

3.6.3　计量技术法规的编号

国家计量检定规程用汉语拼音缩写 JJG 表示,编号为 JJG ××××—×××
×;例如:《自动轨道衡》(JJG 234—2012)。

国家计量检定系统表用汉语拼音缩写 JJG 表示,顺序号为 2000 号以上,编号
为 JJG 2×××—××××。

国家计量技术规范用汉语拼音缩写 JJF 表示,编号为 JJF ××××—×××
×,其中国家计量基准、副基准操作技术规范顺序号为 1200 号以上。例如:《国家
计量检定规程编写规则》(JJF 1002—2010)。

××××—×××× 为法规的"顺序号—年份号",均用阿拉伯数字表示(年份
号为批准的年份)。

地方和部门计量检定规程为 JJG( ) ××××—××××,( )里用中文字,代表
该检定规程的批准单位和施行范围,×××× 为顺序号,—×××× 为批准的年
份。如《智能冷水表检定规程》(JJG(京) 39—2006),代表北京市质量技术监督局
2006 年批准的顺序号为第 39 号的地方计量检定规程,在北京范围内施行。又如
《水泥混凝土拌合物含气量测定仪检定规程》(JJG(交通) 094—2009),代表交通部
2009 年批准的顺序号为第 094 号的部门计量检定规程,在交通部范围内施行。

3.6.4　国际计量组织机构及国际计量技术规范

1.《米制公约》及相关组织

1)国际米制公约组织

1791 年,法国国民代表大会通过了以长度单位米为基本单位的决议。1875 年
5 月 20 日,由 17 个国家代表在巴黎签订了《米制公约》,从而为米制的传播和发展
奠定了基础。米制公约组织的宗旨是为了保证在国际范围内计量单位和物理量测
量的统一,建立并保存国际原器进行各国基准的比对和技术协调,建立国际单位制
并负责改进工作,从事基础性的计量学研究工作。《米制公约》的签订,为全世界统
一计量单位打下了基础。我国于 1976 年 12 月经国务院批准参加《米制公约》。

1999 年,在纪念《米制公约》签署 125 周年之际,国际计量委员会把每年的 5 月
20 日确定为"世界计量日"。从 2000 年开始,每年的这一天,许多国家都会以各种
形式庆祝世界计量日。米制公约组织最高权力机构是国际计量大会。大会设国际
计量委员会,常设机构是国际计量局。

2)国际计量大会

国际计量大会是国际米制公约组织的最高权力机构,每 4 年召开一次大会,由
各成员国的政府派代表参加,听取国际计量委员会的工作报告,并讨论国际单位制

改进、推广和发展等事项,审查成员国最新研究发展出来的测量标准。第一届国际计量大会召开于 1889 年。

　　3)国际计量委员会(CIPM)

　　国际计量委员会受国际计量大会领导,是国际米制公约组织的常设领导机构,由计量学专家组成,每年在巴黎召开会议。它的任务是指导和监督国际计量局的工作;建立各国计量机构间的协作;组织成员国承担国际计量大会决定的计量任务,并进行指导和协调工作;监督国际计量基准的保存工作。国际计量委员会下设咨询委员会,包括电磁咨询委员会、光度学和辐射测量学咨询委员会、温度计量咨询委员会、长度咨询委员会、时间频率咨询委员会、电离辐射计量基准咨询委员会、单位咨询委员会质量及相关量咨询委员会、物质的量咨询委员会、声学、超声、振动咨询委员会。咨询委员会的主要任务是:负责协调所属专业范围的国际研究工作;提出修改单位的定义和量值的建议,使国际计量委员会可以直接作出决定或提交国际计量大会批准;负责解答本专业的有关问题。

　　4)国际计量局

　　国际计量局是国际计量大会和国际计量委员会的执行机构,是一个常设的世界计量科学研究中心。它的主要任务是保证世界范围内计量的统一,具体负责:建立主要计量单位的基准;保存国际原器;组织国家基准与国际基准的比对;协调有关基本物理常数的计量工作;协调有关的计量技术。

　　2.《国际法制计量组织公约》及相关组织

　　1)《国际法制计量组织公约》

　　为了加强各国计量部门之间在法制计量方面的相互合作和联系,促进计量技术交流,在国际范围内解决使用计量器具中存在的技术与管理问题,1937 年,37 个国家的代表在巴黎召开了国际法制计量大会。会议决定成立国际制计量临时委员会。草拟成立国际法制计量组织的公约草案。1955 年 10 月 12 日,22 个国家的代表在巴黎签订了《国际法制计量公约》,决定正式成立国际法制计量组织。我国于1985 年 4 月加入该组织,成为该组织的成员国。

　　2)国际法制计量组织

　　按照《国际法制计量组织公约》,1955 年 11 月正式成立了国际法制计量组织,总秘书处设在巴黎。

　　国际法制计量组织的宗旨为:一是建立并维持一个法制计量信息中心,促进各国之间法制计量的信息交流;二是研究并制定法制计量的一般原则,供各国在建立自己的法制计量体系时参考;三是为计量器具的性能要求和检查方法制定国际建议,从而促进各国对计量器具的性能要求和检查方法尽可能一致;四是促进各成员国相互接受或承认符合国际法制计量组织要求的仪器和测量结果;五是促进各国法制计量机构之间的合作,在需要和可能时,帮助他们发展其法制计量工作。

国际法制计量组织的机构主要有国际法制计量大会、国际法制计量委员会、主席团理事会、国际法制计量局、发展理事会及有关技术工作组织。

目前我国承担了 OIML TC17/SC1 湿度分技术委员会(秘书处设在中国计量科学研究院)、OIML TC10/SC3 压力分技术委员会(秘书处设在中国计量科学研究院)、OIML TC18/SC1 血压计分技术委员会(秘书处设在上海市计量测试技术研究院)三个国际组织的具体工作。

3)国际法制计量大会(CGML)

国际法制计量大会是国际法制计量组织的最高权力机构,参加者为成员国代表团。主要负责制定国际法制计量组织的政策、批准国际建议以及财政预算和决算。每 4 年召开一次会议,会议主席由大会选举产生。表决大会决议时,每个代表团只有一票。

4)国际法制计量委员会(CIML)

国际法制计量委员会是国际法制计量组织的工作机构和执行机构,负责指导并监督整个国际法制计量组织的工作。批准国际建议草案、国际文件。为国际法制计量大会准备决议草案并负责执行大会决议。其成员为每个成员国的一名代表,并必须是该成员国负责法制计量工作的政府官员。从委员会中选举一位主席和两位副主席,任期为 6 年。国际法制计量委员会每年开会一次。

5)国际法制计量局(BIML)

国际法制计量局是国际法制计量组织的常设执行机构。它的任务是作为国际法制计量组织的秘书机构和信息中心。在国际法制计量委员会的领导和监督下工作。它的主要任务是负责筹备国际法制计量大会和国际法制计量委员会会议,起草会议文件和决议,整理会议记录,宣传会议情况,执行国际法制计量委员会的决议。

3. 国际建议和国际文件

1)《OIML 国际建议》

《OIML 国际建议》(R)是国际法制计量组织的两类主要出版物之一。它是针对某种计量器具的典型的推荐性技术法规。内容包括对计量器具的计量要求、技术要求和管理要求,以及检定方法、检定用设备、误差处理等。例如:《自动轨道衡》(R106)、《砝码》(R111)等。

2)《OIML 国际文件》

《OIML 国际文件》(D)是国际法制计量组织的两类主要出版物之一。它主要是关于计量立法和计量器具管理方面的管理性文件,也有针对某类计量器具的技术性文件。例如:《电子测量仪器的通用要求》(D11)。

3.6.5　采用国际建议和国际文件的原则

主要有以下几个方面：

(1)国际法制计量组织制定公布的国际建议,是为各国制定有关法制计量的国家法规而提供的范本,采用国际建议是成员国的义务,也是国际上相互承认计量器具型式批准决定和检定、测试结果的共同要求。它有利于发展我国社会主义市场经济,减少技术贸易壁垒和适应国际贸易的需要,提高我国计量器具产品质量和技术水平,确保单位制的统一和量值的准确可靠,促进我国计量工作的开展。

(2)采用国际建议应符合《计量法》及国家的其他有关法规和政策,并坚持"积极采用、注重实效"的方针。

(3)采用国际建议是将国际建议的内容,经过分析、研究和试验验证,本着科学合理、切实可行的原则,等同或修改转化为我国的计量检定规程,并按我国计量检定规程的制定、审批、发布的程序规定执行。

3.6.6　互认协议

顺应经济全球化发展和消除贸易技术壁垒的要求,1999 年 10 月 14 日,38 个米制公约成员国的国家计量院的院长和 2 个国际组织的代表在位于法国巴黎的国际计量局共同签署了《国家计量基标准和国家计量院颁发的校准和测量证书互认协议》(简称《互认协议》)。

第 4 章　轨道衡及相关系统的设计

轨道衡由承载基础、称量轨、称重台面、称重传感器(模拟或数字式)、数据采集转换系统、计算机应用系统等主要部分组成,不同型式的轨道衡组成部分及结构型式不尽相同。与轨道衡紧密相关的外部系统还有防雷系统、车号识别系统及数据传输系统。

4.1　轨道衡的分类

按照轨道衡的称量方式可将轨道衡分为:静态称量轨道衡(包括静态机械轨道衡、数字指示轨道衡和标准轨道衡)和动态称量轨道衡(自动轨道衡)两大类别。每一类别中,按照其称重台面的个数或称量轨及承载结构又细分为多种型式,其分类如图 4.1.1 所示。

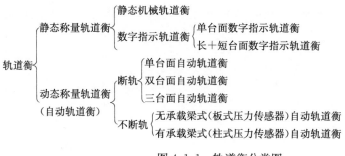

图 4.1.1　轨道衡分类图

4.1.1　静态称量轨道衡

静态称量轨道衡是指车辆在轨道衡称重台面上处于静止状态下进行称量的轨道衡。静态机械轨道衡所称车辆的重量是轨道衡的机械杠杆在其平衡砣或游砣的作用及达到力矩平衡的条件下,由平衡砣的数量及游砣的位置进行确定。数字指示轨道衡所称车辆的重量是由模数转换通道通过检测其称重传感器的输出变化,将该变化量通过称重仪表显示出来。由于称量时单节车辆静止在相对独立的称重台面上,线路和车辆的状态对称重的结果影响较小。

1. 以杠杆力矩平衡为计量原理的静态机械轨道衡

早期的静态称量轨道衡为静态机械轨道衡,它利用物理学中力及力矩平衡原理对铁路车辆进行称重计量。在其机械结构中主要采用杠杆,从而将力的计量转换成长度、角度等几何量或小砝码数量的计量,其常见的读数装置包括标尺游砣式及指针度盘式。静态机械轨道衡如图 4.1.2 所示。

图 4.1.2　静态机械轨道衡的机械结构

2. 以传感器力电转换为计量原理的数字指示轨道衡

数字指示轨道衡主要原理是将被称量车辆的重量通过轨道衡的承载机构传递给测力称重传感器,引起传感器弹性体的变形,导致粘贴在弹性体上的应变片的阻值变化,从而使传感器的输出电压信号发生改变,并且电压信号的改变量与所称车辆的重量成近似的线性关系,将电压信号通过称重仪表转变为数字量后显示出所称车辆的重量。

数字指示轨道衡当前在国内使用比较广泛,后面将主要介绍这一类型的静态称量轨道衡,主要包括经过电气改造后的静态机械轨道衡、单台面数字指示轨道衡和双台面(长＋短)数字指示轨道衡等型式。单台面数字指示轨道衡如图 4.1.3 所示。

3. 机电结合方式的标准轨道衡

标准轨道衡采用机电结合的方式,既对静态机械轨道衡结构进行了优化,汲取了静态机械轨道衡稳定性好的优点,又具有优于数字指示轨道衡的抗干扰性,大大提高了准确度,实现了计量标准的准确、可靠,满足其计量性能要求。

图 4.1.3　单台面数字指示轨道衡

4.1.2　动态称量轨道衡

　　动态称量轨道衡是指车辆运行通过轨道衡称重台面,车辆处于运动状态下进行称量的轨道衡。车辆可以是单独一辆溜放状态通过轨道衡,也可以机车牵引一列车辆以一定的速度通过轨道衡进行称重。按照国际法制计量组织出版的《自动轨道衡》国际建议(R106,2011),将 1990 年版的国家计量检定规程修订为《自动轨道衡》(JJG 234—2012),将动态称量轨道衡更名为自动轨道衡,为了和静态称量轨道衡进行区别,有时两个名称互用。它是以称重传感器力电转换为计量原理的轨道衡,主要有断轨单台面自动轨道衡、断轨双台面自动轨道衡、断轨三台面自动轨道衡、不断轨无承载梁式单台面自动轨道衡以及不断轨有承载梁式单台面自动轨道衡等几种主要型式。各型式的自动轨道衡如图 4.1.4～图 4.1.8 所示。

图 4.1.4　断轨单台面自动轨道衡

图 4.1.5 断轨双台面自动轨道衡

图 4.1.6 断轨三台面自动轨道衡

图 4.1.7 不断轨无承载梁式单台面自动轨道衡

图 4.1.8　不断轨有承载梁式单台面自动轨道衡

4.2　轨道衡的设计

　　轨道衡的设计主要包括基础部分、机械部分、电气控制部分以及软件部分的设计。设备两端的混凝土整体道床及设备安装位置的混凝土基础构成了基础部分，线路中的钢轨铺放在由道砟支撑的轨枕上，采用道砟、轨枕支撑钢轨的目的是保持铁道线路在承载车辆时，具有一定程度的弹性，以减小车辆运行过程中的震动。对轨道衡整体道床硬化通常采用钢筋混凝土基础，并符合铁路线路设计要求。机械部分是用于承载被称量车辆的机械结构，主要由承重梁、限位器等部分组成，承重梁用于安装与铁路线路衔接的钢轨（称为称量轨）并承载通过车辆的重量；限位器的作用是限制承重梁可能产生的物理位移；各种调节装置用于调整机械结构的水平状态，保证称重传感器的受力状态正常，以确保称重传感器能够真实有效地反映被检测车辆的重量；过载保护装置则用于在起支撑作用的称重传感器失效的情况下，防止承重梁倾斜，从而保证车辆运行安全。电气控制部分是用于将称重传感器输出的模拟信号转换成数字信号以及对这些数字信号进行处理的仪器、仪表及计算机等设备。

4.2.1　基础设计

　　这里所涉及的基础是指承载轨道衡机械及与轨道衡机械相关的混凝土基础，它包括承载台基础、整体道床基础和过渡段基础。为满足铁路线路相关技术条件，轨道衡设备所涉及的铁路线路其基底承载力应达到 120kPa 以上；为保证轨道衡设备的应用稳定性，轨道衡设备所涉及的混凝土区段基础厚度不小于 0.8m，如果涉及高寒地区，其厚度应深入到冻土层以下。另外由于轨道衡的型式不相同，因此，轨道衡承载台基础的设计需满足其型式的具体要求。

1. 静态称量轨道衡的基础设计

静态称量轨道衡的基础设计分为静态机械轨道衡和数字指示轨道衡的基础设计。静态机械轨道衡的基础设计应满足轨道衡机械设备安装的要求,承载力满足设备重量与所通过车辆的最大总重(或牵引机车的总重),并设置一定的安全系数,一般为最大承载重量的 3 倍;并设置防爬过渡段,保证进行称重作业时,机车牵引车辆平稳地驶入、驶出秤台;为保证对支点刀承结构的保护,静态机械轨道衡另行设计了承重梁休止装置,平时不进行称重作业及称重车辆进出台面时承重梁被休止装置支撑,杠杆结构不受力;进行称重作业时,在承重梁休止状态下被称量车辆经牵引至称重台面上,停稳后休止装置下降,由杠杆结构支撑承重梁完成称重作业,然后休止装置支起承重梁,车辆离开称重台面;在被称量车辆上下台面的过程中,支点刀承结构处于不受力的状态得到了有效的保护。

数字指示轨道衡称量区基础采用有基坑型式,称重台面安装在基坑里。数字指示轨道衡进行称重时单节车辆静止在称重台面上,采用整车计量的方式进行称重。数字指示轨道衡的衡器承载台基础长度一般为 13m 左右,整体道床基础每端设计通常为 6.25m,过渡段基础每端设计约为 5m。轨道衡承载台基础两侧各要求至少有 25m 的平直线路,保证被称量车辆平稳地上下称重台面。典型的数字指示轨道衡基础设计如图 4.2.1 所示。

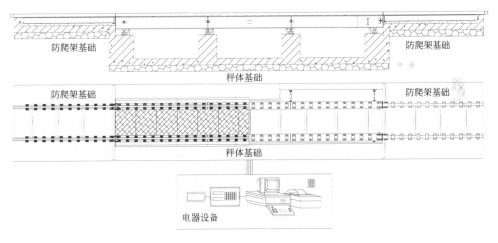

图 4.2.1　数字指示轨道衡基础设计图

2. 自动轨道衡的基础设计

断轨型式的自动轨道衡承载台基础采用有基坑型式,称重台面安装在基坑里,双台面、三台面自动轨道衡分别设计有两个、三个基坑,基坑的相对位置与所称量车辆的心盘距相对应。不断轨型式的自动轨道衡承载台基础多数采用无基坑型式,称重台面的结构框架直接浇筑在承载台基础里,称重传感器及承重梁或称量轨安置于结构框架上。

自动轨道衡进行称重时车辆动态通过称重台面,车辆的前后转向架分别称重后再相加计算得到整车的重量,所以自动轨道衡对设置区段的线路要求较高,承载台基础两侧各要求具备至少 50m 的平直线路,并应设置至少 25m 的整体道床及 5m 的过渡段,基础设计均采用钢筋混凝土浇筑,保证轨道衡的整个区段线路具有良好的几何状态,确保铁路货车称量时所称车辆与前后相邻车辆处在一个较好的水平面上,减少由于线路不平顺导致的铁路货车车钩浮动对计量准确度的影响。典型的断轨双台面自动轨道衡、不断轨单台面自动轨道衡的基础设计如图 4.2.2 及图 4.2.3 所示。

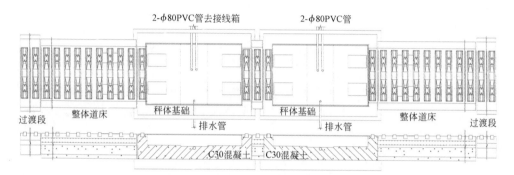

图 4.2.2　断轨双台面自动轨道衡基础设计图

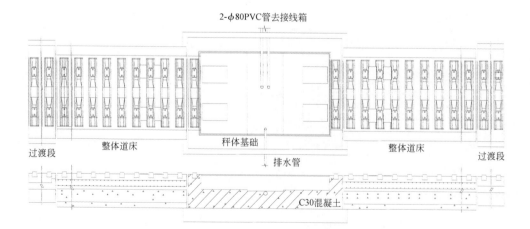

图 4.2.3　不断轨单台面自动轨道衡的基础设计图

4.2.2　称重传感器的设计与选型

1.称重传感器的工作原理

早期轨道衡采用机械杠杆结构,利用杠杆力矩平衡原理对被称量车辆进行称量。随着材料科学、弹性材料及电子工业的发展,以弹性应变为检测原理的称重传感器得到应用。在计量设备中引入应变式称重传感器,轨道衡计量由传统的力及力矩平衡原理,转变为被称量车辆重量所引起的传感器输出信号变化量的测量。

称重传感器的基本原理是将其在测力方向上所受到的外力转换成电压、电流等可以依靠电学原理进行测量的电信号。在称重传感器的设计、制造过程中,通常会充分考虑到传感器的工作环境、检测方式等方面的因素,对其输出进行修正、补偿,使称重传感器的输出信号与其所受外力呈近似线性关系。简单的传感器及工作电路如图 4.2.4 所示。图中左侧部分为传感器实物示意图,其中的电阻应变片组成惠斯通电桥并与弹性体用胶粘为一体,当传感器沿受力方向受到外力作用时,弹性体产生形变,应变片也随之变形,电阻值发生变化,惠斯通电桥的输出电压也随之改变;测量传感器的输出电压变化,可以得到其对应所受压力的大小变化。

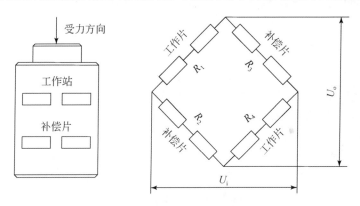

图 4.2.4　传感器工作原理示意图

图 4.2.4 中右侧是简单的全桥测量电路,这是传感器工作电路的等效电路。在设计时采用补偿办法,使得

$$R_1 = R_2 = R_3 = R_4 = R \tag{4.2.1}$$

设计传感器所受外力的作用线与传感器受力体的轴线重合,在传感器沿其受力方向受到外力作用时,工作片产生形变,补偿片的形变忽略不计,则

$$R_1 = R_4 = R - \Delta R, \quad R_2 = R_3 \approx R \tag{4.2.2}$$

设计使 ΔR 远小于 R,测量桥路的高次项误差可以忽略不计,即

$$\left(\frac{\Delta R}{R}\right)^n \approx 0, \quad n \geqslant 2 \tag{4.2.3}$$

则半个电桥间的电压降 U_1 为

$$
\begin{aligned}
U_1 &= \frac{R_2 U_0}{R_1 + R_2} - \frac{R_4 U_0}{R_3 + R_4} \\
&= \frac{R_2 R_3 - R_4 R_1}{(R_1 + R_2)(R_3 + R_4)} U_0
\end{aligned} \tag{4.2.4}
$$

电桥的相对输出为

$$
\begin{aligned}
\frac{U_1}{U_0} &= \frac{R_2 R_3 - R_4 R_1}{(R_1 + R_2)(R_3 + R_4)} \\
&= \frac{R^2 - (R - \Delta R)^2}{(2R - \Delta R)^2} \approx \frac{\Delta R}{2R}
\end{aligned} \tag{4.2.5}
$$

当用 k 表示应变片的灵敏系数、S 表示弹性体的截面积、E 表示弹性材料的杨氏模量、F 表示在测力方向上施加的力时,则 k 在弹性体的允许形变范围内是一个常数,因此

$$k = \frac{\dfrac{\Delta R}{R}}{\dfrac{\Delta L}{L}} \tag{4.2.6}$$

$$\frac{F}{S} = E\frac{\Delta L}{L} \tag{4.2.7}$$

所以

$$U_1 = \frac{k}{2ES}FU_0 \tag{4.2.8}$$

由式(4.2.8)得出,当对传感器在受力方向上不施加外力作用时,其输出为零;当在其受力方向上施加外力时,其输出电压与所施加外力成正比。另外,环境的温、湿度会对弹性体的形变产生影响,考虑到传感器的工作片与补偿片处于同样的工作环境下,因此该影响可以忽略不计。由式(4.2.8)可以说明理论上对称重传感器在其测力方向上施加力 F 时,该传感器的输出电压 U 随 F 的改变呈线性变化,即令 $U = g(F)$ 时,$g(F)$ 是一个线性函数。

由于称重传感器弹性体的结构、材质和制造工艺,应变片、粘接剂的质量和贴片工艺等传感器本身的影响因素,以及传感器使用环境湿度、温度等因素的影响,称重传感器的计量性能存在非线性误差、重复性误差、滞后误差、蠕变误差、灵敏度误差等多种误差的影响,在传感器的制造过程中采取了多种措施减少这些误差的影响以使各项指标符合传感器的指标要求;所以设计轨道衡在选用称重传感器时,对传感器的各项性能指标要综合衡量。

2. 称重传感器的选型

作为轨道衡设备中实现力电转换的部件,传感器的选用对轨道衡的计量性能

的影响起着关键作用。考虑到轨道衡的使用方式及使用环境,数字指示轨道衡一般选用悬臂梁结构的传感器或柱式压力传感器,自动轨道衡一般选用柱式压力传感器,同时考虑传感器以下几个方面的性能指标。

1)灵敏度的选择

通常在传感器的线性范围内,传感器的灵敏度越高,其与被测量变化对应的输出信号的值越大,越有利于信号处理。但是传感器的灵敏度高,与被测量无关的外界噪声也容易混入,也会被放大系统放大,影响测量准确度。因此,要求传感器本身应具有较高的信噪比,以减少从外界引入的干扰信号,轨道衡选用的悬臂梁或柱式结构的传感器输出灵敏度一般为$(1\sim2)$mV/V。

2)频率响应特性

传感器的频率响应特性决定了被测量的频率范围,必须在允许频率范围内保持不失真的测量条件。实际上,传感器的响应总有一定的延迟,希望延迟时间越短越好,传感器的频率响应高,可测的信号频率范围就宽。由于受到结构特性和弹性体性能的影响,不同传感器的频率响应高低不同,柱式传感器的频率响应相对较高,适用于自动轨道衡,自动轨道衡所称车辆动态通过轨道衡承载器震动频率较高,需要在车辆通过承载器的较短时间内取得尽量多的数据,除了与轨道衡数据采集系统的采样频率相关,也决定于选用传感器的频率响应;悬臂梁式传感器由于结构的影响,频率响应较低,适用于数字指示轨道衡。

3)量程与线性范围

传感器的线形范围是指输出与输入成正比的范围,在此范围内,灵敏度理论上保持定值,传感器的线性范围越宽,则其量程越大,并且能保证一定的测量准确度。在选择传感器时,确定传感器的种类以后首先要看其量程是否满足要求。传感器工作在其额定量程的 30%～50%之内的线性度是最接近直线的,所以在选用传感器时,一般要选择量程较大的传感器,因为任何传感器都不能保证绝对的线性,其线性度也是相对的。同时选择使用传感器量程的 50%左右,使传感器的称量储备量增大,保证称重传感器的使用安全和寿命。轨道衡一般选用额定载荷为$(20\sim30)$t 的传感器,其允许过载载荷为 1.5 倍为$(30\sim45)$t,破坏载荷为 2.5 倍为$(50\sim75)$t。数字指示轨道衡采用整车称量方式选用 8 只传感器,额定载荷达到 240t;自动轨道衡采用转向架称量方式选用 4 只传感器,额定载荷为 120t,双转向架前后两次称量,达到 240t。轨道衡日常所称车辆重量一般为 80t 左右,因此每次称量只使用了传感器工作量程的 40%～50%,有利于保证被称量车辆的准确性并延长轨道衡的使用寿命。

4)稳定性

传感器使用一段时间后,性能保持不变化的能力称为稳定性。轨道衡的稳定性与传感器的稳定性紧密相连,影响传感器稳定性的因素除传感器本身结构外,主要是传感器的使用环境。因此,轨道衡所选择使用的传感器应具有良好的稳定性,有较强的环境适应能力,轨道衡的设计结构与所选择的传感器的结构相适应,有利于保持两者的稳定性。

5)准确度等级

准确度等级是传感器的一个重要的性能指标,它是关系到整个轨道衡系统测量准确度的一个重要环节,包括传感器的非线形、蠕变、蠕变恢复、滞后、重复性、灵敏度等技术指标。在选用传感器的时候,不要单纯追求高等级的传感器,传感器的准确度等级越高,其价格越昂贵,选用传感器既要考虑满足轨道衡的准确度要求,又要考虑其经济性,在满足轨道衡的称重要求的前提下选择性价比高的传感器。

6)其他方面

在实际应用中,车辆运行沿水平方向所产生的力(如车辆晃动)、车辆质心偏离其几何中心等外界扰动是不可避免的,因此要求传感器应具备良好的抗侧向力及抗偏载能力,要求传感器在额定载荷的振动和冲击下,具备长期稳定性,要求传感器具有良好的密封性能,以防止潮气、粉尘对传感器的损坏,使其在恶劣环境中能够正常工作,还要求传感器适应季节的变化,其零点值随温度、湿度的漂移要小。

例如,选用的某种型号传感器,其技术指标符合轨道衡的使用要求,如下所示。

(1)最大有效承载:20t。

(2)最大安全过载:150%FS。

(3)准确度等级:C3。

(4)蠕变(30分钟):≤0.0245%FS。

(5)零点温度系数:14ppm/℃。

(6)非线性:≤0.020%FS。

(7)滞后:≤0.0167%FS。

(8)重复性:≤0.010%FS。

(9)使用温度范围:(−40~80)℃。

(10)防护等级:IP 68。

(11)绝缘阻抗:>50MΩ。

需要说明的是,轨道衡使用的称重传感器分为模拟传感器和数字传感器;前者适用于数字指示轨道衡及自动轨道衡,后者仅适用于数字指示轨道衡。数字传感器是将模数转换芯片植入传感器电路中,使原本传感器产生的模拟信号,经模数转换后直接输出数字信号,通过轨道衡的数据采集系统输入到计算机中。数字传感器的优点是抗干扰、抗衰减性能比较好,适用于远距离传输,但受其转换速度及传感器响应频率的影响,目前的数字传感器不适于自动轨道衡使用。

4.2.3 机械及电气系统设计

1. 静态机械轨道衡的机械及电气系统设计

静态机械轨道衡由承重梁、承重杠杆、传力杠杆组、显示装置、轨道衡基础等部分组成,计量方式为整车称量,称重台面的长度为 13m。这种型式的轨道衡经在传力杠杆组的最后一杆处加装传感器,现全部已改装成机械电子组合式静态轨道衡。其基本结构如图 4.2.5 所示,车辆重量由钢轨经承重梁传递到承重杠杆①上,量值减小为原来的 $l_{11}/(l_{11}+l_{12})$;再传递到传力杠杆组②上,传力杠杆组为几组杠杆的简化合成,量值减小总杠杆比为 $l_{21}/(l_{21}+l_{22})$;最后经传力杠杆③量值再减小为 $l_{31}/(l_{31}+l_{32})$,由连接杆④送显示系统显示打印。

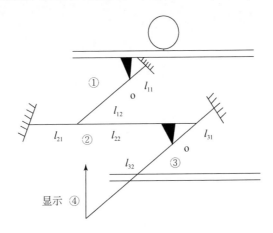

图 4.2.5 静态机械轨道衡杠杆传力示意图

例如对满载货车重量最大 100t(25t 轴重的 C_{70} 货车)进行计量称重,最终加在杆④传感器的重量不超过 1t,静态机械轨道衡电子化改造后的总杠杆比可设计为 100∶1。为减小支点处的摩擦,采用了刀承结构作为杠杆的支点,刀承结构的材质选用硬度高的 $45^{\#}$ 钢,保证了刀子基本不磨损、延长了使用周期,如图 4.2.6 所示。

经过几次杠杆比的力值减小,所称车辆的重量减小为原来的 $l_{11}/(l_{11}+l_{12})\times l_{21}/(l_{21}+l_{22})\times l_{31}/(l_{31}+l_{32})$,再通过显示装置输出结果。早期使用的标尺游砣式、指针度盘式及光栅数显示式显示装置现已不再使用,现仍在使用的为经过电子化改造的静态机械轨道衡,在连接杆④处连接一拉力传感器,传感器的输出经模数转换后送称重仪表显示,如图 4.2.7 所示。

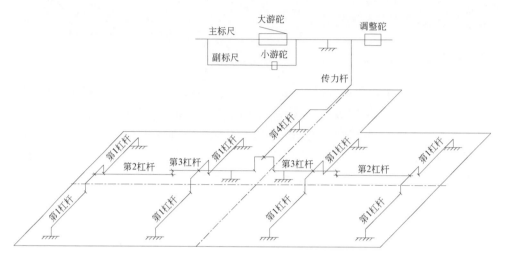

图 4.2.6　静态机械轨道衡杠杆结构图

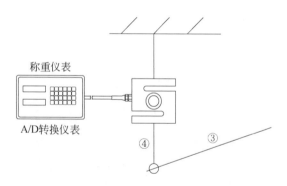

图 4.2.7　电子化改造后的显示装置

2. 数字指示轨道衡的机械及电气系统设计

数字指示轨道衡由混凝土基础、称重传感器、承载器、数据采集系统、计算机、打印机、防雷系统、车号识别系统、信息传输系统等组成。承载器由引轨、称量轨、承重梁、过渡器、限位装置、防爬装置等部件组成,称量轨和承重梁组成称重台面,如图 4.2.8 所示。

　1)数字指示轨道衡的秤台设计

数字指示轨道衡的计量方式为整车称量。使用过程为:将被称铁路货车停放在轨道衡承载器上,通过称重仪表显示称量结果。数字指示轨道衡的秤台设计与其计量方式和使用状态紧密相关,承载器的长度一般为(13~14)m,以适应铁路常用车辆的整车称量。考虑到称重台面的强度以及运输、安装、调试、维护的便利性,

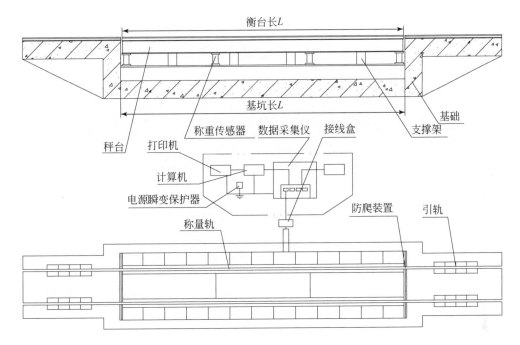

图 4.2.8　数字指示轨道衡结构设计图

数字指示轨道衡的称重台面通常由三块等截面钢结构框架拼装而成,采用多点支撑,各个支撑点均安置压力传感器用于检测整个称重台面的受力情况。在机械结构设计上采用结构受力均衡的原则,充分增加机械结构的刚性,使得整个称重台面在水平状态下重量完全均匀分布在起支撑作用的各个传感器上。

引轨、称量轨和过渡器的设计依据铁路工务要求和国家计量检定规程《数字指示轨道衡》(JJG 781—2002)、国家标准《静态电子轨道衡》(GB/T 15561—2008)中的要求。承重梁设计除满足结构要求外着重考虑计量要求,承重梁要有足够的强度和刚度,确保载荷均匀分布在承载器上。依据材料力学中的强度理论,对承重梁的弯曲、扭转、受拉进行校核计算,以确定承重梁的安全系数。限位装置的设计在依据检定规程、标准的同时,根据车辆运行的粘轴力和横向力确定受力强度。

对于数字指示轨道衡,在设计、制造、安装、调试等过程中,其称重台面应该满足以下条件:

(1)称重台面的整体刚性指标 $1/f$ 应大于 2500,安全系数为 3 倍以上。

(2)称重台面的额定设计载荷为 200t。

(3)组焊完成后,整体抛丸除锈清除板材表面锈斑和氧化皮。除锈等级达到《涂覆涂料前钢材表面处理 表面清洁度的目视评定 第 1 部分:未涂覆过的钢材表面和全面清除原有涂层后的钢材表面的锈蚀等级和处理等级》(GB/T 8923.1—

2011)所规定的 Sa2 $\frac{1}{2}$ 级。

(4)限位装置包括各种限位器,其限位可调,并对过载能够起到保护作用,以防止由于过载所造成的传感器损坏。

数字指示轨道衡的承载器结构如图 4.2.9 所示。

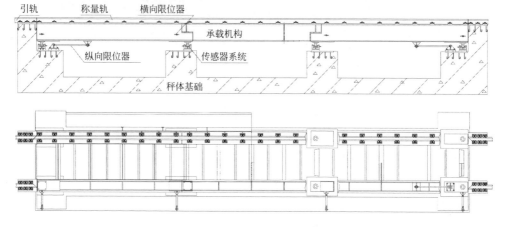

图 4.2.9　数字指示轨道衡的承载结构

2)数字指示轨道衡的数据采集系统

传感器输出的模拟信号经轨道衡数据采集系统放大、模数转换,将传感器所输出的电信号转换成数字信号,再由数据处理部分进行计算,得到被称量车辆的重量,典型的数据采集过程如图 4.2.10 所示。

数字指示轨道衡称重仪表

图 4.2.10　数字指示轨道衡的数据采集系统示意图

称重仪表的基本功能是对传感器的输出信号进行采集、放大及模/数转换,并进行数据的计算,显示输出称量结果。传感器的数据采集及处理是数字指示轨道衡的重要组成部分,由于数字指示轨道衡所用传感器分为模拟传感器和数字传感器两种,所选用传感器的不同将导致数字指示轨道衡的数据采集及处理有较大区别。

对于传感器采用模拟量输出的数字指示轨道衡,其数据采集及处理主要由高精度传感器供桥电源、放大器滤波器电源、数据处理单元工作电源、高性能信号放大器和滤波器、模数转换单元、数据隔离环节、数据处理单元以及数据输出等部分组成,完成将车辆重量转换为传感器输出的模拟信号,经过对传感器输出信号放大滤波、模数转换及数据隔离,将数字信号传输到数据处理单元分析处理,计算出被称量车辆的重量,并通过数据输出环节(如串行通讯、网络通讯等)将重量信息传输到相应的用户应用系统中。

如果数字指示轨道衡所选用的传感器为数字传感器,由于传感器内部已包含有高性能信号放大器和滤波器、模数转换单元,其数据采集及处理主要由传感器供桥电源、数据处理单元工作电源、数据隔离环节、数据处理单元以及数据输出等部分组成。通过对传感器输出数字信号的数据隔离,将数字信号传输到数据处理单元分析处理,计算出被称量车辆的重量并将结果传输到用户应用系统中。

数字指示轨道衡的数据采集及处理单元一般集成在数字指示轨道衡称重仪表中,目前国内典型的称重仪表型号有:T800、VT300、K2008 等。

3)数字指示轨道衡的计算机应用系统

数字指示轨道衡中使用的计算机只是作为网络通讯、后期数据应用管理和大容量存储设备而不参与计量,它使用通用的计算机操作系统,具有通用性强、互换性好等特点。

3. 自动轨道衡的机械及电气系统设计

自动轨道衡根据整体结构的不同,分为单台面、双台面,断轨、不断轨等多种型式,包括混凝土基础、称重传感器、承载器、数据采集系统、计算机、配套的防雷系统、车号识别系统、信息传输系统等部分。

1)自动轨道衡的秤台设计

自动轨道衡的计量方式为转向架称量,承载器设计长度一般为(3.8～4)m 之间,保证转向架在承载器上运行时具有较长的采样时间,并且转向架通过承载器时相邻车辆的车轴不在承载器上,有利于一列车中单节车辆的采样与判别。

自动轨道衡的承载器设计原则:

(1)承载器应具有足够的长度,以保证被称量车辆通过承载器时有足够的时间进行采样。

(2)承载器应具有足够的强度和刚度,以适应被称量车辆的重载、超载和冲击载荷。

(3)承载器应具有可靠和有效的水平约束并与相邻线路轨道平顺连接,以保证车辆行进中的稳定性和计量的准确性。

(4)承载器应具有结构简单、安装简便等特点,以减少现场中断线路的时间。

(5)承载器的配件应采用铁路标准的工务、电务零部件,以满足线路维护要求,提高零部件的互换能力和维修速度。

常用的断轨单台面自动轨道衡的承载器设计如图 4.2.11 所示。

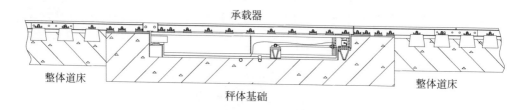

图 4.2.11　断轨单台面自动轨道衡的承载器

2）自动轨道衡的数据采集仪设计

当列车以一定的速度匀速通过轨道衡时，车辆的重量通过轨道衡承载器传递到传感器，由传感器完成车辆重量到电信号间的转换。传感器输出信号经过放大、滤波后，通过模数转换将模拟信号转化为数字信号，由接口电路将数字信号传输到计算机进行处理。数据采集系统的原理图如图 4.2.12 所示。

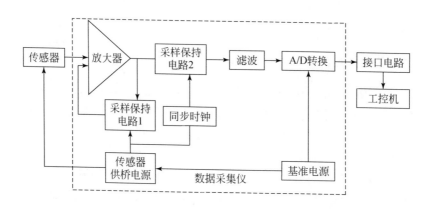

图 4.2.12　数据信号采集仪原理框图

数据采集仪由供桥电源、前置放大器、有源滤波、模数转换、光电隔离、本机电源等组成，以下结合一个特定应用电路对其进行介绍。

（1）供桥电源。

供桥电源是一个高稳定性二级稳压电路，前级采用三端固定输出稳压集成电路，后级是一个串联负反馈稳压电路。前级采用 MC317，该器件将整流滤波之后脉动直流电压稳压至 29V，电路中由 R10、R9 调整输出电压，其值取决于 R8、R9 的比值。

前级稳压电路仅形成一个初步稳压，精密稳压效果取决于第二级。第二级稳压由于选用了高稳定器件，可以达到比较理想的稳压效果。供桥电源原理如图 4.2.13 所示。

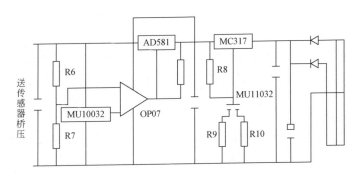

图 4.2.13 供桥电源原理图

比较放大器采用高性能运算放大器 OP07,以高稳定性的 AD581 作为 10V 基准源。基准直接送至 OP07 同项输入端 3 为取得 24V 输出,将输出端 24：10 分压后送至 OP07 反相输入端 2 脚,加在 2、3 两输入端的电压信号经比较后差值放大由 6 脚输出,G9 为场效应管,选用熔断电压小于 3V、饱和电流为 5mA 的管子,以保证其输入电路处于恒流的工作状态。IC20 是达林顿复合管 MU11032,第二级稳压系统由取样电阻 R6、R7、基准、运放、达林顿管组成闭环电压串联负反馈系统。当输出电压波动或负载电流发生变化,闭环系统即进行自动调整,以确保输出电压不变。该系统采用高性能器件,保证了很高的稳压精度和较好的长期稳定性。该电路采用全系统校准法,其输出电压取决于 R6,R7 基准 AD581 的输出及 OP07 的失调情况。由于 AD581 输出范围是(10000±5)mV,因此在不加任何调整环节的情况下,整个稳压源输出离散仍在系统的许可范围内。

(2)放大及滤波。

前置放大器是一个高性能的放大器,以斩波运算放大器 ICL7650 为核心,可提供上百倍的增益。放大器工作所需的±5V 电源由本机电源提供。有源滤波和第二级放大电路原理如图 4.2.14 所示。

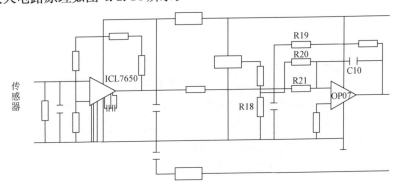

图 4.2.14 放大及滤波原理图

　　前置放大器输出信号送到有源滤波器和放大器,有源滤波器以高性能放大器OP07 为核心,R19、R20、R18、R21、C9、C10 组成两级有源滤波网络,构成一个转折频率 20Hz 的有源滤波系统,R22 是 OP07 输入平衡电阻,C10 是滤波器积分电容,这一有源滤波兼第二级放大,其放大倍数由 R19 微调。有源滤波器的±15V 工作电源由本机电源提供。

　　(3)模数转换。

　　模数转换采用 AD976,模数转换原理图如图 4.2.15 所示,只需提供 5V 电源即可工作。其主要技术参数如下:

　　①分辨率:16 位。

　　②转换时间:50μs。

　　③模拟输入电压范围:±10V。

　　④电源损耗:100mV。

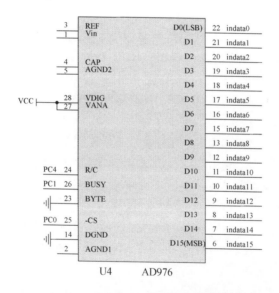

图 4.2.15　采用 AD976 模数转换原理图

　　AD976 的 16 位数据线的低 8 位 D0～D7 接并行接口器件 8255A 的 PA 口。

　　AD976 的 16 位数据线的高 8 位 D8～D15 接并行接口器件 8255A 的 PB 口。

　　AD976 的第 1 脚(Vin)为模拟电压输入脚。

　　AD976 的第 23 脚接地,表示 D0 是 AD 转换值的最低位,D15 是最高位。

　　AD976 的第 3 脚(REF)是基准电压输入脚。

　　AD976 的第 24 脚(R/C)是 AD 转换的启动信号输入脚,而 26 脚(BUSY)则表示 AD 转换是否结束。

　　AD976 的第 25 脚(-CS)是片选信号。

AD976 的控制线:用 PC0 作为 AD976 的片选线,用 PC1 作为 AD 转换的启动信号,用 PC4 来检测 AD 转换是否结束。

(4)光电隔离。

为了提高系统的抗干扰能力,在数据采集仪和计算机之间采用了光电隔离电路,使用 TLP521-4 集成光耦,每片含四个光电耦合器。系统使用两片隔离数据,隔离模数转换控制信号以及状态信号,实现了数字信号隔离,大大提高了系统的抗干扰能力。

(5)本机电源。

为了保证系统的正常工作,数据采集仪需要良好的本机电源。所需电源包括 $\pm 5V$、$\pm 15V$、$5V$。其中 $\pm 15V$ 电压采用正负稳压器件 MC7815 和 MC7915 提供;$\pm 5V$ 电压采用稳压器件 MC78L05 和 MC79L05 提供,供 ICL7650 使用;$5V$ 电压采用 MC7805。

(6)数据接口电路。

系统使用并行接口器件 8255 完成计算机与数据采集仪间信息交换。8255 的 PA 和 PB 口分别接 AD 转换器的 16 条数据输出线,用 8255 的 PC 口作为 AD 转换器的控制线接口。模数转换后 16 位(D0~D15 脚)结果,分别送给 8255 的 A 口和 B 口,用 8255 的 C 口作为 AD 转换的控制信号。PC0 作为 AD 芯片片选信号,PC1 作为 AD 转换的启动信号,PC4 用来检测 AD 转换是否完成。输入到并行接口 8255 的 AD 转换结果通过与之相连的数据线送给计算机,由计算机分别读出 A 口和 B 口的数据。通过 IC 器件 U5 实现对并行接口 8255 的片选。接口电路原理如图 4.2.16 所示。

A0~A19,方向为输出,是系统存储器和 I/O 端口公共地址总线。

D0~D7,数据总线,是双向的。D0 是低位,D7 是高位。

-IOR,方向为输出,I/O 端口读操作控制信号,低电平有效。执行 IN 指令时,CPU 发出这个信号。

-IOW,方向为输出,I/O 端口写操作控制信号,低电平有效。执行 OUT 指令时,CPU 发出这个信号。

AEN,方向为输出,控制信号,在执行 IN 和 OUT 指令时为低。

计算机总线扩展槽的电源输出:两条 $+5V$ 输出线,一条 $-5V$ 输出线,一条 $+12V$ 输出线,一条 $-12V$ 输出线,三条地线 GND。

(7)数据采集。

自动轨道衡的承载器长度一般为 $3.8m$,C_{62} 货车车辆的转向架轴距为 $1.75m$,即在计算一个转向架的重量时,对车辆转向架计量的有效长度为 $3.8m-1.75m=2.05m$。

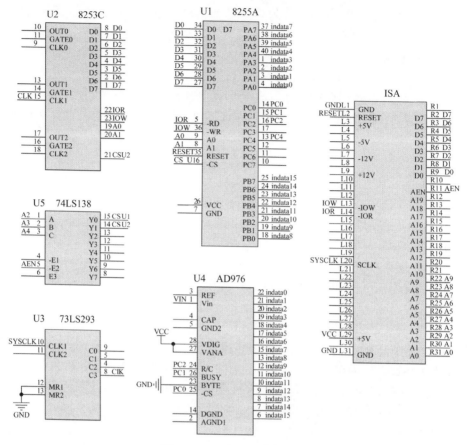

图 4.2.16　接口电路原理图

假设列车以 15km/h(4.2m/s)的速度通过轨道衡,则有效采样时间 t 为

$$\frac{2.05}{4.2}=0.488\mathrm{s}$$

当过衡列车的行驶速度在 15km/h 左右时,车辆振动频率为(2~6)Hz,假设平均值为 4Hz,则每个周期为 250ms。

根据采样定理,在进行模拟/数字信号的转换过程中,当采集频率 $f_{s.\,max}$ 大于信号中最高频率 f_{max} 的两倍时($f_{s.\,max}\geqslant 2f_{max}$),采样之后的数字信号完整保留了原始信号中的信息,一般实际应用中保证采样频率为信号最高频率的 5~10 倍。由于自动轨道衡中传感器输出受多种因素影响,输出信号包含很多种不同频率的信号,考虑到采样定理在自动轨道衡中的实际应用,对传感器输出信号的采样速率一般不低于 400 次/秒。

3)自动轨道衡的计算机应用系统

(1)自动轨道衡的软件应用环境。

　　自动轨道衡中计算机作为计量、管理、通讯和大容量存储设备,其应用系统均为通用的操作系统。它通用性强、互换性好,适用于广泛的应用场合,其中的计量称重软件是自动轨道衡计算机应用系统中的重要组成部分。

　　自动轨道衡称重智能仪表是在国内现有轨道衡数据采集系统及计算机称重软件基础上发展起来的新型数据采集及处理单元,它由高性能嵌入式控制器、多路 A/D 转换系统及单片机组成,将传感器信号采集、数据处理、数据通讯融合为一体,能够适用于高温、严寒的恶劣工作环境中。同时由于其应用软件直接保存在嵌入式控制器的内部程序存储器中,增加了测量系统的稳定性。

　　(2) 自动轨道衡称重软件中的数据处理。

　　当列车通过轨道衡时,数据采集仪完成对传感器输出信号的数据采集,计算机通过对采样数据的分析处理,从中获取所需要的信息,并经计算完成车辆的称重,是自动轨道衡计量称重软件中数据处理的重要部分。

　　图 4.2.17 所示为理想状态下单节铁路货车通过单台面自动轨道衡传感器的输出波形。

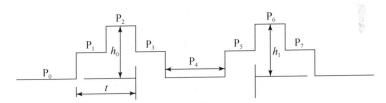

图 4.2.17　传感器理想输出波形

　　P_0 为货车未到达测量区间时传感器的输出波形,也是自动轨道衡的空秤零点输出;P_1 为货车第 1 轴通过测量区间时传感器的输出波形,P_2 为货车第 1 轴与第 2 轴通过测量区间时传感器的输出波形;P_3 为货车第 2 轴通过测量区间时传感器的输出波形;P_4 为货车第 1 轴与第 2 轴均离开测量区间时传感器的输出波形;P_5 为货车第 3 轴通过测量区间时传感器的输出波形;P_6 为货车第 3 轴与第 4 轴通过测量区间时传感器的输出波形。

　　随着列车的行进,适时地完成各种计算并输出测量结果,整个过程必须按程序的规定及算法执行。将采样频率定为 1000Hz,即每 1ms 完成一次对所有传感器的数据采集,经过以下过程完成对车辆的称重。

　　① 列车到达前检测。列车到达前(空秤)传感器的输出信号由秤台自重产生。每次采集得到的数据与空秤值比较就可知秤台上是否有车通过。空车时车辆的重量一般为 20t 左右,单轴的重量为 5t,判定有车通过承载器的传感器输出阈值取为单轴重量的 80%,即设置为 4t,以排除干扰信号并能准确的判定车辆的通过情况;当输出值小于阈值时说明无车辆通过,承载器为空秤状态,称重程序为自检和等待

状态;当输出值大于阈值时有车辆通过承载器,称重程序为启用状态。

② 列车行驶速度计算。当一个特定自动轨道衡现场数据采样的频率固定后(假定采样频率为1000Hz),可求得相邻采样点的时间间隔,通过计算车辆一根车轴通过秤台的采样点数,即可计算出该轴通过轨道衡整个测量台面所需的时间。用秤台长度除以一根车轴通过秤台时所用的时间,可计算出该车辆行驶的速度。

如图4.2.17所示,货车的速度为

$$v = k_1 \frac{L}{t} \tag{4.2.9}$$

式中:v 为货车的速度,km/h;k_1 为速度修正系数;L 为秤台长度,m;t 为波形 P_1 与 P_2 对应的时间,s。

③ 重量计算。从车辆经过秤台时的输出信号看出,幅值较大的 P_2 及 P_6 部分为两根轴(转向架)均在秤台上的输出信号,用来计算转向架的重量。

考虑整个列车(60节左右)的行进情况,无论是机车牵引,还是机车推送,使用每列车通过轨道衡承载器之前的 P_0 段作为空秤的参考值。

根据波形分析可以得知,货车的重量为

$$W = k_2(h_0 + h_1) \tag{4.2.10}$$

式中:W 为货车质量,kg;k_2 为重量修正系数,通过轨道衡检定前的调试过程得到;h_0 为波形 P_2 段相对 P_0 段的数值大小;h_1 为波形 P_6 段相对 P_0 段的数值大小。

④ 机车判别。机车的判别比较复杂,往往要根据现场实际情况处理。其原则是:根据机车轴间几何尺寸大小,与车辆的轴距数据库进行比较判断,用比值法确定是否为机车,机车不作为称重车辆并被去除。

(3)自动轨道衡称重程序。

称重程序的主要功能有车辆识别、滤出机车、车辆数据计算、线性修正、文件生成。

自动轨道衡称重程序大致由以下功能模块组成:

①数据采集程序模块;

②空秤检测及零点跟踪程序模块;

③车速和车辆判别程序模块;

④滤波程序模块;

⑤分段线性修正程序模块;

⑥调整设定程序模块;

⑦显示及存盘程序模块。

自动轨道衡称重软件主要程序文件如下:

①显示总菜单,并根据菜单项调用各执行程序的子程序;

②动态称重主程序;

③静态测量子程序;

④参数设置子程序及其他功能程序（其中参数设置子程序包含 A/D 转换方式地址、判别称重时的阈值、线性回归参数等）；

⑤根据用户需要而编制的特殊打印子程序；

⑥工具软件和中断服务程序（数据采集、DATA2 缓冲区调用）；

⑦上述文件的头文件、参数表文件和其他辅助文件。

菜单选择程序流程如图 4.2.18 所示。

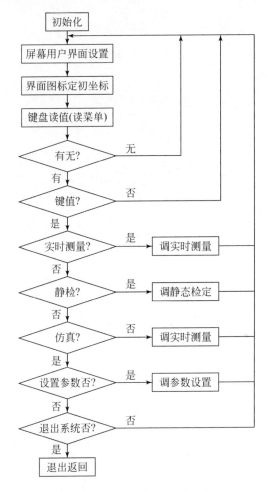

图 4.2.18　菜单选择程序流程图

静态称重程序如图 4.2.19 所示。

静态执行程序流程如图 4.2.20 所示。

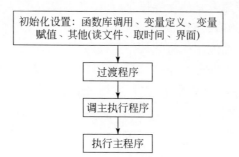

图 4.2.19　**静态称重程序框图**

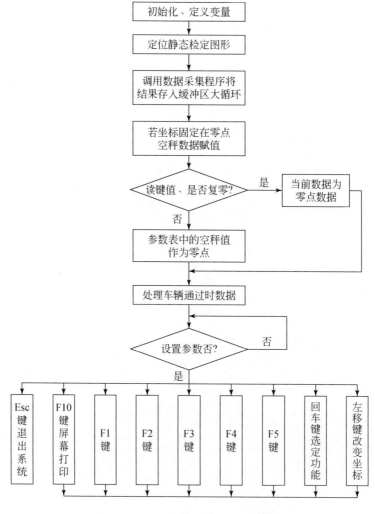

图 4.2.20　**静态执行程序流程图**

4)断轨单台面轨道衡

该轨道衡承载器的测量区长度一般为 3.8m,计量方式为转向架称量,称量轨和引轨之间存在缝隙。该轨道衡承载器由引轨、称量轨、承重梁、过渡装置、限位装置、秤体基础等组成,该轨道衡的结构如图 4.2.21 所示。

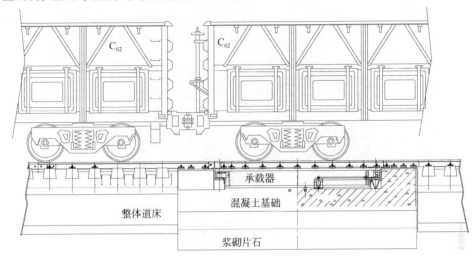

图 4.2.21　断轨单台面轨道衡结构图

5)断轨双台面轨道衡

断轨双台面轨道衡承载器由两个独立的断轨单台面承载器组成,每个称重台面计量区长度一般为 3.8m,计量方式为整车称量。

该轨道衡适用于对装载液态货物的罐车进行计量。由于铁路罐车所承载的液态货物在车辆行进中存在重量转移,采用双计量区结构可使铁路罐车的两个转向架同时落在称量区域内,从而实现动态整车计量,减小了罐车运行中罐内液体晃动引起的重量转移对计量准确度的影响。

该轨道衡的结构如图 4.2.22 所示。

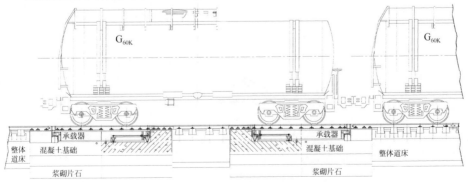

图 4.2.22　断轨双台面轨道衡结构图

6）不断轨自动轨道衡

不断轨自动轨道衡是在断轨轨道衡基础上，结合传感器技术和计算机技术而发展起来的一种新型轨道衡。它消除了断轨轨道衡称量轨与引轨之间的接缝，剪力传感器安装在称量轨和引轨间的接缝处，用于检测车辆通过时钢轨受到的剪切力。将列车通过轨道衡称重时剪力传感器与压力传感器的输出数据进行合成，得到的称重数据波形与列车通过时断轨轨道衡的波形类似。剪力传感器如图 4.2.23 所示。

图 4.2.23　剪切力传感器图片

不断轨轨道衡压力传感器与剪力传感器实际合成波形如图 4.2.24 所示，理论合成后的波形如图 4.2.25 所示。

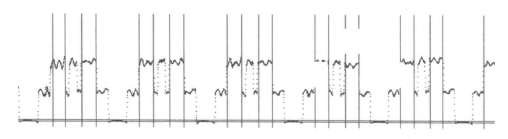

图 4.2.24　不断轨轨道衡传感器的实际合成波形

图 4.2.25　不断轨轨道衡传感器的理论合成波形

其中，P_0 为货车未到达测量区间时传感器的输出波形；P_1 货车第 1 轴通过测量区间时传感器的输出波形，P_2 为货车第 1 轴与第 2 轴通过测量区间时传感器的输出波形；P_3 为货车第 2 轴通过测量区间时传感器的输出波形；P_4 为货车第 1 轴与第

2 轴均离开测量区间时传感器的输出波形；P_5 为货车第 3 轴通过测量区间时传感器的输出波形；P_6 为货车第 3 轴与第 4 轴通过测量区间时传感器的输出波形。

不断轨自动轨道衡分为两种型式：一是有承载梁式，使用柱式压力传感器；二是无承载梁式，使用板式压力传感器。

(1)不断轨有承载梁式自动轨道衡。该轨道衡由基础、称量轨、承重梁、限位装置、剪力传感器、柱式传感器、数据采集仪、计算机等部件组成。该轨道衡的设计如图 4.2.26 所示。

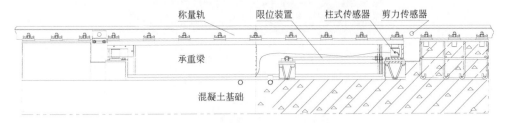

图 4.2.26　不断轨有承载梁式轨道衡简图

(2)不断轨无承载梁式自动轨道衡。该轨道衡由基础、称量轨、轨下结构件、限位装置、剪力传感器、板式传感器、数据采集仪、计算机等部件组成。板式传感器在轨道衡上的应用是传感器技术和轨道工程技术的有机结合，它大大简化了自动轨道衡的结构，提高了轨道衡安装效率，减轻了日常维护工作量。该轨道衡的设计如图 4.2.27 所示。

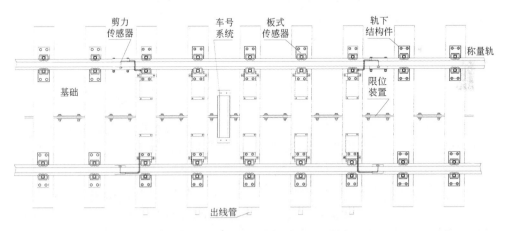

图 4.2.27　不断轨无承载梁式轨道衡

板式传感器照片如图 4.2.28 所示。

不断轨无承载梁式自动轨道衡如图 4.2.29 所示。

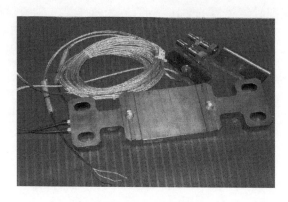

图 4.2.28　板式传感器

图 4.2.29　不断轨无承载梁式自动轨道衡

4.3　轨道衡防雷系统

在《建筑物防雷设计规范》(GB 50057—2010)中对防雷装置的名词解释是："用于减少闪击击于建(构)筑物上或建(构)筑物附近造成的物质性损害和人身伤亡，由外部防雷装置和内部防雷装置组成。外部防雷装置由接闪器、引下线和接地装置组成。内部防雷装置由防雷等电位连接和与外部防雷装置的间隔距离组成。"在 IEC 标准中防雷装置定义是："用于对需要防雷的空间做防雷电效应的整个装置，它由外部防雷装置和内部防雷装置组成。外部防雷装置由接闪器、引下线和接地装置组成。内部防雷装置是除外部防雷装置以外的全部附加措施"。它们可以减小雷电流在需要防雷的空间内所产生的电磁效应。

在轨道衡系统中，机械设备(部件)安装在铁路线路上，处于室外；其控制设备(仪器、仪表)被安置在控制室内；轨道衡系统防雷装置也分为外部防雷装置和内部防雷装置两部分,通过对轨道衡设备的雷电过电压、电磁脉冲侵入途径及针对不同雷电活动水平等几个方面对轨道衡设备进行防雷保护。

4.3.1　雷电过电压及电磁脉冲侵入途径

对轨道衡设备及建筑设施的雷击分为直击雷和感应雷。直击雷是带电云层与大地某一点发生迅猛放电现象,雷击时巨大的雷电流沿着建筑物泄入大地时对建筑物及内部设备产生的各种影响;感应雷是雷云发生自闪、云际闪、云地闪时,在进入建筑物的各类金属管、线上所产生雷电脉冲,对建筑物内设备产生的各种影响;雷电对轨道衡设备的侵入途径主要有以下几种:

(1)雷电直击安装轨道衡设备电控系统的建筑物及附近建筑物、地面突出物体、沿线路钢轨或大地时,强大的雷电流所产生的电磁场通过空间电磁感应在轨道衡系统内产生过电压和过电流。

(2)雷电直击安装轨道衡设备电控系统的建筑物时,雷电流沿防雷设施的接闪器和引下线进入接地装置引起大地电位升高,这时,在轨道衡设备接地导体和其他导体间产生雷电反击过电压。

(3)雷电直击轨道衡设备相连的交流供电线路及附近设施时,雷电过电压经线路传导侵入到轨道衡设备。

(4)雷电直击与轨道衡设备相连的数据传输通道及附近设施时,雷电过电压经线路传导侵入到轨道衡设备。

(5)雷电直击连接轨道衡设备、称重传感器的电源线路和模拟传输线路、线路钢轨或其他附近设施时,雷电过电压经线路传导侵入到轨道衡设备和称重传感器。

4.3.2　雷电活动水平分级

设备在不同雷电活动水平地区的轨道衡,按照当地雷电活动水平分别采取不同的雷电防护措施。按照雷电活动水平,可以对雷电区域进行划分为少雷区、多雷区、高雷区、强雷区。

(1)少雷区:年平均雷暴日数在 20 天及以下的地区。

(2)多雷区:年平均雷暴日大于 20 天,不超过 40 天的地区。

(3)高雷区:年平均雷暴日大于 40 天,不超过 60 天的地区。

(4)强雷区:年平均雷暴日超过 60 天以上的地区。

而雷暴日数是按照国家公布的该区域年平均雷暴日数。

4.3.3　轨道衡防雷系统构成

在对轨道衡系统进行防雷系统设计时,针对所处地区不同的雷电活动水平,考虑直击雷、感应雷的防护措施,应考虑轨道衡设备所处环境的地理、地质、地物条件和雷电活动规律,并对轨道衡设备所处建筑物的对雷电的防护措施、防雷装置的连接结构和防雷设施的防护等级等认真调查和分析并进行综合考虑。

直击雷防护主要采用独立针,轨道衡控制室防直击雷措施采用避雷针、带、网、引下线、均压环、等电位、接地体;感应雷防护采取的措施根据轨道衡设备的具体情况,除要有良好的接地和布线系统、安全距离外,还要按供电线路,电源线、信号线、通信线、馈线的情况安装相应避雷器以及采取屏蔽措施。

轨道衡设备及控制室,采取由外部防雷措施和内部防雷措施构成的综合雷电防护系统,如图 4.3.1 所示。

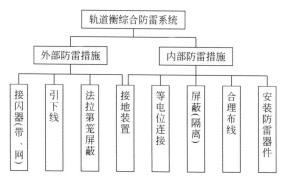

图 4.3.1　轨道衡综合防雷示意图

4.3.4　轨道衡设备雷电电磁环境的改善

安装轨道衡电气设备的控制室应当具有良好防雷电电磁环境,为防御直击雷和降低雷电电磁干扰的能力。控制室外部可采用由屋顶接闪器、引下线和接地装置构成的直击雷防护系统;内部可采用法拉第笼对雷电所产生的电磁感应进行电磁屏蔽。

1. 外部直击雷防护系统

控制室屋顶的接闪器采用避雷带和避雷网,不使用可以招引雷电的避雷针和其他非常规避雷针等装置。避雷带采用不小于 $\phi 8mm$ 的热镀锌圆钢沿屋顶周边设置一圈,距墙体高度 150mm,并用热镀锌圆钢均匀设置避雷带支撑柱,支撑柱间距不大于 1m。避雷网采用 40mm×4mm 的热镀锌扁钢焊接成不大于 3m×3m 的方形网格,每隔 3m 与避雷带焊接连通。对于面积较小的独立控制室,避雷网采用 40mm×4mm 的热镀锌扁钢焊接成不大于 0.5m×0.5m 的方形网格,每隔 0.5m 与避雷带焊接连通。热镀锌钢材的镀层厚度为(20～60)μm。

引下线是避雷带与接地装置的连接线,上端与避雷带焊接连通,下端与接地装置焊接连通,焊接处不宜出现弯角小于 90° 的急弯。引下线采用 40mm×4mm 的热镀锌扁钢,沿控制室外墙角垂直敷设,与其他电气线路的距离需大于 1m,与外墙面的间隔小于 15mm,在地面上方 50mm 处需有绝缘套管防护,绝缘套管长度不小于 2m。引下线安装平直,并均匀设置固定卡具,固定间距小于 1.5m。

2.控制室内部法拉第笼屏蔽

控制室内部的法拉第笼屏蔽由墙面屏蔽层、顶面屏蔽层、金属门、窗户屏蔽构成。墙面和顶面屏蔽层采用厚度不小于 0.6mm 的镀锡或镀锌铁板,通过截面不小于 $10mm^2$ 的黄绿双色铜导线与屏蔽接地汇集线可靠连接。金属门采用截面不小于 $10mm^2$ 的铜线与墙面屏蔽层可靠连接。窗户采用网格不大于 80mm×80mm,截面不小于 $3mm^2$ 的金属铝合金网覆盖。

3.接地电阻

接地装置的接地电阻值应按表 4.3.1 确定。当受地形和高土壤电阻率限制、接地电阻值难以达到要求时,可采取增大地网面积、设置外引接地体、换土、深埋接地体、增加非金属接地模块和采用防腐降阻剂等降(地)阻措施,但不得使用有腐蚀性的化学降阻剂或含有重金属成分的材料。接地体外引长度不超过 30m,并应设置永久性明显标志。

表 4.3.1 轨道衡设备接地电阻值参考表

序号	接地装置使用处所	土壤分类	黑土、泥炭土	黄土、砂质黏土	土加砂	砂土	土加石
		土壤电阻率/(Ω·m)	50 以下	50～100	101～300	301～500	501 以上
		接地装置接地电阻值不大于以下数值/Ω					
1	轨道衡设备	—	4	4	4	4	10
2	称重传感器	—	10	10	10	20	20

4.浪涌保护器的选择

1)浪涌保护器的设置

与外线或与钢轨连接的含电子器件的电子设备均需进行雷电防护。所有进入室内的电源线和传输线应当装设浪涌保护器,以防止雷电过电压和过电流波侵入轨道衡设备。在多雷区、高雷区、强雷区,若设备所在建筑物周围有高大建筑物和构筑物,同时室内电源线、传输线水平敷设长度大于 10m,采取加强设备所在建筑物屏蔽和装设更高量级的浪涌保护器等防雷措施。若无易于引雷的构筑物时,可根据设备的过电压耐受能力加装合适的浪涌保护器。

室内设备的交流供电线路设置两级防雷保护,一级保护设在室内外分界处,采用电源防雷箱(即粗防护)。另一级保护设在靠近被保护设备处(即细保护)。

称重传感器电源线和模拟传输线在室内设备处设置串联型防雷保护,安装在室内外分界处。串联型防雷保护包含至少两级保护电路,其中设备端保护电路由瞬态抑制二极管(TVS)组成。称重传感器电源线和模拟传输线在接线箱内设置双向串联型防雷保护。双向串联型防雷保护包含至少三级保护电路,中间保护电路由瞬态抑制二极管组成。电源浪涌保护器接地线的截面积不小于 $6mm^2$,传输线浪涌保护器接地线的截面积不小于 $1.5\ mm^2$。

2)浪涌保护器的选用

轨道衡设备用浪涌保护器必须符合被保护设备的特定要求,并与被保护设备的绝缘耐压匹配。浪涌保护器接入模拟传输线路后,不应改变原有传输性能,不应影响被防护设备的正常工作。浪涌保护器在设备受雷电电磁脉冲干扰时不间断使用。电源浪涌保护器不允许采用可导致续流、短路的空气间隙、气体放电管等元件与电源线并联,也不宜单独采用易于劣化的压敏电阻器与电源线并联。三相电源供电的机房,采用 L(相线)-N(中性线)、L-PE(保护地线)和 N(中性线)-PE 全模防护的并联型三相电源防雷箱;单相电源供电的机房,采用 L-N、L-PE 和 N-PE 的并联型单相电源防雷箱。称重传感器电源和模拟传输线路的浪涌端采用线-PE、线-线的保护模式,设备端和中间保护电路具备线-线保护模式。

3)室内电器设备浪涌保护器主要参数选取

(1)交流供电线浪涌保护器。控制室机房的交流电源浪涌保护器按表 4.3.2 选取冲击通流容量和限制电压。表中冲击通流容量用波形为 $8/20\mu s$ 的电流波试验,限制电压用幅值为 3kA、波形为 $8/20\mu s$ 的电流波试验,测试均在相线与保护地间进行。

表 4.3.2　轨道衡交流电源浪涌保护器冲击通流容量和限制电压的选取

雷电活动区	交流供电线浪涌保护器					
	户外交流电源馈线引入(引出)处				设备电源接口前	
	机房周围有高大建筑物或构筑物		机房周围无易于引雷的构筑物			
	冲击通流容量/kA	限制电压/V	冲击通流容量/kA	限制电压/V	冲击通流容量/kA	限制电压/V
少雷区	≥20	≤1500	≥10	≤1500	≥3	≤1000
多雷区	≥40	≤1500	≥20	≤1500	≥5	≤1000
高雷区	≥40	≤1500	≥40	≤1500	≥10	≤1000
强雷区	≥80	≤1500	≥40	≤1500	≥20	≤1000

(2)称重传感器电源线和模拟传输线室内端浪涌保护器。轨道衡设备的称重传感器电源线和模拟信号传输线用浪涌保护器按表 4.3.3 选取冲击通流容量和限制电压。表 4.3.2 中冲击通流容量用波形为 $8/20\mu s$ 的电流波试验,限制电压用幅

值 1kV,波形 $10/700\mu s$ 的冲击波试验。

表 4.3.3　称重传感器电源线和模拟传输线室内端浪涌保护器冲击通流容量及限制电压的选取

雷电活动区	称重传感器电源线和模拟传输线室内端用浪涌保护器		
	冲击通流容量/kA	限制电压/V	
		标称电压 12V	标称电压 24V
少雷区	≥3	≤40	≤60
多雷区	≥5	≤40	≤60
高雷区	≥10	≤40	≤60
强雷区	≥10	≤40	≤60

(3) 数据传输通道室内端浪涌保护器。轨道衡的数据传输通道线路用浪涌保护器按表 4.3.3 选取冲击通流容量和限制电压。表 4.3.4 中冲击通流容量用波形为 $8/20\mu s$ 的电流波试验,限制电压用幅值为 1kV,波形为 $10/700\mu s$ 的冲击波试验。

表 4.3.4　数据传输通道室内端浪涌保护器冲击通流容量和限制电压的选取

雷电活动区	数据传输通道室内端浪涌保护器		
	冲击通流容量/kA	限制电压/V	
		标称电压 12V	标称电压 24V
少雷区	≥0.5	≤40	≤60
多雷区	≥1.0	≤40	≤60
高雷区	≥1.5	≤40	≤60
强雷区	≥1.5	≤40	≤60

4) 室外用浪涌保护器主要参数的选取

称重传感器电源线和模拟传输线用双向串联型浪涌保护器按表 4.3.4 选取冲击通流容量和限制电压。表 4.3.5 中冲击通流容量用波形为 $8/20\mu s$ 的电流波试验,限制电压用幅值 1kV,波形 $10/700\mu s$ 的冲击波试验。

表 4.3.5　称重传感器电源线和模拟传输线室外端用浪涌保护器冲击通流容量及限制电压的选取

雷电活动区	称重传感器电源线和模拟传输线室外端用浪涌保护器		
	冲击通流容量/kA	限制电压/V	
		标称电压 12V	标称电压 24V
少雷区	≥1.5	≤40	≤60
多雷区	≥3	≤40	≤60
高雷区	≥5	≤40	≤60
强雷区	≥5	≤40	≤60

4.4　轨道衡车号识别系统

4.4.1　货车车辆车号识别系统

装备轨道衡的车号自动识别系统一般由开机磁钢(可选用)、读取天线、车号主机及连接专用数据传输电缆组成,如图4.4.1所示。其中车号识别系统的读取天线安装于轨道衡称重台面的中心部位,车号读取天线通过数据传输电缆与车号主机相连,系统的开机磁钢也与车号主机相连。

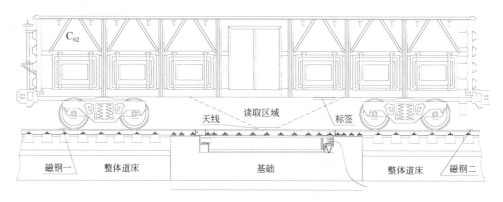

图4.4.1　车辆的标签读取示意图

车号系统进入工作状态后,车辆通过读取天线从车辆底部的车号标签的反馈信号中,读取该车辆的标签信息,并将该信息保存在车号主机中,以便在适当时机将该车号报文信息上传给轨道衡系统。车辆电子标签信息20字节的编码格式如表4.4.1所示。

表4.4.1　车辆电子标签编码格式

1	2	3	4	5	6	7	8	9	10	11	12	13	14	15	16	17	18	19	20
属性码	车种	车型				车号								换长高位	换长低位	制造厂	制造年高位	制造年低位	制造月

4.4.2　轨道衡称重数据与车号识别数据的匹配

1.列车通过后两系统信息匹配

列车接近轨道衡及车辆识别系统时,首先经过车号识别系统的开机磁钢,由该磁钢向车号主机发出信号,车号主机将读取天线打开,使其处于工作状态。车辆通过时,系统读取每辆车的标签信息,通过后,车号主机将其所保存的车号信息以报文形式通过标准串口上传给轨道衡系统;与此同时,轨道衡系统也已经将通过车辆的重量检测完毕,从车号系统中得到车号信息合并到车辆称重数据中。

对于没有配备开关磁钢的车号识别系统,轨道衡系统检测到车辆过衡时,向车号主机发出打开读取天线的信号,使读取天线处于工作状态。列车通过后,车号主机将车号信息报文上传给轨道衡系统,与列车每节货车的称重数据进行合并。

称重完成后,合并车号报文的方法易发生车号错配情况,由于车辆车号标签故障等原因,车号主机向轨道衡系统上传的车号信息在数量上可能与轨道衡所得到的称重数据不相符,造成车辆信息与称重信息的错误匹配,使得丢失车号车辆后的该列所有车辆的车号与称重数据匹配错误。

2. 列车通过过程中两系统信息实时匹配

采用轨道衡系统控制车号主机、正确把握读取车号的时机并将车号信息实时上传给轨道衡系统,可以避免数据不匹配问题的发生。车辆车号电子标签安装在车体底部两转向架之间,并靠近其中一个转向架,如图 4.4.2 所示。

图 4.4.2 中(a)~(e)为车号标签靠近后转向架时的情况,(a)图为车号标签进入读取区域的时刻,(b)图为车号标签移出读取区域的时刻,(c)图为第三轴下秤的时刻,(d)图为第四轴下秤的时刻,(e)图为称重波形与车号读取区域间的关系图,图中(a)、(b)、(c)、(d)四点分别对应(a)~(d)图,(e)图为车号标签安装在靠近后转向架时称重波形与车号读取区间的关系图,(f)图为车号标签安装在靠近前转向架时称重波形与车号读取区间的关系图。可以看出车号标签数据的读取时段处于当前车辆的前后转向架称重数据读取时段之间,车号识别系统读取车辆的车号后,由主机将车号送入轨道衡控制计算机的缓冲区中,轨道衡检测当前的车辆重量后及时读入车号,合并后得到完整的车辆信息。

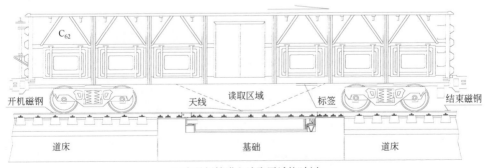

(a)车号标签进入读取区域的时刻

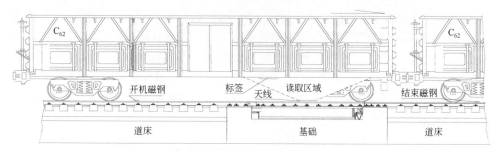

(b)车号标签移出读取区域的时刻

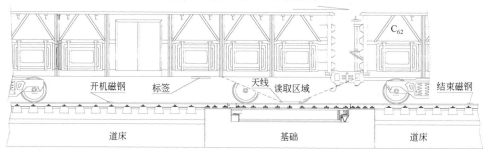

(c)第三轴下秤的时刻

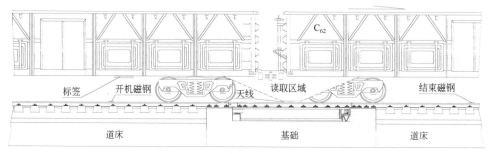

(d)第四轴下秤的时刻

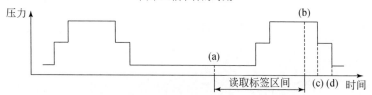

(e)车号标签靠近后转向架时称重波形与车号读取区间的关系图

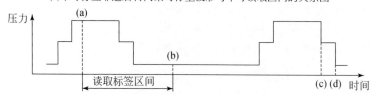

(f)车号标签靠近前转向架时称重波形与车号读取区间的关系图

图 4.4.2　列车通过过程中两系统信息实时匹配关系图

　　在程序中设置一个车号接收的缓冲区,每次收到新车号帧时覆盖旧的数据,这样可以确保每次用于匹配的车号是最新收到的车号。在读取数据后清零缓冲区,在读取匹配车号数据后与上一个车号进行比较,如果相同则舍弃。天线安装在秤台正中,第四轴下秤时((d)时刻)读取缓冲区内车号信息比较可靠,因为这时车号标签已完全通过读取区域;在进行车号数据与称重数据进行匹配时,必须使用最新收到的车号数据,而且匹配后需要清零车号接收的缓冲区,这样可以避免车号窜位和重号现象。如果发生车辆标签故障,未读到该车辆的车号信息,轨道衡系统从缓冲区读到的数据为零或与上一个车号相同,则该车辆的车号以" ＊ ＊ ＊ ＊ "代替,避免丢失车号车辆后的该列所有车辆的车号与称重数据匹配错误的情况发生。

　　轨道衡配备车号识别系统后,称量的效率得到了很大提高,在车号系统的安装使用中注意车号天线的安装位置、标签损坏或未装标签的车辆的称量、车号系统识别出现漏读所造成的车号的丢失及缺号,提高车号识别系统的正确率。轨道衡车号系统室外天线如图 4.4.3 所示。

图 4.4.3　轨道衡车号系统室外天线图

4.5　数据传输系统

　　轨道衡数据传输系统是由信号源(产生要传输数据的计算机或服务器、)、传输介质(光纤通道或者无线电波通道、线路上的交换机和路由器)、数据接收处理设备(接收信息的计算机或服务器、调制解调器或网卡)等部分组成。

　　轨道衡数据传输系统的信号源是指轨道衡称重系统及通讯单元,传输介质由铺设的光缆或无线通讯设备组成,数据接收处理设备(终端设备)一般指安设轨道衡企业或车站的中央服务器,以上几部分构成了轨道衡的数据传输系统;系统中设置了监控单元对现场轨道衡的设备状况、称重运行情况适时监控,并可远方控制轨道衡的运行和系统软件维护,实现了轨道衡的无人值守;所以一般情况下,轨道衡数据传输系统与其他需要数据传输与监控的设备一起通过设置数据通道、中央服务器等设备构成了小型的局域网。

车站轨道衡数据传输系统基本网络结构如图 4.5.1 所示。

(1)车站内轨道衡与其他检测设备、车站监控设备等分别与车站车站服务器接入。解决了测点和监控点的网络接入问题,根据现场实际情况可采用不同的接入方式(光缆、无线等)。

(2)车站、段与路局间利用铁路综合 IT 网基层网通道相连(铁路综合 IT 网已建设了主要货运站和编组站与路局间的网络),从而构成货运安全监控信息网络的基层传输通道。

(3)铁路总公司、路局监控管理系统间通过铁路综合 IT 网主干网通道相连。

(4)铁路总公司/铁路局货运计量安全检测监控管理系统主机设备以及货运计量安全检测监控管理系统客户机接入总公司/路局机关局域网。

(5)轨道衡计量站/分站管理客户机接入总公司/路局机关局域网。

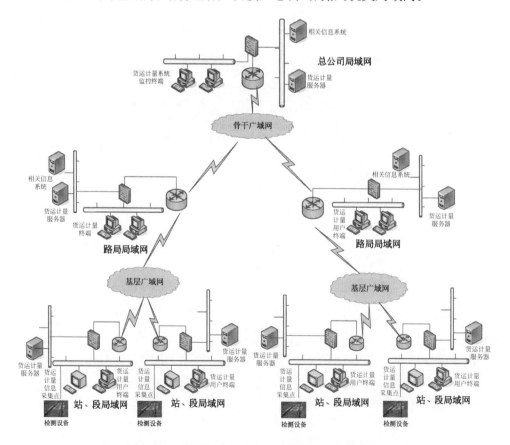

图 4.5.1　车站轨道衡数据传输系统基本网络结构

(6)与各业务部门的信息管理系统有机结合,实现信息共享。

(7)网络和信息安全以及防计算机病毒等纳入总公司和各局信息网络安全建设统一规划,并增加防火墙设备,在货运安全监控局域网与机关局域网间加强逻辑隔离保护。

企业用轨道衡数据传输系统的结构根据企业的规模采用的局域网结构类似于车站轨道衡数据传输系统,一般采用车站级的基层广域网的模式就可以完成各项管理、监控及远程控制的功能。

轨道衡数据传输系统为轨道衡的附属设施,可实现轨道衡计量信息的共享,铁路货运部门可以实时掌握货运装载数据;铁路或企业的服务部门可以实时监控设备的运行状况,并可以控制设备的运行,设备故障时也可以通过传输系统来进行设备的软件维护及硬件指导维护。

第5章 轨道衡称重计量技术

5.1 轨道衡计量原理

早期轨道衡是基于被称重车辆单独停放在轨道衡称重台面上处于静止状态下对车辆进行称重计量的。局限于当时的技术条件,轨道衡通常采用机械结构、按照力及力矩平衡原理进行设计制造,并根据平衡砣的数量及游砣的位置以人工读数的方式确认被计量车辆的重量。在结构及使用上与普通的台秤没有区别。

随着科学技术的发展,特别是测力传感器的设计、制造技术的日趋成熟,轨道衡通过利用测力传感器,部分或全部替代了力及力矩平衡的机械结构,轨道衡进入到以测力传感器、计算机技术及机电一体化技术为基础的轨道衡称重计量时代。

由于采用测力传感器,其机械结构在很大程度上得到了简化,轨道衡的结构模型如图5.1.1所示。轨道衡的承载结构可以分为五个层次:混凝土基础、钢结构传感器支架、测力传感器、承重梁及钢轨,其用于称重计量检测的力学模型如图5.1.2所示,当被检测车辆静止在轨道衡称重秤台上时,在垂直方向上,被检测车辆受到重力 W 及承重梁和钢轨支撑力的作用;压力传感器受到被检测车辆的压力、承重梁和钢轨的压力,受到传感器支架的支撑力的作用,压力传感器受力分析如图5.1.3所示。同理,当被检测车辆离开轨道衡秤台时,传感器只受到承重梁和钢轨的压力,受到传感器支架的支撑力的作用。因此利用电子及计算机技术对传感器所承受的外力进行检测,并对传感器在被检测车辆静止在轨道衡秤台上和离开该秤台后的两种受力状态进行比较,便不难得到被检测车辆的重量。

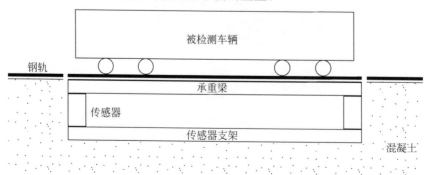

图 5.1.1 轨道衡受力结构模型示意图

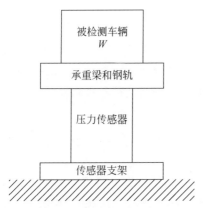

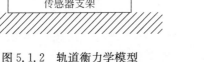

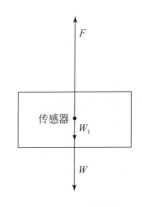

图 5.1.2　轨道衡力学模型　　　　　图 5.1.3　压力传感器受力分析

在上述模型中,用于称重计量的称重传感器为压力传感器,其作用是将力学信号转换成电信号,并利用电子及计算机技术对该信号进行处理、检测、运算。

利用电子技术对传感器输出信号处理包括放大和模数转换两个部分。例如某类型压力传感器根据其所受外力作用的大小,其输出信号为 $(0\sim12)\mathrm{mV}$,为对该信号进行监测、计算,需要将其进行放大,这便是放大处理;经过放大后的传感器输出信号仍然是模拟信号,如果对该信号进行比较、计算,则需要将该信号转换成数字信号,因此对传感器输出信号的处理还应包括模数转换。经过放大及模数转换处理的传感器输出信号便可以被送入到计算机中,由应用程序对该信号进行采集、运算、显示、保存,甚至进一步输出到打印机进行打印。

轨道衡是安装在铁路线路上的用于称重铁路车辆的计量设备,其称量对象是铁路货运车辆,其称量范围应从铁路车辆的空车自重到载重车辆的总重。目前铁路车辆单轴承载能力为 25t,一般货运车辆为 4 轴车辆,为使轨道衡能够满足对普通铁路车辆的称重计量,通常其有效称量范围应该在 $(18\sim100)\mathrm{t}$ 之间。

如图 5.1.3 所示,其中传感器所受到的力包括:F,传感器支架对传感器的支撑力;W,车辆对传感器所产生的压力;W_1,承重梁和钢轨对传感器所产生的压力。其受力分析如式(5.1.1)所示:

$$\sum F + \sum W + \sum W_1 = 0 \tag{5.1.1}$$

当没有车辆在轨道衡秤台上时,此时的 F 记为 F_0,表示轨道衡的零点,当车辆在轨道衡秤台上时,此时 F 即为轨道衡秤台上车辆的重量。

如上所述,可以得到获取被检测车辆重量的方法,利用电子技术,可以将传感器输出信号 $(0\sim12)\mathrm{mV}$ 进行量化即放大和模数转换,从而得到被检测车辆的重量。既然轨道衡用于称量车辆的重量,其称量结果的准确度或称量分辨率将成为轨道衡的重要技术指标,而这一技术指标与模数转换紧密相连。

5.1.1 静态称量轨道衡计量原理

静态称量轨道衡要求被称量车辆在轨道衡秤台上处于静止状态,通过人工或自动读数方式确定被称量车辆的重量。静态机械轨道衡的称重原理是采用力及力矩平衡原理,这种称量方式与日常生活中使用普通台秤称量物体重量相似,其力及力矩平衡条件如下式所示:

$$\sum F = 0, \quad \sum M = 0 \tag{5.1.2}$$

式中:F 为被称量车辆对轨道衡所施加的力,N;M 为力矩,N·m。

由于被称量车辆是静止在轨道衡上的,因此线路条件及车辆技术状态对轨道衡影响较小,其称量准确度较高。常用数字指示轨道衡的受力承载如图 5.1.4 所示。称量轨安装在承重梁的上面,以保证车辆能够在轨道衡上行进。由于称量轨(钢轨)要安装在承重梁上,因此在加工承重梁时,需要考虑称量轨的轨型,使其盛轨槽与称量轨的型号(简称轨型)相符。铁路线路常用的钢轨轨型包括 43 轨、50 轨和 60 轨。用于静态整车计量的数字指示轨道衡一般采用三段式承重梁八点支撑模式,支撑点处安装压力传感器以检测承重梁所承受到的压力,再通过检测传感器输出信号从而确定被称量车辆的重量。

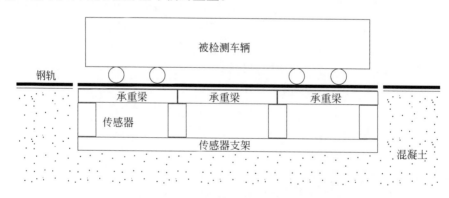

图 5.1.4　数字指示轨道衡受力承载示意图

5.1.2 数字指示轨道衡数据处理

利用数字指示轨道衡对被称量车辆进行称重检测,称量过程可分为三个阶段:加载过程、称重计量过程、卸载过程。在加载过程中被检测车辆从秤台的一侧平稳地运行到秤台上,此时支撑承重梁的各个传感器所承受的压力也在相应增加;在称重计量过程,被检测车辆已经完全处于秤台之上并且保持静止状态,此时传感器输出相对平稳,其数据变化幅度很小,是确认车辆重量的最佳过程;当称重计量过程结束后,车辆离开轨道衡秤台的过程称为卸载过程。

按照称重传感器的工作原理,在加载过程中称重传感器的输出数据在不断地变化,其数值不停地增加;加载过程结束后被检测车辆静止在轨道衡秤台上,此时数字指示轨道衡的数据处理过程将被检测车辆的重量显示在数据显示装置上。数字指示轨道衡的数据处理过程包括:读取传感器输出数据、将传感器输出数据转换成称重结果的重量值、显示并保存称重结果。

以单一传感器支撑承重梁,当被检测车辆静止在轨道衡秤台上时,其传感器输出数据具有很好的一致性。但在实际应用中,数字指示轨道衡通常会采样图 5.1.4 所示的三段式八点支撑结构,即需要利用八只压力传感器支撑其承重梁,此时由于很难保证各个传感器的支撑点能够在同一水平面上,而且被检测车辆在轨道衡秤台上静止时也不可能保证其对轨道衡各个压力传感器所产生的压力相同,因此数字指示轨道衡的压力传感器其输出数据会有一定程度的变差。因此对于数字指示轨道衡,在其数据处理过程中应该包括必要的滤波,以提高其输出数据的一致性。这种滤波工作可以用电子技术中的硬件或计算机技术中的软件来完成。常用的数据滤波算法包括限幅滤波法、算术平均滤波法、中位值滤波法和中位值平均滤波法。

1.限幅滤波法

根据系统的实际情况,首先人为约定系统所允许的最大扰动所产生的误差值 Δ;其次获取系统的初始样本数据记为 B_0;如果用 B 表示系统在获取初始样本数据后所得到的系统样本数据,则当 $|B_0-B| \leqslant \Delta$ 时,认为该样本数据有效,即

$$|B_0-B| \leqslant \Delta \text{ 时}, B_i=B, \quad i=1,2,\cdots,N-1 \tag{5.1.3}$$

$$A=\frac{1}{N}\sum_{i=0}^{N-1}B_i \tag{5.1.4}$$

该方法可以有效克服因偶然因素引起的脉冲干扰。为减少偶然因素对零点的影响,通常 B_0 点由式(5.1.4)中的 A 代替,其中的 B_i 与式(5.1.3)中的 B_i 所表示的不是同一组样本数据。

在轨道衡的实际应用中 B_0 点也称为轨道衡计量检测的零点。式(5.1.3)中的样本数据源于轨道衡设备中的传感器输出数据,利用式(5.1.3)所表示的滤波算法可以判断是否有车辆开始通过计量检测设备;可以判断被检测车辆是否远离计量检测设备;还可以判断轨道衡台面或超偏载检测设备的某个测区上是否出现轮轴到达或离开的情况。

2.算术平均滤波法

如式(5.1.4)所示,对连续获取的数量为 N 的样本数据进行算术平均,并将该平均值作为系统将要处理的数据 A,则当 N 值较大时,信号平滑度较高,灵敏度较

低;N值较小时,信号平滑度较低,灵敏度较高。

在轨道衡的实际应用中这种方法对传感器输入信号的随机干扰具有良好的滤波效果。但它所需要的采样数据量较大,要求的传感器输出数据的数据量是数据波形所包含的数据量的 N 倍。不仅如此,由于该算法没有对数据进行取舍,因此扰动所产生的影响并没有消除。将该滤波法用于数字指示轨道衡的称重计量过程中,虽然对系统中可能出现的扰动在计量计算过程中没有取舍或消除,但由于数字指示轨道衡采样静态称量,可以适当延长或增大数据读取周期,从而弱化了随机扰动可能产生的影响。这里所说的随机扰动是指机械结构及车辆运行所产生的随机影响。

3. 中位值滤波法

该方法不采用事先约定系统所允许的最大扰动产生的误差值,而是将连续 N 次(N 取奇数)采样数据按大小排列,取其中间值作为真值,即设 $\{B_0, B_1, \cdots, B_{n-1}\}$ 为已经排序的数列,则

$$A = B_{\frac{n-1}{2}} \tag{5.1.5}$$

在传感器输出数据中,由于扰动所产生的数据量所占比例较小,因此 N 不宜取得太大。这样可以有效地克服因偶然因素引起的波动干扰。另外,系统的随机误差也包含在 $\{B_0, B_1, \cdots, B_{n-1}\}$ 中,因此建议采用将中位值滤波法与算术平均滤波法相结合的滤波方法。

4. 中位值平均滤波法

中位值平均滤波法是中位值滤波法与算术平均滤波法的结合产物。可以简单地在连续读取数据量为 N 的采样数据中,去掉其中的最大值和最小值,然后计算 $N-2$ 个数据的算术平均值。设 $\{B_0, B_1, \cdots, B_{n-1}\}$ 为传感器输出数据的样本值,$B_{\max}$、$B_{\min}$ 分别表示其中的最大值和最小值,则

$$A = \frac{1}{N-2}\Big(\sum_{i=0}^{N-1} B_i - B_{\max} - B_{\min}\Big) \tag{5.1.6}$$

该方法融合了前述两种滤波法的优点,适于抑制偶然出现的脉冲性干扰并消除由于脉冲干扰所引起的采样值偏差,算法的计算量也比中位值滤波法简练,且具有良好的滤波效果。

在轨道衡的应用实践中,中位值或中位值平均滤波法被广泛应用于自动轨道衡。这主要是因为在动态计量称重条件下,车辆处于运行过程中,车辆在运行过程中会产生一定程度的振动,这种振动使得传感器的输出数据带有一定程度的周期性。而该方法则利用选取中位值或选取一定宽度的中位值的平均值可以有效地克服由于振动而产生的周期性。以上几种方法均采用数据量减少的方式进行滤波,

即数据的采样量大于被保留的数据量。它们比较适合系统在读取传感器输出数据时的初级滤波。

在数字指示轨道衡的数据处理过程中,对传感器输出数据的各种滤波算法、重量计算方法以及对计量检测结果的数据存储、显示、打印等工作均需要由计算机应用软件来解决。传统的数字指示轨道衡数据处理方法是:对于传感器输出数据,首先由数据采集仪将传感器输出信号进行调理(放大)后再经过模数转换,最终将其所得到的数字信号输出给计算机;计算机中的应用软件读取这些数字信号后,对它们进行滤波以去除噪声的影响后再进行重量计算。因此应用软件根据系统要求,针对传感器输出数据的特点,在数据处理的不同阶段采用适当的滤波算法对传感器输出数据进行滤波。此后,应用软件还要将传感器输出数据转换成计量结果(重量值),并将计量结果显示、保存。

5.1.3　自动轨道衡称重原理

自动轨道衡是在数字指示轨道衡的基础上发展起来的,它的称重原理与数字指示轨道衡相同。与自动轨道衡不同的是数字指示轨道衡通常采用整车称量,即被称量车辆的两个转向架完全处于其称重台面上并保持静止后的称重计量;而自动轨道衡则是采用转向架计量方式,并要求被检测车辆以某一平稳的运行速度在轨道衡上通过,即被检测车辆处于运行状态时对其进行称重计量。由于自动轨道衡采用动态转向架计量方式,而普通铁路货运车辆均采用两个转向架对其车体进行支撑,因此采用这种结构的铁路货运车辆其车辆及所承载货物的重量完全集中在两个转向架上。其称重过程如图 5.1.5 所示。

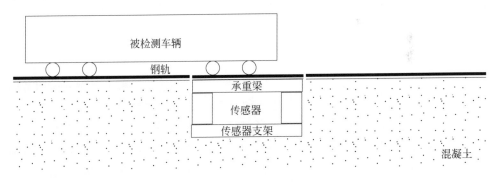

图 5.1.5　转向架称量方式原理示意图

假设被检测车辆以某一均匀速率通过自动轨道衡,注意到一般自动轨道衡应该安装在铁路线路的直线段上,因此当被检测车辆以匀速率在一段直线上运行时,其所受外力之和为零。如果被检测车辆的某个转向架在某一时间段正好处于自动轨道衡的称重台上时,此时该转向架所生成的重力恰好是自动轨道衡传感器所承受的压力。因此在上述时间间隔内自动轨道衡传感器所输出的数据恰好是该被检测车辆的某个转向架所承载的重量。

对于自动轨道衡，称重传感器输出信号的采集过程与数字指示轨道衡相似，也应该包括读取传感器输出数据、将传感器输出数据转换成称重结果等过程，但其数据处理方法、重量计算过程与数字指示轨道衡的差别较大。由于自动轨道衡对被检测车辆进行称重计量时，要求车辆以运行状态通过轨道衡秤台，因此当利用电子及计算机技术对其传感器输出数据进行检测，其理论上理想数据波形如图 5.1.6 所示。图中 FG 和 BC 之间的数据表示车辆的第一个转向架和第二个转向架通过动态称量轨道衡称重台面时，数据采集系统采集和所记录称重传感器的输出数据，因此其处理过程应该包括数据波形的识别过程，以确定如图 5.1.6 所示的 FG 和 BC 之间的数据，然后是计算被检测车辆的重量。

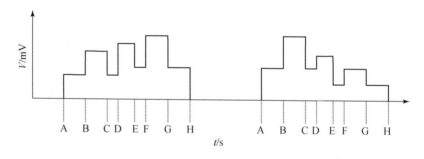

图 5.1.6　自动轨道衡计量过程中采样数据波形示意图

5.1.4　自动轨道衡数据处理

1. 数据处理过程

自动轨道衡的称量过程是在车辆运行过程中完成的。当被称量车辆通过动态称量轨道衡时，在称重传感器输出信号中既包括车辆重量所产生的稳定信号，又包括各种干扰信号。在这些干扰信号中，既包含频率不同的波动信号，也包含强度不同的脉冲信号，因此需要对称重传感器输出信号进行滤波，以最大限度地减小干扰信号对称量结果的影响。在对称重传感器输出数据进行滤波的过程中，除采用数字指示轨道衡的滤波方式外，还应该考虑递推平均滤波法和中位值递推平均滤波法。

递推平均滤波法又称为滑动平均滤波法。它是将连续读取的样本数据组成一个队列，固定队列的长度，当需要将新近得到的样本数据放入队列时，先将最先进入队列的样本数据去除，再将新近得到的样本数据添加到队列中，这样样本数据所组成的队列的长度不变，即样本数据队列采用先进先出原则。

设队列的长度为 N，用 $\{B_0, B_1, \cdots, B_{n-1}\}$ 存放样本数据，首先为 $\{B_i \mid i=0,1,\cdots,N$

－1}赋值。当{B_i}被赋值后,开始进行递推平均滤波。如果用 B_{i-1} 表示存放刚刚进入队列的采样数据,则下一个进入队列的采样数据的位置为 B_i;如果 $i=N$,则令 $i=0$。如此再利用式(5.1.7)计算样本的平均值,其中 N 值的选取可以根据经验确定:

$$A = \frac{1}{N}\sum_{i=0}^{N-1} B_i \tag{5.1.7}$$

式中:A 为样本计算值。

这种滤波方法特别适合减小平滑系统的随机扰动。如果 N 较大,则会降低灵敏度。因此适当选择队列的长度,不仅可以有效抑制由于系统的随机因素所产生的数据波动,还能保留其周期性。

中位值递推平均滤波法是在递推平均滤波法中,用 $B_{\max}$、$B_{\min}$ 分别表示{$B_i \mid i=0,1,\cdots,N-1$}的最大值和最小值,利用递推平均滤波法的样本数据进入队列的方式,再利用式(5.1.8)进行滤波计算,则得到中位值递推平均滤波法:

$$A = \frac{1}{N-2}\Big(\sum_{i=0}^{N-1} B_i - B_{\max} - B_{\min}\Big) \tag{5.1.8}$$

该方法能够最大限度地保留称重传感器输出信号的波形特性,并能够减小由于车辆的轮轴进入(或离开)称重台面瞬间而产生的振动对称重传感器输出信号的影响。

2. 数据识别(判车)过程

采用转向架称量方式的轨道衡,其称重传感器输出信号理论波形如图 5.1.7 所示。图中横坐标表示时间,纵坐标表示称重传感器输出信号的大小。按照时间顺序读取称重传感器输出数据,组成该波形图的基本元素是数据点。

A2、A3 和 B2、B3 之间的数据点反映了被称量车辆的重量。因此数据识别的任务就是判别称重传感器输出信号产生 A2、A3 点和 B1、B2、B3 点的时刻。由于 B1、B3 分别对应车辆的同一根轴上、下轨道衡台面的时刻,轨道衡称重台面的长度和称重传感器输出信号的采样速率都是已知的,因此 B1、B3 点之间的数据量反映了车辆运行的速度。

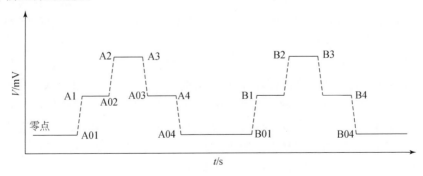

图 5.1.7 自动轨道衡理想状态下的称重传感器信号波形

　　上述波形只是一节被称量车辆通过轨道衡称重台面时,数据采集系统所记录的称重传感器输出信号所形成的数据波形。当由一节机车牵引两节铁路货车时,其数据波形如图 5.1.8 所示,当车辆再增加时,只是 A04 到 B04 之间的波形重复。

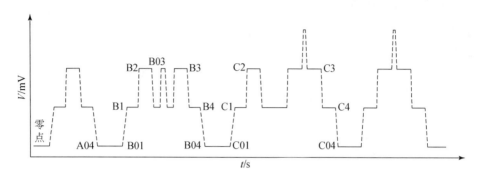

图 5.1.8　货车与货车联挂、货车与机车联挂的理论数据波形

3. 重量计算过程

　　与数字指示轨道衡相似,数据采集系统所记录的称重传感器输出信号是经过模数转换后得到的数字信号。如果将该数值与重量值相对应,则需要进行数值转换。称重传感器经模数转换后的数值称为码值,码值转换后的数值称为重量值。一般情况下,在码值与重量值之间存在着一定的线性转换关系,通过调整称重传感器输出信号的增益,利用标准重量(如检衡车)可以将码值与重量值统一起来。由于轨道衡设备系统在机械设计、材料及安装工艺等方面的原因,称重传感器输出数据与所承载的重量之间存在一定程度的系统误差,而且这种系统误差不是线性的,因此需要对该系统误差进行修正。

　　按照《自动轨道衡》(JJG 234—2012)的要求,在自动轨道衡的检定过程中,需要对其称量范围内的 5 个秤量点进行检定,分别为 20t、50t、68t、76t 和 84t。对于不同的动态检衡车组,5 个秤量点的标准值是不完全相同的。另外,钢轨或限位器的作用,也会导致称重传感器输出数据与所承载的重量之间存在一定程度的非线性关系。因此,称重传感器输出与其所承载的重量的关系为一条曲线。

　　由于自动轨道衡存在以上的非线性关系,可将自动轨道衡的称量范围分成若干区段,按区段分别进行修正,采用简单的折线修正法,如图 5.1.9 所示。

　　通过折线对光滑曲线的逼近,可对称重传感器输出数据进行修正。当利用折线逼近上述相关曲线时,在各个折点(修正点)处,称重值与标准值在一定误差范围内可以保持一致;在折点的某个范围内或在折点附近,称重值与标准值近似,如果不考虑随机误差,则应相等。折线修正法是利用直线分段的方式对系统误差进行修正,因此在修正过程中对标准值或其附近数据点的误差考虑得比较充分。

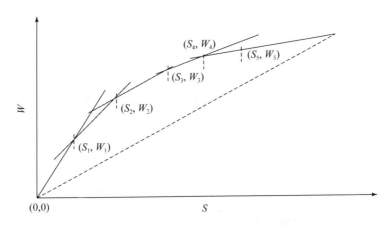

图 5.1.9   自动轨道衡分段修正示意图

由于自动轨道衡的称量范围比较大,修正点的数量相对比较少,因此对于偏离修正点较大的数据点,其修正后的称量结果可能会产生较大的误差,特别是在系统误差所表现出来非线性的不确定情况下更是如此。对于 S_4 和 S_5 之间以及 S_5 右侧的称重传感器输出数据,其修正值是采用同一条折线,这也会使称重传感器输出数据 S_5 右侧远端的修正结果产生较大误差,另外,折线修正法也使得在修正点处称重值与重量值的关系曲线不够光滑。

在轨道衡安装调试结束后投入使用前,需要用具有标准重量的动态检衡车组对其进行检定。假设所采用的检定车组各节车辆的标准值 $m_i(i=1,2,\cdots,5)$ 为:20t、50t、68t、76t 和 84t。

检定前,利用该检定车组对轨道衡进行测试(一般不少于 6 次),并将每次测试所得到的各节车辆的测试结果记录下来。如果对于每节车辆所记录的测试结果,其重复性能够满足轨道衡的技术要求,则调试结束,否则,再继续对轨道衡进行调试。假设轨道衡已经调试完毕,其各项技术指标符合设计要求,记录的测试数据如表 5.1.1 所示。

表 5.1.1   测试数据记录表

项目	m_1	m_2	m_3	m_4	m_5
测试 1	S_{11}	S_{21}	S_{31}	S_{41}	S_{51}
测试 2	S_{12}	S_{22}	S_{32}	S_{42}	S_{52}
$\vdots$	$\vdots$	$\vdots$	$\vdots$	$\vdots$	$\vdots$
测试 $n(n\geqslant 6)$	S_{1n}	S_{2n}	S_{3n}	S_{4n}	S_{5n}
平均值	S_1	S_2	S_3	S_4	S_5

其中，$S_i = \dfrac{1}{n}\sum\limits_{j=1}^{n} S_{ij}(i=1,2,\cdots,5)$。 注意，这里的 $S_i(i=1,2,\cdots,5)$ 是称重传感器输出数据。由于 $S_i(i=1,2,\cdots,5)$ 是与标准值 $m_i(i=1,2,\cdots,5)$ 所对应的码值，利用 5 个修正系数 $Dp_i(i=1,2,\cdots,5)$（称之为轨道衡动态校准参数）将其转换为重量值 $W_i(i=1,2,\cdots,5)$，即 $W_i=Dp_iS_i(i=1,2,\cdots,5)$，如图 5.1.9 所示。

因此

$$W=\begin{cases}Dp_1S, & S\in[0,S_1) \\[2mm] \dfrac{W_2-W_1}{S_2-S_1}(S-S_1)+W_1, & S\in[S_1,S_2) \\[2mm] \dfrac{W_3-W_2}{S_3-S_2}(S-S_2)+W_2, & S\in[S_2,S_3) \\[2mm] \dfrac{W_4-W_3}{S_4-S_3}(S-S_3)+W_3, & S\in[S_3,S_4) \\[2mm] \dfrac{W_5-W_4}{S_5-S_4}(S-S_4)+W_4, & S\in[S_4,S_5) \\[2mm] \dfrac{W_5-W_4}{S_5-S_4}(S-S_5)+W_5, & S\geqslant S_5 \end{cases} \qquad (5.1.9)$$

对于装载液态货物的铁路罐车，由于车辆在运行过程中，液态货物在车辆中产生波动，采用单台面转向架称量方式的轨道衡存在较大的计量误差，为此通常采用双台面转向架称量方式的轨道衡。双台面轨道衡两个台面之间的距离是根据罐车转向架之间的距离设计的，它能够保证罐车在运行过程中，两个转向架同时完全处于两个称重台面上，此时如果所承载的液态货物产生了波动，由于两个转向架同时被称量，其计量误差不会很大。

由于罐车种类的不同，有些装载液化石油气的罐车，其转向架之间的距离远大于装载普通液体的罐车，因此在某些特定场合需要使用三台面轨道衡，其称重原理与双台面轨道衡相同。使用过程中，三台面轨道衡是两个双台面轨道衡的组合形式。当称量罐车时需要采用整车称量方式，而承载流体的车辆心盘距差别较大，因此使用 A、B 台面组成双台面来称量装载液态物体的罐车，用 B、C 台面组成双台面来称量装载气态物体的罐车。其结构如图 5.1.10 所示，整体为 A、B、C 三个台面轨道衡，其中左侧 A 台面和 B 台面组成一个双台面轨道衡，B 台面和 C 台面组成一个双台面轨道衡。双台面、三台面轨道衡的每个台面对应单独的模数转换系统，其修正系数也不相同，每个台面称量车辆转向架的数据计算出重量后，直接相加得到车辆的总重。

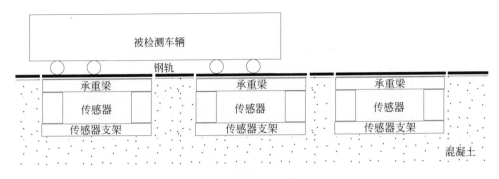

图 5.1.10 双(三)台面轨道衡称量原理示意图

4.影响自动轨道衡计量结果的因素

1)传感器输出信号采样速率对计量结果的影响

车辆通过轨道衡时传感器输出信号所形成数据波形如图 5.1.11 所示。图中只给出了传感器数据波形。其中：ab 和 gh 间的数据分别是当被称量车辆的前、后转向架完全处于自动轨道衡称重台面上时，数据采集系统所采集到的传感器输出信号，而 ab 和 gh 之间的数据正是自动轨道衡计算被称量车辆重量的依据。当车辆通过轨道衡后，应用软件利用 ab 和 gh 间的传感器输出信号大小的平均值计算被称量车辆的重量。显然当 ab 和 gh 间的数据量较大时，其平均值与真值之间的误差会小些。因此，在可能的条件下，为减小可能出现的计量误差，应选择较高的采样速率以获取更多的采样数据。

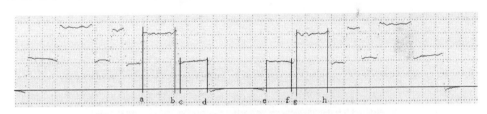

图 5.1.11 传感器输出信号波形

2)车辆通过速度对计量结果的影响

与采样速率相对应的是车辆通过的速度。当车辆以匀速通过轨道衡时，对于确定的采样速率，当车速较高时，ab 和 gh 之间的数据量会减少。另外，当车速较高时，车辆的振动也会加剧，因此被称量车辆的运行速度不宜过高；当被检测车辆通过轨道衡时，其速度发生比较大的变化。比如试图加速通过轨道衡时，在机车牵引状态下，如果车列加速，在加速过程中，称重车辆受到前后车辆大小不同的拉力。如果将该车辆及其所承载的货物看做整体，当质心不在车钩所处的水平线上，比如质心高于车钩位置,则此时车辆会受到由于加速而产生的方向向下的压力,该向下的压力在车辆通过轨道衡时,自然会作用到传感器上。虽然上述分析是以机车后面第一节车辆为例,但其实整个车列中各节车辆均会受到影响,只是程度不同而已。

3)线路坡度对计量结果的影响

普通铁路车辆利用两个转向架对车体形成支撑,如图 5.1.12 所示。假设车辆所承载的货物均匀分布在车厢内,即当车辆静止在水平线路上或在水平线路上匀速运行时,车辆的 8 个车轮承载相同的重量。当上述车辆静止在具有一定坡度的线路上或以匀速运行于具有一定坡度的线路上时,则车辆的各个车轮所承受的载荷不尽相同。由于铁路车辆承载结构的对称性,首先就一个转向架中的两个轮轴的受力情况进行分析。假设:质心在垂线 L 上且位于转向架中央,质心距钢轨轨面的高度为 h,如图 5.1.13 所示。

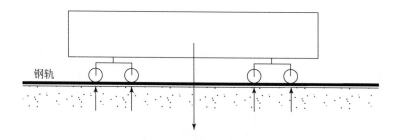

图 5.1.12　普通铁路车辆受力分析

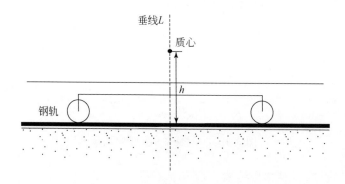

图 5.1.13　普通铁路车辆转向架受力分析

当车辆处于具有一定坡度线路时,线路平面与水平面的夹角为 α,车轮在 A、B 两点与钢轨相切,钢轨在 A、B 点所承受的压力分别为 W_1、W_2,垂线 L 与钢轨交于 C 点,质心沿重力 W 方向与钢轨交于 D 点,如图 5.1.14 所示。

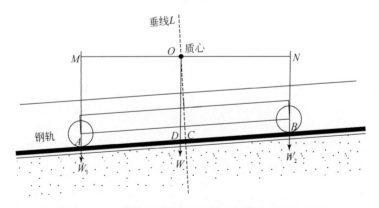

图 5.1.14　具有一定坡度时铁路车辆转向架受力分析

令 : $l=AB$(轴距), $\eta=\mathrm{tg}\alpha$, $h=OC$。

如果线路没有坡度, 即 $\alpha=0$, 则

$$W_1=W_2=\frac{W}{2} \tag{5.1.10}$$

转向架所承载的重量其质心在转向架的几何中心线 L 上。当 $\alpha\neq0$ 时,

$$\frac{W_1}{W_2}=\frac{ON}{OM}=\frac{BD}{AD}=\frac{BC+CD}{AC-CD}=\frac{\dfrac{l}{2}+h\eta}{\dfrac{l}{2}-h\eta} \tag{5.1.11}$$

则有

$$\frac{W_1}{W}=\frac{1}{2}+\frac{h\eta}{l} \tag{5.1.12}$$

$$\frac{W_2}{W}=\frac{1}{2}-\frac{h\eta}{l} \tag{5.1.13}$$

式中 : ON、OM 分别表示 W_1、W_2 相对于质心的力臂长度。

比较当 $\alpha=0$ 与 $\alpha\neq0$ 时, 如果将轴 1、轴 2 所产生的压力与 W_1、W_2 相对应, 轴 1 轴 2 的相对误差如下。

轴 1 :
$$\xi_1=\frac{W_1-\dfrac{W}{2}}{\dfrac{W}{2}}=2\frac{h\eta}{l} \tag{5.1.14}$$

轴 2 :
$$\xi_2=\frac{W_2-\dfrac{W}{2}}{\dfrac{W}{2}}=-2\frac{h\eta}{l} \tag{5.1.15}$$

重心偏移的结果使得位置处于较低的轴所承载的重量大于处于位置较高的轴所承载的重量, 类似结果也适用于转向架。只是将轴距用心盘距 L 替代, 转向架质心高由车辆质心高 H 替代。

转向架 1：

$$\xi_1 = 2\frac{H\eta}{L} \tag{5.1.16}$$

转向架 2：

$$\xi_2 = -2\frac{H\eta}{L} \tag{5.1.17}$$

如果轨道衡按照如图 5.1.14 所示坡道条件对车辆进行称量，车辆的各个轴（从低到高）与其在平直线路条件下所承载重量的相对差分别为

$$\delta_1 = \left(1+2\frac{H\eta}{L}\right)\left(1+2\frac{h\eta}{l}\right)-1 \tag{5.1.18}$$

$$\delta_2 = \left(1+2\frac{H\eta}{L}\right)\left(1-2\frac{h\eta}{l}\right)-1 \tag{5.1.19}$$

$$\delta_3 = \left(1-2\frac{H\eta}{L}\right)\left(1+2\frac{h\eta}{l}\right)-1 \tag{5.1.20}$$

$$\delta_4 = \left(1-2\frac{H\eta}{L}\right)\left(1-2\frac{h\eta}{l}\right)-1 \tag{5.1.21}$$

考虑到 $\eta = \mathrm{tg}\alpha$ 通常比较小，假设为 10^{-3}（表示线路的坡度为 0.1%），则

$$\delta_1 \approx \frac{2H\eta}{L}+\frac{2h\eta}{l} \tag{5.1.22}$$

$$\delta_2 \approx \frac{2H\eta}{L}-\frac{2h\eta}{l} \tag{5.1.23}$$

$$\delta_3 \approx -\frac{2H\eta}{L}+\frac{2h\eta}{l} \tag{5.1.24}$$

$$\delta_4 \approx -\frac{2H\eta}{L}-\frac{2h\eta}{l} \tag{5.1.25}$$

由于自动轨道衡采用转向架称量方式，δ_{1-4} 与车辆的心盘距 L、轴距 l 和车辆及所承载货物的质心高 H 有关。而对于确定的车种、车型，其心盘距 L 和轴距 l 是确定的，所以 δ_{1-4} 只与 H 有关。当车辆所承载的货物不同时，车辆及货物所形成的质心不尽相同，这会使 H 成为一个不确定量，如果 H 是随机量，则上述对自动轨道衡可能产生的计量误差的定量分析所得到的误差也是随机量，因此通常情况下，自动轨道衡不适于安装在有坡度的线路上。

5. 不断轨自动轨道衡

自动轨道衡源自数字指示轨道衡，当将对铁路车辆进行称重计量从静态该为动态时，计量称重的作业效率得到了极大的提高，这种提高直接与被检测车辆通过

轨道衡的速度相关。然而当被检测车辆以较高速度通过轨道衡时，车辆的轮对对轨道衡轨缝的冲击会造成轨道衡设备的损坏；另外由于安装在混凝土基础之上的轨道衡秤台在垂直方向上几乎没有约束，当车辆以比较高的速度通过轨道衡时，也存在安全隐患，因此，对于断轨自动轨道衡，其允许通过速度并不很高，这也使进一步提高对被检测车辆进行称重计量的作业效率受到一定程度限制。为此在断轨自动轨道衡的基础上，研制出不断轨自动轨道衡。

　　不断轨自动轨道衡与断轨自动轨道衡的主要区别在于：断轨轨道衡的称量轨及引轨之间有轨缝，而不断轨自动轨道衡在这个位置没有轨缝，取而代之的是在这个位置安装有剪力传感器，如图 5.1.15 所示，利用不断轨自动轨道衡对被检测车辆进行称重计量，其作业效率得到进一步提高。

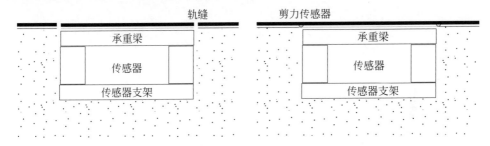

图 5.1.15　断轨和不断轨自动轨道衡称量示意图

　　对于不断轨自动轨道衡，其机械结构除了轨缝外，与断轨自动轨道衡没有本质区别，在压力传感器的使用方式上也基本上与断轨自动轨道衡保持一致。但是，在原来断轨自动轨道衡的轨缝位置增加了剪力传感器，该传感器的作用是当车辆通过轨道衡时，检测钢轨在剪力传感器所处位置所承受的剪切力。由于传感器的位置是固定的，当车辆的轮对由远而近接近剪力传感器所处位置时，该位置所承受的剪切力在数值上逐渐增大；当车辆的轮对驶过该位置时，其所承受的剪切力又会逐渐减小。注意到力是矢量，如果定义车辆轮对接近剪力传感器所在位置时，该位置所承受的剪切力为正，则当车辆轮对逐渐离开该位置时，即从越过该位置的那一时刻起，其剪切力的方向发生变化，变为负。

　　剪力传感器通常安装在钢轨的轨腰部位，剪力传感器的工作原理如图 5.1.16所示。图中，当轮轴处于位置 0 的左侧时，由于钢轨受压力作用而产生一定的挠度，当考察位于钢轨上的剪力传感器安装孔时，它会产生一定程度的变形。当车辆的轮轴处于位置 0 的左、右两侧时，该安装孔变形的状况如图 5.1.16 右侧所示。

　　剪力传感器的外形类似圆柱体，在其轴向的侧面有四个测力面，它们围绕剪力传感器的外缘均匀分布，如图 5.1.17 所示。当传感器沿左下—右上方向所对应的测力面受到外力作用时，传感器所输出的电压信号为正；当传感器沿着另一组测力面受到外力作用时，传感器输出的电压信号为负。而当剪力传感器不受力或沿两组测力面所受到的外力大小相同时,即安装孔没有发生变形时,剪力传感器输出的信号为零。

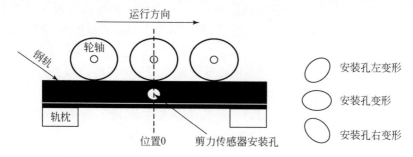

图 5.1.16　剪力传感器安装应用示意图

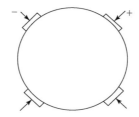

图 5.1.17　剪力传感器受力输出示意图

　　在图 5.1.16 中,当车辆的轮轴处于位置 0 左侧时,安装孔左变形,此时传感器输出负信号;当车辆的轮轴与钢轨的切触点为位置 0 时,尽管安装孔发生形变,但其变化的结果是正椭圆,剪力传感器在正、负测力面上所受到的力的大小相同,因此其信号输出仍为零;当车辆的轮轴处于位置 0 的右侧时,传感器输出正信号。当车辆的轮轴沿钢轨运行时,在其运行到位置 0 附近,从左侧越过位置 0 点到右侧的瞬间,传感器输出信号产生的是反向的跃变,这一跃变的幅度反映了钢轨在位置 0 点所受到的剪切力的大小。记录车辆的轮轴通过剪力传感器时的传感器输出数据,经过适当调试,在不断轨自动轨道衡中,其压力和剪力传感器输出信号波形如图 5.1.18 所示,剪力与压力传感器输出信号的合成波形如图 5.1.19 所示。

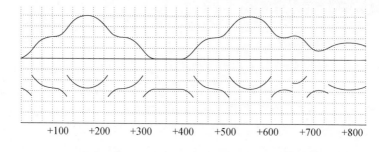

图 5.1.18　不断轨压力、剪力传感器输出数据波形

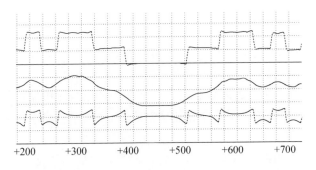

图 5.1.19　合成后的传感器输出信号数据波形

　　不断轨自动轨道衡与断轨自动轨道衡相比,增加了传感器的种类和数量,轨道衡的数据采集部分,也相应增加了数据采集的工作量。当剪力传感器输出信号被采集后,该信号与与压力传感器输出信号的合成也是轨道衡设计者所要解决的问题。

　　按照传感器的工作原理,压力传感器输出信号的强弱(或大小)与其所承受的压力成正比,剪力传感器输出信号的强弱(或大小)与其所承受的剪切力及施加力的作用位置有关。如果能够保证不断轨自动轨道衡所使用的剪力传感器与压力传感器相匹配,则可以将所使用的两种传感器输出信号进行相加。但无论是压力传感器还是剪力传感器,其设计制造有其自身的标准和规律,很难保证两种传感器在轨道衡应用中自然匹配,因此在这两种传感器输出信号合成过程中,还需做一些合成的工作,通过调节传感器的输出信号放大电路的增益来实现,或将传感器的输出信号转换为数字量后乘以不同的比例系数再进行叠加。

　　在解决了不断轨自动轨道衡压力传感器与剪力传感器输出信号的合成问题后,不断轨自动轨道衡的称重计量原理与断轨自动轨道衡完全一致。

6.不断轨无梁式自动轨道衡

　　在自动轨道衡中,还有一种轨道衡的型式——不断轨无梁式自动轨道衡。该类型轨道衡在机械结构上完全摒弃了断轨或不断轨自动轨道衡的承重梁。其结构如图 5.1.20 所示。

剪力传感器

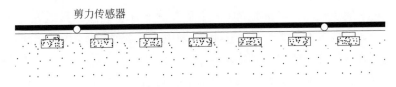

图 5.1.20　不断轨无梁式自动轨道衡结构示意图

无梁式轨道衡采用转向架称量方式,其结构与一般自动轨道衡的区别:用于称量的钢轨直接由传感器支撑,安装有传感器的特制轨枕则固定在混凝土基础上。

在无梁式自动轨道衡中,采用 10 只或 12 只板式传感器与 4 只剪力传感器组成测量区域。其测区长度、混凝土整体道床长度与普通自动轨道衡相同,测区以外的轨枕与普通线路所采用的轨枕相同。该结构的特点是对机械部件进行了最大限度的简化,从而极大地减少了日常使用中的维护,也使得其应用可靠性得到进一步的提高。

无梁式轨道衡的机械结构简单,安装过程简化。在调试过衡中,只需保证各个压力传感器对钢轨具有相同的支撑力。为此在初次调整时,应使得传感器的支撑面在同一水平面内,并将用于固定钢轨的弹条、扣件完全扣紧,经过一定车辆次数的碾压再进行调整,以达到各个压力传感器对钢轨具有相同支撑力的目的。

在数据采集过程中,无梁式自动轨道衡采用了更多的传感器,因此需要更多的数据采集通道,以确保数据采集过程中对于每只传感器的输出数据的采集。另外由于没有承重梁,承载车辆的钢轨直接由压力传感器进行支撑,各个压力传感器对于其所承受的压力及输出的一致性在数据采集过程中通过计算方法加以平衡。在解决了传感器输出平衡后,对传感器输出数据进行数据合成,其方法与不断轨自动轨道衡相似。

5.2　轨道衡技术性能和使用特点

轨道衡具有多种型式,因其不同的称重方式及结构型式具有不同的技术性能和使用特点、称量的准确度及称量时允许的车速,不计量时设备承载器允许的通过速度也不相同,按照轨道衡的性能、使用要求来进行轨道衡称重作业,才能保证称重的准确度和轨道衡的长期稳定性。

5.2.1　静态称量轨道衡技术性能及使用特点

静态机械轨道衡的使用数量很少且逐渐被改造或淘汰。这里主要介绍数字指示轨道衡的技术性能和使用特点。

数字指示轨道衡为长台面结构,采用整车静态计量方式。最近几年为解决铁路出现的长大车辆如 G_{70} 罐车的称重计量,采用了长台面相邻附加短台面的数字指示轨道衡型式,G_{70} 罐车的两个转向架由长短台面同时称重后,自动相加得到车辆的总重;其中的长台面可单独使用,称量常用的铁路货车。

数字指示轨道衡具有如下技术性能及使用特点:

(1)型号规定统一为:GCS-100- ＊＊型数字指示轨道衡。

(2)称量范围:(18～100)t 的标准轨距四轴货车。

（3）最大允许载荷：250t（超过此载荷可能引起设备的损坏）。

（4）称量方式：静态整车称量。

（5）通过速度：不计量时车速原则上不超过 15km/h。

（6）准确度等级：符合《数字指示轨道衡》（JJG 781—2002）的规定。

（7）重复性：同一载荷多次称重时，其最大值与最小值之差不大于最大允许误差的绝对值。

（8）输出方式：智能数字显示仪表 LED 显示和 CRT 实时显示及打印。

（9）功率：不大于 500W。

（10）适应电源：AC 220V（—15％～10％）、50Hz 条件下稳定工作。

（11）适用轨型：43kg/m、50kg/m、60kg/m。

（12）适应环境气温、湿度条件如表 5.2.1 所示。

表 5.2.1　称重仪表和称重传感器环境气温和相对湿度

项目	室内称重仪表	室外称重传感器
环境气温	（10～40）℃	（—40～60）℃
相对湿度	≤85％RH	≤95％RH

（13）使用方式：有人值守或远程监控。

（14）预留接口：具有 RS-232、RS-485 接口及网口，具有远程传输功能。

（15）防雷措施：可采用三级（钢轨、传感器和室内设备）防雷措施。

（16）抗电磁干扰：称重传感器为不锈钢全焊封式，防护等级为 IP68 级；称重显示仪表防护等级为 IP66，符合相关技术要求。

（17）产品技术条件：符合国家标准《静态电子轨道衡》（GB/T 15561—2008）、《非自动衡器》（GB/T 23111—2008）的有关技术条件要求。

5.2.2　自动轨道衡技术性能及使用特点

自动轨道衡在进行称量时，被称量车辆以一定的运行速度通过轨道衡的称重台面，所允许的称量速度：断轨轨道衡，（3～20）km/h；不断轨轨道衡，（5～35）km/h。车列通过轨道衡进行称重时，应以均匀的速度通过称重台面，避免快速提速或紧急制动，以减少相邻车钩的影响；单台面轨道衡用以称量装载固态货物的铁路货车；双、三台面轨道衡用以称量装载液态货物的铁路货车，以克服称量过程中液态货物车辆两个转向架之间的重量转移。

自动轨道衡具有如下技术性能及使用特点：

（1）型号统一规定为：ZGU-100-＊＊自动轨道衡。

（2）称量范围：（18～100）t 的标准轨距四轴货车。

（3）最大允许载荷：每个转向架为 100t（超过此载荷可能引起设备的损坏）。

(4)称量方式:动态转向架称量。

(5)称量速度:断轨轨道衡(3～20)km/h 匀速通过,不计量时通过车速不超过 35km/h;不断轨轨道衡(3～40)km/h 匀速通过,不计量时通过车速不超过线路允许速度。

(6)准确度等级:符合《自动轨道衡》(JJG 234—2012)的最大允许误差要求。

(7)输出方式:LCD 实时显示及打印。

(8)功率:不大于 1000W。

(9)适应电源:AC 220V－20％～15％、50Hz 条件下稳定工作。

(10)适用轨型:43kg/m、50kg/m、60kg/m。

(11)适应环境气温、湿度条件如表 5.2.2 所示。

表 5.2.2　室内设备和室外设备环境气温和相对湿度

项目	室内设备	室外设备
环境气温	(10～40)℃	(－45～60)℃
相对湿度	≤85％RH	≤95％RH

(12)使用方式:根据现场情况,可选择有人值守或远程监控两种方式。

(13)预留接口:具有远程数字传输及联网功能,可采用 RS-232、RS-485 接口及局域网网口,并预留有与网络系统通信接口。

(14)识别方式:全模拟量无开关识别,自动识别机车和确定车辆过衡速度。

(15)车号自动识别系统:自动识别车辆信息。

(16)防雷措施:采用三级(钢轨、传感器和室内设备)防雷措施。

(17)抗电磁干扰:在电源输入端采用了压敏电阻和瞬变二极管相结合的保护方式,以抑制浪涌电压对装置的影响。同时,加进了由差模电感和共模电感以及高频电容形成的滤波电路,以防止脉冲群电压对设备的干扰,可在电气化铁路区段正常工作。

(18)产品技术条件:该产品符合国家标准《自动轨道衡》(GB/T 11885—2015)等相关标准的要求。

第6章 轨道衡检定技术

6.1 轨道衡的量值传递

轨道衡计量是国家量值传递系统的重要组成部分,属于国家大质量量值传递系统,经过多年的完善,形成了从国家计量基准到工作轨道衡的完整合理的量值传递系统,建立的"E_2等级大砝码标准装置"、"F_1等级大砝码标准装置"、"F_2等级大砝码标准装置"、"标准轨道衡标准装置"和"检衡车标准装置"5项计量标准,其中后两项为社会公用计量标准,保证了轨道衡量值传递的科学性、准确性和统一性,对于社会经济发展和铁路运输安全具有重要意义。

6.1.1 轨道衡量值传递和溯源过程

1. E_2等级大砝码标准装置

国家轨道衡计量站的最高计量标准器由单块质量为20kg的25块E_2等级砝码和质量为(1～10)kg的一组E_2等级砝码组成,其测量范围为(20～500)kg,送往中国计量科学研究院,由该院建立的E_1等级砝码组标准装置进行传递,最大测量值可到500kg。根据《砝码》(JJG 99—2006)规定,20kg E_2等级标准砝码的允差为±30 mg,并在检定证书中注明砝码质量修正值,以备在量值传递过程中修正。20kg E_2等级砝码如图6.1.1所示,(1～10)kg E_2等级砝码如图6.1.2所示,E_2等级大砝码标准装置量值溯源和传递框图如图6.1.3所示。

图 6.1.1　20kg E_2等级砝码

图 6.1.2　(1～10)kg E_2等级砝码

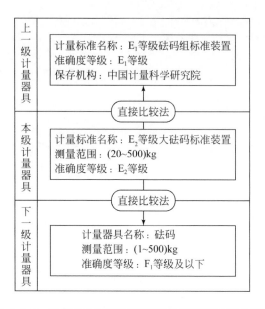

图 6.1.3　E_2 等级大砝码标准装置量值溯源和传递框图

2.F_1 等级大砝码标准装置

使用上述 E_2 等级大砝码标准装置中的单块质量为 20kg 的 25 块 E_2 等级砝码组合成 500kg,在国家轨道衡计量站内 500kg ①₃ 级电磁天平上分别检定单块质量为 500kg 的 4 块 F_1 等级砝码,该 4 块砝码以及相关配套设备建成 F_1 等级大砝码标准装置,其测量范围为(500~2000)kg,可对国家轨道衡计量站 F_2 等级大砝码进行量值传递。500kg ①₃ 级电磁天平如图 6.1.4 所示,F_1 等级大砝码标准装置量值溯源和传递框图如图 6.1.5 所示。

图 6.1.4　500kg 电磁天平

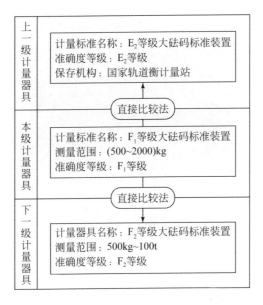

图 6.1.5　F_1 等级大砝码标准装置量值溯源和传递框图

3.F_2 等级大砝码标准装置

国家轨道衡计量站的 F_2 等级大砝码标准装置由 500kg 砝码、1000kg 砝码、2000kg 砝码及砝码小车为计量标准器以及相关配套设备组成,使用上述 F_1 等级大砝码标准装置中的 4 块 500kg F_1 等级砝码,在国家轨道衡计量站内 3000kg ⓘ₄ 级电磁天平上分别检定,其测量范围为 500kg～100t,该标准装置可开展对 M_1、M_{12} 等级砝码、标准轨道衡以及标准超偏载检测装置的检定。3000kg ⓘ₄ 级电磁天平如图 6.1.6 所示,100t F_2 等级砝码如图 6.1.7 所示,F_2 等级大砝码标准装置量值溯源和传递框图如图 6.1.8 所示。

图 6.1.6　3000kg 电磁天平

图 6.1.7　100t F_2 等级砝码

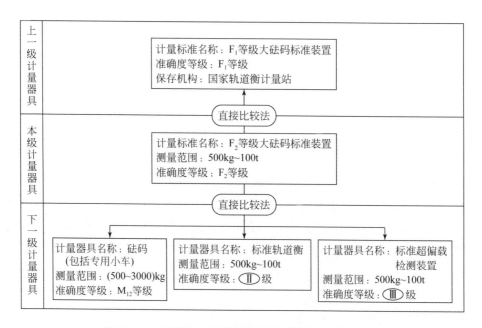

图 6.1.8　F_2 等级大砝码标准装置量值溯源和传递框图

4. 标准轨道衡标准装置

标准轨道衡标准装置是我国在用轨道衡的最高计量标准,其中标准轨道衡是国家轨道衡计量站研制的第三代标准轨道衡,采用天平杠杆原理,称量台面长为 12m,准确度等级可达到《非自动衡器》(R76,2006)Ⅲ级要求,可完成对我国现有 T_{6DK} 型、T_{6FK} 型、T_7 型检衡车的检定,检定时,依据国家计量检定规程《轨道衡检衡车》(JJG 567—2012)。标准轨道衡外观如图 6.1.9 所示,标准轨道衡标准装置量值溯源和传递框图如图 6.1.10 所示。

图 6.1.9 标准轨道衡外观

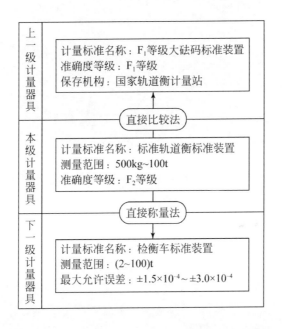

图 6.1.10 标准轨道衡标准装置量值溯源和传递框图

5.检衡车标准装置

检衡车标准装置由我国现有的 T_{6DK} 型、T_{6FK} 型、T_7 型等检衡车组成,其中 T_{6DK} 型动态检衡车的相对误差为 $\pm 3.0 \times 10^{-4}$,依据国家计量检定规程《自动轨道衡》(JJG 234—2012),主要用于对自动轨道衡的检定,T_{6DK} 型检衡车的外观图如图 6.1.11 所示。T_{6FK} 型、T_7 型砝码检衡车相对误差为 $\pm 1.5 \times 10^{-4}$,依据国家计量检定规程《数字指示轨道衡》(JJG 781—2002)和《非自行指示轨道衡》

(JJG 142—2002),主要用于对静态称量轨道衡(包括数字指示轨道衡和非自行指示轨道衡)的检定,T_{6FK}型和T_7型检衡车的外观图分别如图 6.1.12 和图 6.1.13 所示。由于轨道衡的称量对象主要是铁路运营车辆,因此轨道衡的最大秤量与我国铁路的各项设计指标一致,我国铁路运营车辆的最大轴重为 25t,所以四轴车的总重量也不超过 100t,在用的检衡车采用 K2 转向架,轴重为 21t,整体重量不超过 84t,依据国家计量检定规程《自动轨道衡》(JJG 234—2012)可检定到 100t。检衡车标准装置量值溯源和传递框图如图 6.1.14 所示。

图 6.1.11　T_{6DK}型检衡车

图 6.1.12　T_{6FK}型检衡车

图 6.1.13 T₇ 型检衡车

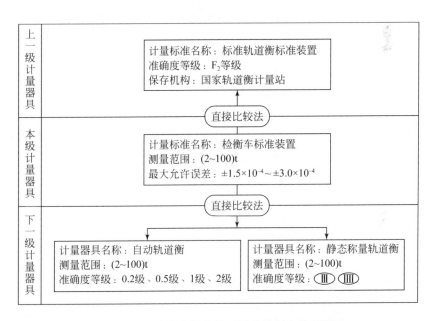

图 6.1.14 检衡车标准装置量值溯源和传递框图

6.1.2 轨道衡量值传递和溯源框图

以上多级计量标准及其配套设备构成了由 E_1 等级砝码标准装置到轨道衡的量值传递过程,轨道衡经检衡车标准装置逐级溯源到 E_1 等级砝码组标准装置,轨道衡量值传递和溯源框图如图 6.1.15 所示。

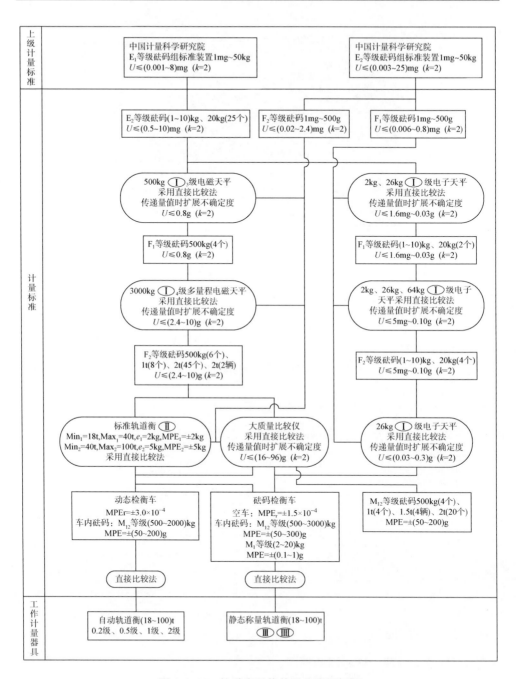

图 6.1.15　轨道衡量值传递和溯源框图

6.2　轨道衡的检定

6.2.1　静态称量轨道衡的检定

重点介绍数字指示轨道衡的检定方法。

1.计量性能要求

数字指示轨道衡的准确度等级分为中准确度级⑪和普通准确度级⑪两种,检定分度值与实际分度值相等,即 $e=d$。其最大允许误差 MPE 如表 6.2.1 所示。

表 6.2.1　最大允许误差表

MPE	m 以检定分度值 e 表示	
	⑪	⑪
$\pm0.5e$	$0\leqslant m\leqslant500$	$0\leqslant m\leqslant50$
$\pm1.0e$	$500<m\leqslant2000$	$50<m\leqslant200$
$\pm1.5e$	$2000<m\leqslant10000$	$200<m\leqslant1000$

以检定分度值⑪级,$e=20$kg 为例,此时在(0～10)t 时,MPE 为 ±10kg;(10～40)t 时,MPE 为 ±20kg;(40～100)t 时,MPE 为±30kg。

除了准确度等级、检定分度值、最大允许误差之外,还规定了称量结果间的差值,如重复性、偏载,以及多指示装置、鉴别力,置零装置的准确度方面的要求。

1) 称量结果间的差值

称量结果间主要是重复性和偏载要求。重复性要求是对同一载荷,多次称量所得结果最大值与最小值之差,应不大于该秤量最大允许误差的绝对值。偏载要求是同一载荷在承载器不同位置的示值,其误差应不大于该秤量的最大允许误差,进行偏载检定时,应在数字指示轨道衡的每对支承点上施加载荷,施加载荷的重量使用砝码检衡车内砝码小车时约为 24t。

2) 多指示装置

对于很多企业在显示称量结果时,为了方便操作人员看到称量结果,往往除了称重仪表以外,还使用电脑以及室外显示屏进行显示称量结果,数字指示与数字指示或数字指示与打印装置之间的示值之差应为零。

3) 鉴别力

鉴别力也称为鉴别阈,是指引起相应示值不可检测到变化的被测量值的最大变化。鉴别力要求在处于平衡的轨道衡上,轻缓地放上或取下等于 1.4d 的砝码,此时原来的示值应改变。

4）置零装置的准确度

置零后，零点偏差对称量结果的影响应不大于±0.25e。

2. 通用技术要求

通用技术要求是为计量器具满足计量性能的要求而进行的技术规定。通用技术要求规定了器件和预置控制的防护、安装要求以及标志要求。数字指示轨道衡规定对于禁止接触或禁止调整的器件和预置控制器，应采取防护措施，对直接影响到轨道衡量值的部位应加印封或铅封，印封区域或铅封直径至少为5mm。印封或铅封在不破坏的情况下不能拆下；印封或铅封破坏后，合格即失效。安装要求规定了基础、防爬轨、称量轨以及电气方面的技术要求，轨道衡的基础结构应考虑维护和调整方便，基础不得有影响线路平直的下沉和破坏强度的断裂现象；与轨道衡相接的两端，必须设置不小于4.5m的防爬轨，防爬基础长度应大于4.5m。防爬轨与称量轨的间距应在（5～15）mm之间，防爬轨应高于称量轨，高差、错牙应小于2mm，称量轨和防爬轨的端头不得使用火焰切割。轨道衡要求两端的平直道不小于25m并应设有明显的限速标志。轨道衡应有安全可靠的接地和防雷措施。设置不小于4.5m的防爬轨和防爬基础，以减少车辆对轨道衡承载器的冲击，防止承载器的纵向和横向窜动，不小于25m的平直道可使运行中的两辆车与承载器处于同一直线上，减少相邻车辆对轨道衡称量的影响。

标志包括说明性标志和检定标志的要求。说明性标志中包括强制必备标志、必要时可备标志以及附加标志。强制必备标志至少包含6个方面的信息：制造厂的名称和商标；准确度等级；最大秤量（Max）；最小秤量（Min）；检定分度值；制造许可证标志和编号。必要时可备标志可包括出厂编号；单独而又相互关联的模块组成的轨道衡，其每一模块均应有识别标志；型式批准标志和编号；最大安全载荷，表示为 Lim ＝…；轨道衡在满足正常工作要求时的特定温度界限表示为℃/～℃。根据轨道衡的特殊用途需要，可增加附加标志，例如：不用于贸易结算；专用于…。说明标志应牢固可靠，其字迹大小和形状必须清楚、易读。这些标志应集中在明显易见的地方，标志在称量结果附近，固定于轨道衡的一块铭牌上，或在轨道衡的一个部位上。标志的铭牌应加封，不破坏铭牌无法将其拆下。

检定标志为检定完毕后，检定机构给被检轨道衡粘贴的标签，粘贴的位置应当容易固定，使用时就可以看见且不破坏标志就无法将其拆下。采用自粘型检定标志，应保证标志持久保存，并留出固定位置，位置的直径至少为25mm。

3. 检定使用的标准器

使用 T_{6FK} 型和 T_7 型砝码检衡车检定，这两种检衡车都是社会公用计量标准，检衡车中有砝码小车和砝码,可使用检衡车内配置的吊车吊出组成一定重量进行检定。

4.检定项目和检定方法

检定项目为外观检查、置零装置的准确度、称量性能、偏载、鉴别力以及重复性等 6 个项目,如表表 6.2.2 所示。

表 6.2.2　数字指示轨道衡检定项目一览表

序号	检定项目	首次检定	后续检定	使用中检查
1	外观检查	+	+	−
2	置零装置的准确度	+	+	+
3	称量性能	+	+	−
4	偏载	+	+	−
5	鉴别力	+	+	−
6	重复性	+	+	+

注:表内"+"表示应检定项目;"−"表示可不检定项目。

在检定前,需要使用总重不少于 80t 的机车或车辆以轨道衡允许的通过速度往返轨道衡不少于 3 次,然后检查轨道衡的零部件有无松动等。

外观检查是对标志及铭牌的检查,主要检查其名称、位置等是否符合规程的要求。

置零准确度需使用一定量的砝码进行试验,不带零点跟踪装置的轨道衡,先将轨道衡置零,然后测定示值由零变为零上一个分度值所施加的砝码,按照误差计算公式计算零点误差。带零点跟踪装置的轨道衡,将示值摆脱自动置零和零点跟踪范围(如加放 $10e$ 的砝码),然后按照误差计算公式计算零点误差。误差计算的公式如下。

无细分指示装置(不大于 $0.2e$)的轨道衡,采用闪变点方法来确定化整前的示值,方法如下:轨道衡上的砝码为 m,示值是 I,逐一加放 $0.1e$ 的小砝码,直至轨道衡的示值明显地增加了一个 e,变成 $I+e$,所有附加的小砝码为 Δm,化整前的示值为 P,则 P 由下列公式给出:

$$P=I+0.5e-\Delta m \tag{6.2.1}$$

化整前的误差为

$$E=P-m=I+0.5e-\Delta m-m \tag{6.2.2}$$

化整前的修正误差为

$$E_{\mathrm{c}}=E-E_0<\mathrm{MPE} \tag{6.2.3}$$

式中:E_0 为零点或接近零点(如 $10e$)的误差。

称量性能检定项目是对轨道衡称量货车重量准确性进行的试验,根据使用不同型号的检衡车确定检定秤量点。称量检定按秤量由小到大的顺序进行。在检定过程中,不得重调零点,应检定最小秤量;最大允许误差改变的秤量(中准确度级:500e,2000e;普通准确度级:50e,200e);大于80t秤量(小于最小秤量或大于最大秤量不做检定)等三个秤量点,各秤量应检定一个往返。如果轨道衡装配了自动置零或零点跟踪装置,在检定中可以运行。

例如:对于中准确度级Ⅲ的数字指示轨道衡,e=20kg,则应该检定以下三个秤量点:

(1)最小秤量一般为18t,可使用砝码检衡车中的砝码小车吊装砝码组合成18t进行加载。

(2)最大允许误差改变的点为2000e即为40t的秤量点,可使用砝码检衡车中的砝码小车吊装砝码组合成40t进行加载。

(3)大于80t的秤量点,该秤量点使用整车加载。

我国现用砝码检衡车轴重为21t,空车重量约为30t,满载检衡车最大重量约为84t,使用砝码检衡车中的砝码小车可使最小秤量点到18t,根据国家计量检定规程《数字指示轨道衡》(JJG 781—2002),检定的数字指示轨道衡的测量范围为(18～100)t,对大于80t的秤量点,该秤量点使用整车进行量值传递。

偏载检定项目是轨道衡对同一载荷在承载器上不同位置性能的试验,检定时将质量约为24t的装载砝码小车由承载器一端开始依次推至承载器的始端、支承点、相邻两对支承点的中部和末端,记录示值,由另一端推离承载器,往返1次,每次小车离开承载器后,记录空载示值。砝码小车在承载器上停放位置见图6.2.1。

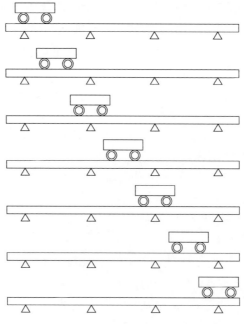

图 6.2.1　偏载检定示意图

鉴别力检定在最小秤量、50％最大秤量和最大秤量进行。可在称量性能检定过程中进行,将检衡车推至轨道衡上,然后依次加放 0.1d 的小砝码,直到示值 I 确实地增加了一个实际分度值为 $I+d$,再加 1.4d 的砝码,示值应变为 $I+2d$。

重复性检定时,在 40t 和 80t 附近单方向上轨道衡,至少重复检定 3 次,对同一载荷,多次称量所得结果最大值与最小值之差,应不大于该秤量最大允许误差的绝对值。

以上检定项目检定合格后,出具检定证书,若其中一项不合格,出具检定结果通知书,并注明不合格项目。

5. 检定流程图

如对于中准确度级⑪、$e=20$kg 的数字指示轨道衡,检定前需要使用机车牵引检衡车或别的车辆对轨道衡进行碾压,确保各个部件的紧固性。开始检定后,检查轨道衡的标志,按照检定规程要求依次进行置零准确度、称量检定、鉴别力检定、偏载检定以及重复性检定等项目,检定合格的粘贴合格证,发给检定证书,检定不合格的不粘贴合格证,发给检定结果通知书。检定流程图如图 6.2.2 所示。

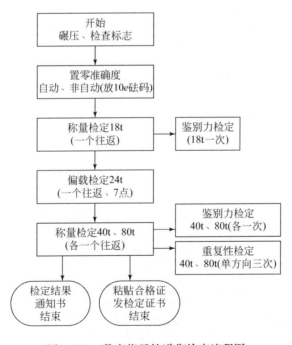

图 6.2.2　数字指示轨道衡检定流程图

6.2.2　自动轨道衡的检定

1.计量性能要求

1）测量范围

轨道衡的称量对象主要是铁路运营车辆，而商业核算对象也都是运营车辆，因此轨道衡的最小秤量及最大秤量与我国铁路的各项设计指标一致。根据目前我国铁路货车车型库的统计，自重低于 18t 的四轴货车已经不再使用；铁路运营车辆的最大轴重为 25t，所以四轴车的总重量也不允许超过 100t。我国现用动态检衡车轴重为 21t，空车重量约为 20t，满载检衡车最大重量约为 84t，检定时都是用整车进行检定，因此其最小秤量点为空车的重量 20t，最大秤量点为 84t，根据国家计量检定规程《自动轨道衡》(JJG 234—2012)，为了适应铁路货车的称量要求，检定的自动轨道衡的测量范围为(18~100)t。

2）准确度等级

准确度等级可分为 4 个等级：0.2 级、0.5 级、1 级、2 级，另外，同一台轨道衡的准确度等级分为车辆称量准确度等级和列车称量准确度等级；车辆称量准确度等级为轨道衡强制必备标志，检定时，按照标志（即铭牌）上所标注的车辆称量准确度等级检定，比如车辆称量准确度等级为 0.5 级，如果按照 0.5 级检定不合格就按不合格来处理；列车称量准确度等级根据检定的车辆称重数据进行计算得到检衡车列的总重，按照准确度等级的误差要求进行判断得出。

3）检定分度值

检定分度值 e 参照了国际建议 R106 规定中检定分度值的表达形式，并表明了准确度等级、检定分度值和检定分度数之间的关系。生产厂家根据其使用状态来确定轨道衡的检定分度值和准确度等级，应满足《自动轨道衡》(JJG 234—2012)中表 1 的要求，不同的准确度等级检定分度值有一定的范围要求，如 0.5 级轨道衡的检定分度值在满足分度数的要求下，可以是 50kg 也可以是 100kg，但是对于同一台轨道衡，其检定分度值应固定。

4）最大允许误差

用相对误差来表示，如表 6.2.3 所示。

表 6.2.3　自动轨道衡的最大允许误差表

准确度等级	以车辆及列车质量的百分数表示/%	
	首次（后续）检定	使用中检查
0.2	±0.10	±0.20
0.5	±0.25	±0.50

续表

准确度等级	以车辆及列车质量的百分数表示/%	
	首次(后续)检定	使用中检查
1	±0.50	±1.00
2	±1.00	±2.00

2.通用技术要求

根据自动轨道衡的检定和使用情况,对自动轨道衡的操作安全性、称量结果的指示、车辆识别装置、安装状况、软件要求、称重传感器和称重仪表、标志等方面进行了要求,从硬件和软件方面保证了轨道衡的计量性能。

3.计量器具控制

计量器具控制包括自动轨道衡的首次检定、后续检定和使用中检查。

1)检定条件

检定条件包括检定所使用的计量标准和环境条件。按照检定规程《自动轨道衡》(JJG 234—2012)的要求,检定自动轨道衡所使用的计量标准为轨道衡检衡车,并符合检定规程《轨道衡检衡车》(JJG 567—2012)的要求。其中,称量固态货物列车的自动轨道衡的检定,一般使用五辆一组的 T_{6DK} 型检衡车,名义质量为 20t,50t,68t,76t,84t;特殊情况下可以建立临时标准检衡车进行检定。称量液态货物列车的自动轨道衡的检定,使用 T_{6FK} 和 T_7 型检衡车临时建标来建立临时标准,选用符合铁路运输要求、状态较好的铁路罐车,其装载物一般为日常称量的铁路罐车的装载货物。临时标准车的使用时间一般不超过 7 天,期间不得有引起车辆质量变化的天气情况,如下雨、雪等。

环境条件规定了轨道衡对基坑、电源、秤房、铁路线路以及天气情况的要求。轨道衡的基坑内不应有堆积物和积水,应单独提供 380V/20A 的三相动力电源,秤房内应有足够的使用面积以便于放置设备等,室内温度和湿度应符合《计算机场地通用规范》(GB/T 2887)中 B 级的规定,秤房位置应便于观察车辆运行的状态(或安装监控设备);电源、仪表地线应符合《计算机场地通用规范》(GB/T 2887)中 C 级的规定;铁路线路必须开通且稳定;遇雨、雪等可能影响检定工作的情况应停止检定。

2)检定项目和检定方法

检定项目为准确度等级、检定分度值、最大允许误差、操作安全性、称量结果的指示、车辆识别装置、安装状况、软件要求、称重传感器和称重仪表以及标志等 10 个项目。检定项目一览表见表 6.2.4。

表 6.2.4　检定项目一览表

序号	检定项目	首次检定	后续检定	使用中检查
1	准确度等级	＋	＋	＋
2	检定分度值	＋	＋	＋
3	最大允许误差	＋	＋	＋
4	操作安全性	＋	－	－
5	称量结果的指示	＋	－	－
6	车辆识别装置	＋	－	－
7	安装状况	＋	＋	－
8	软件要求	＋	－	－
9	称重传感器和称重仪表	＋	－	－
10	标志	＋	＋	－

注:表内"＋"表示应检定项目;"－"表示可不检定项目。

(1)准确度等级。

准确度等级的符号是法定计量标志,需检查准确度等级是否为 0.2、0.5、1 和 2 级四个准确度等级之一,表示的形式不应为其他的方式,如不能写成 1.0 和 2.0 级。

(2)检定分度值。

检查检定分度值是否为 1×10^k、2×10^k、5×10^k(k 为正整数或零)等表示方式,并且应满足不同等级的检定分度数要求,如表 6.2.5 所示。

表 6.2.5　准确度等级、检定分度值和检定分度数之间的关系

准确度等级	检定分度值 e/kg	检定分度数 $n=\mathrm{Max}/e$	
		最小值	最大值
0.2	≤50	1000	5000
0.5	≤100	500	2500
1	≤200	250	1250
2	≤500	100	600

(3)最大允许误差。

最大允许误差为判断自动轨道衡动态称量时计量性能是否满足要求的判据,根据每节检衡车的质量,按照表 6.2.5 进行计算后修约为整数作为该节检衡车的最大允许误差。

①动态称量。

检衡车以轨道衡允许的通过速度往返通过承载器至少 3 次。之后允许调整,

同时检查在称量速度范围之外时的提示功能。以总质量约为 20t,50t,68t,76t,84t
的 5 辆检衡车编成以下车组：

　　a)机车—84t—50t—76t—68t—20t；

　　b)机车—68t—76t—50t—84t—20t。

　　首次检定和大修后检定时采用两个编组进行检定,后续检定(除大修后检定)
和使用中检查采用其中一个编组进行检定。

　　对于首次检定和大修后的轨道衡,在检定过程中,可对检衡车的质量进行调
整。必要时,在机车和检衡车之间加挂 3 辆以上混编载重车辆,检查轨道衡对各种
车型的判别能力。

　　检定时检衡车以标志中规定的称量速度范围往返检定各 10 次,称量结果应符
合检定规程中最大允许误差的要求。对于单方向使用的轨道衡,应按使用方向检
定 10 次,称量结果应符合检定规程中最大允许误差的要求。

　　②称量结果示值误差的计算。

　　轨道衡称量结果示值误差的计算如下：

$$E=I-m_0 \qquad (6.2.4)$$

式中：E 为轨道衡称量的示值误差,kg；I 为轨道衡称量的检衡车或参考车辆的示
值,kg；m_0 为检衡车或参考车辆的标准值,kg。

　　③称量结果的判定。

　　联挂车辆称量时,动态称量的最大允许误差按检定规程中表 6.2.3 进行计算
后修约为整数,其中 90%(按每个编组中的各个秤量点进行计算)的称量值不得超
过修约后的最大允许误差,不超过 10%(按每个编组中的各个秤量点进行计算)的
称量值可以超过修约后的最大允许误差,但不得超过该误差的 2 倍；非联挂车辆称
量时,所有的动态称量值都应符合修约后的最大允许误差；列车称量时,所有的动
态称量值都应符合修约后的最大允许误差。

　　(4)操作安全性。

　　检查轨道衡是否具有防护修改校准参数的硬件或软件的措施,检查车辆的重
量、速度超出允许的范围时是否具有提示和报警功能,被称量车辆在称量期间出现
反向行驶时,轨道衡应能够通过自动或人工干预使此次称量无效。

　　(5)称量结果的指示。

　　轨道衡称重仪表至少应显示和打印称量日期、序号、车号(如果需要)、车辆质
量、称量速度、称量时间,超出称量范围和称量速度时应进行提示。

　　数字指示应根据分度值的有效小数位进行显示。小数部分用小数点(下圆点)
将其与整数分开,示值显示时其小数点左边至少应有一位数字,右边显示全部小数
位。示值的数字和单位应稳定、清晰且易读,其计量单位应符合书写要求。

　　打印输出时打印数据应清晰、耐久,计量单位的名称或符号应同时打印在数值

的右侧或该数值列的上方,并与国家规范的要求一致。要求数字指示和打印装置示值应一致。对于小于最小秤量或大于最大秤量的车辆应进行提示。

(6)车辆识别装置。

检查车辆识别装置(自动判车系统,列车总重应不包含机车重量)是否符合要求。轨道衡应配有车辆识别装置。该装置应能判断车辆已进入称量区及整车称量完毕。单方向使用的轨道衡,如果反方向通过,轨道衡应给出错误提示信息或不显示车辆质量。

(7)安装状况。

轨道衡的基础应符合《自动轨道衡》(GB/T 11885—2015)中的相关要求,不应有堆积物、断裂和局部下沉。如果轨道衡的机械部分位于基坑内,应采取排水措施,以保证轨道衡不被浸泡。承载器和钢轨的安装应能满足计量性能要求。引轨与称量轨应在同一水平面上,应有防爬措施。引轨与称量轨应采用同一型号的钢轨。

(8)软件要求。

检查软件是否符合要求:是否与生产厂家信息一致并记录软件的版本号。

(9)称重传感器和称重仪表。

检查称重传感器和称重仪表是否有合格证书,记录传感器、称重仪表的型号、编号等。

(10)标志。

检查轨道衡的标志是否符合要求(强制必备标志),检定完毕后粘贴检定标志,注意核对设备编码,贴完后拍照。

3)称量铁路罐车的轨道衡检定

对于称量装载液态物铁路罐车的自动轨道衡,如双台面自动轨道衡和三台面自动轨道衡,必须使用建立的参考车辆来检定,这些参考车辆是由控制衡器称量,在动态检定中被临时用作质量标准的铁路罐车。根据现场的情况,选择具有代表性和常用的铁路罐车 5 辆,罐车装载物应与实际称量时一致,且车辆之间的质量值应有差别,其中应有 1 辆空罐车。这些参考车辆的装载物应稳定、质量值不易发生变化,使用时间不得超过 7 天。

(1)建立参考车辆所用控制衡器。

①数字指示轨道衡。

作为控制衡器的数字指示轨道衡应能满足《数字指示轨道衡》(JJG 781—2002)检定规程的各项要求,称重仪表的分度值 d 应能细化为 2kg。

对于能够关闭零点跟踪功能的数字指示轨道衡,建立参考车辆时应将其关闭;对于无法关闭零点跟踪功能的数字指示轨道衡,应加放一定的砝码使其超出零点跟踪范围。

对于无法细化分度值的数字指示轨道衡,采取以下方法确定参考车辆的质量:

在数字指示轨道衡上测量检衡车或砝码小车与砝码组合的各个秤量点 10 次,逐一加放 $0.1e$ 的小砝码,直至轨道衡的示值明显地增加了一个 e,变成 $I+e$,所有附加的小砝码为 Δm,计算化整前的示值 P,求出 $P_{\max}-P_{\min}$,应满足重复性指标的要求,计算 10 次的平均值 $\bar{P}$ 及系统误差 Δ,每个秤量点称量完毕后,立即将参考车辆推上承载器进行 6 次称量,记录 6 次的称量示值 I,求出平均值 $\bar{I}$,则参考车辆的质量为 m_0。

P 的计算公式见式(6.2.5),$\bar{P}$ 的计算见式(6.2.6),Δ 的计算见式(6.2.7),I 的计算见式(6.2.8),m_0 的计算见式(6.2.9):

$$P = I + 0.5e - \Delta m \tag{6.2.5}$$

$$\bar{P} = \frac{\sum\limits_{i=1}^{n} P_i}{n} \tag{6.2.6}$$

$$\Delta = \bar{P} - m \tag{6.2.7}$$

$$\bar{I} = \frac{\sum\limits_{i=1}^{n} I_i}{n}, \quad i = 1, 2, 3, \cdots, n \tag{6.2.8}$$

$$m_0 = \bar{I} + (-\Delta) \tag{6.2.9}$$

式中:m 为所加载荷的标准值,kg;I_i 为各次的称量示值,kg;m_0 为建立的参考车辆的标准值,kg。

②多承载器轨道衡。

使用多承载器轨道衡作为控制衡器应能满足《自动轨道衡》(JJG 234—2012)各项要求,称重仪表的分度值 d 应能细化为 2kg。

对于能够关闭零点跟踪功能的轨道衡,建立参考车辆时应将其关闭;对于无法关闭零点跟踪功能的轨道衡,应加放一定的砝码使其超出零点跟踪范围。

③控制衡器的要求。

对应参考车辆质量的每个秤量点采用以下方法对控制衡器的重复性指标进行评价(该试验可以与建立参考车辆的过程同时进行):

以一定质量的砝码小车或检衡车推至承载器上往返 5 次,共计 10 次称量,求出称量示值的最大值与最小值之差 $I_{\max} - I_{\min}$ 即重复性误差,若该秤量点的重复性误差不大于动态称量所对应的最大允许误差绝对值的 1/3,则此控制衡器即可以用来建立参考车辆。

(2) 建立参考车辆。

①使用数字指示轨道衡。

对已选取并装载后的参考车辆进行称量,确定参考车辆的质量是否符合要求。

确定该秤量点的重复性指标是否符合要求,若符合要求,记录该秤量点的系统误差 Δ,将对应的参考车辆推至承载器,共计 6 次,记录称量示值 I,求出平均值 $\bar{I}$,用平均值 $\bar{I}$ 与该秤量点的系统误差 Δ 计算得到参考车辆的标准值 m_0,计算见式(6.2.9)。重复以上过程直到得出其余参考车辆的标准值 m_0。

②使用多承载器轨道衡。

对已选取并装载后的参考车辆(罐车)进行称量,确定参考车辆(罐车)的质量是否符合要求。

确定该秤量点的重复性指标是否符合要求,若符合要求,记录该秤量点的系统误差 Δ,将对应的参考车辆(罐车)推至两个承载器上,共计 6 次,记录称量示值 I,求出平均值 $\bar{I}$,用平均值 $\bar{I}$ 与该秤量点的系统误差 Δ 计算得到参考车辆(罐车)的标准值 m_0。重复以上过程直到得出其余参考车辆(罐车)的标准值 m_0。

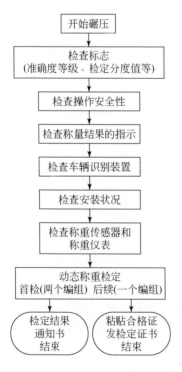

图 6.2.3　自动轨道衡检定流程

4.检定流程

1)检定前的准备

检查检衡车的状况(如车盖的螺栓是否齐全等),检衡车外部是否有影响其重量的损伤和堆积物。

2)现场检定

开始检定前,需要检查受检轨道衡的技术状态是否满足检定要求,同时,使用机车牵引检衡车或别的车辆对轨道衡进行碾压,确保各个部件的紧固性,按照检定规程,检查标志是否包含规定的信息以及表示方式是否准确,检查操作安全性的防护措施,检查称量结果的指示、车辆识别装置、安装状况是否符合要求,检查称重传感器和称重仪表是否具有合格证书,检查完毕后进行动态称量试验,计算其检定数据是否合格。检定合格的粘贴合格证,发给检定证书;检定不合格的不粘贴合格证,发给检定结果通知书。检定的流程图如图 6.2.3 所示。

第 7 章　轨道衡的安装调试、使用、日常养护及修理

轨道衡一般由承载基础、称量轨、称重台面、称重传感器（模拟或数字式）、数据采集转换系统、计算机应用系统等主要部分组成,不同型式的轨道衡组成部分及结构型式略有不同,但轨道衡的安装流程、调试过程、使用及日常养护与修理是大致相同的,后面部分主要以不断轨自动轨道衡为例进行介绍。与轨道衡紧密相关的外部系统还有防雷系统、车号识别系统及数据传输系统。

7.1　轨道衡的安装流程

7.1.1　轨道衡的选型与安装位置

根据轨道衡用户使用要求的不同,选择不同形式的轨道衡,对于发货量较少的用户,一般采用静态称量轨道衡;而对于发、到货量较多如车站、港口、大型电厂等用户,宜采用动态称量轨道衡,在保证贸易结算准确度的前提下,提高称量的效率,不影响用户的生产进度,同时根据到发货物的种类还要确定使用单、双或三台面轨道衡。

轨道衡安装位置宜选择货车车辆的牵出线上,装车完毕列车牵出时同时进行称量;动态称量轨道衡要求列车平稳地通过机械称量台面,静态称量轨道衡要求被称车辆静止于机械称量台面,因此,在满足铁路工务标准的前提下,轨道衡的引线轨道平顺性、稳定性及承载力还有较高的要求。

轨道衡所在位置的铁路线路均应为平直段,自动轨道衡以秤台为中心,最小平直段长度一般为100m,其间不得有道岔,除建设秤台基础外,两端要求建设不小于25m的整体混凝土道床;静态称量轨道衡以秤台为中心,最小平直段长度一般为50m,其间不得有道岔,除建设秤台基础外,秤台两端要求建设4.5m以上的整体混凝土道床。

轨道衡安设选点时做相关记录,包括设备所在线路、里程(或相对位置或设备位置所对应的钢轨编号)、轨型(43、50或60等,如为43轨是否有换轨计划)、邻线情况、现场控制室位置、信号传输线传输距离等。

7.1.2　轨道衡的基础设计与施工

轨道衡选型与安设地点确定后,请有设计资质的设计单位进行轨道衡基础的

设计,根据设计图纸由具有施工资质的施工单位进行施工,确保设计、施工质量。整体道床与台面基础地基开槽后,地基土质应符合设计要求,否则应会同设计部门制订加固方案。整体道床与台面基础施工,必须严格遵照轨道工程及钢筋混凝土施工规范的要求。确保台面基础与整体道床的相对标高正确。台面基础顶面为直接承压面,应确保水平,标高允许偏差$^{+1}_{-3}$mm;此面应同下部一次浇筑完成,不允许回抹,以保证该部位的强度和整体性。基础上如预留二次浇筑孔洞,其间距允许偏差±3mm。台面基础两侧,须有完善的排水设施。

　　轨道衡进行整体道床上部施工时,宜将轨枕与钢轨联结成轨排,最好让钢轨跨过秤台基础而全部贯通,精确调整好轨道几何尺寸后,再浇筑整体道床上部混凝土。这样即可避免每根轨枕位置的偏差,保证轨道的平顺性。可结合控制室地基的开槽,按设计要求打入或埋入各接地体,省略重复工作。

　　轨道衡基础施工时,一般同时进行控制室的建设,控制室位置原则上与轨道衡机械台面正对;可以根据现场建设条件适当调整。瞭望窗应凸出。在电磁干扰大的现场,控制室应做屏蔽处理。控制室内应设置一个轨道衡电器防干扰接地和一个防雷接地,两接地电阻均不大于4Ω。基础旁至控制室内预埋电缆管,采用φ50镀锌钢管或强韧性好的非金属管。管转弯处弯曲半径不小于300mm。钢管拼接处应用管接头连接。埋管前预先在管内穿入一根铁丝,两头均长出半米以上,以便以后拉引电缆过管。

7.1.3　轨道衡的机械、电气设备安装

　　轨道衡的整体道床及台面基础施工完毕,达到混凝土的养生期要求时,就可进行轨道衡机械、电气设备的安装;不同形式的轨道衡机械、电气设备安装过程是不同的,后面部分仅以不断轨动态轨道衡为例进行介绍。机械部分主要是台面的安装最好有基础施工单位的配合,根据土建工程施工进度,与施工单位确定好轨道衡机械台面到达现场的时间,并提前制定吊装预案。吊起时,注意台面的方向,使走线管朝向接线箱一侧。台面位置基本准确后落下台面,协同引线轨道一起安装。先让钢轨入承轨槽,装上扣件,联结成一体。以撬棍、千斤顶等调整台面位置和标高(调高钢板可垫在台面下部四角,各压力传感器投影处),达到线路要求,并采用水准仪测量台面各处标高,使其一致。台面、线路几何位置调整完毕,工务部门认可后,焊接台面地脚。焊接务必牢固。

　　焊好后装配好各地脚,用手拧紧螺母。进行台面底部与基础表面空隙灌浆。使用高强度无收缩灌浆料,与水的配比按照说明书要求;一般使其流动性满足施工要求即可,不可多加水。灌浆量以将台面底部埋入10mm为宜,注意留好台面中部往外侧的排水通道。根据气温情况,当灌浆层强度达到要求时,用扳手(套上加力杆)拧紧各地脚螺母,机械台面部分基本安装完毕。

　　轨道衡电气部分的安装主要是传感器的安装,其余部分如 A/D 转换通道、计算机、不间断电源、车号识别系统等,按照顺序走线标准,连接牢固即可。传感器的安装按照先装压力传感器、后装剪力传感器的顺序进行,安装的同时结合 A/D 转换通道、应用计算机进行传感器的调试。压力传感器完全装好后,才能进行剪力传感器钻孔。

　　安装压力传感器时,需监测传感器的输出情况。最终使四个压力传感器的输出达到一定数值(例如 1mV 左右)并且一致。在传感器未与通道连接的情况下,测试时可用 9V 干电池作为激励电压。为了便于松开压力传感器螺旋调高装置的背母和拆下假传感器,可以松开第一根钢枕上的钢轨扣件,或不松开扣件而用千斤顶将称重梁稍微顶起(例如 0.5mm)。螺旋调高装置在不受压力情况下,比较容易旋转和调整高度。

　　在安装剪力传感器时,钻孔方向为自钢轨外侧向内侧钻孔。并且用铰刀加工成自钢轨外侧向内侧渐小的圆锥形孔。钻孔、铰孔须小心细致,最终形成精确的圆锥形孔。如有特殊情况,锥形孔的方向可以改变,这时只要符合剪力传感器安装原则即可,铰孔铰削中必须使用冷却润滑液;铰刀退出时,不能反转;在安装剪力传感器时,同样需监测传感器的输出情况。拧紧剪力传感器螺母后,使用 9V 电池作为激励电压,其输出值应在 $(-3\sim3)$ mV(理想的输出值为 0mV)。剪力传感器与孔壁需挤紧;各剪力传感器螺母拧紧度应一致。

　　压力、剪力传感器安装完毕,将传感器的输入、输出线按照极性连接到接线盒中,并由传输连接线联入控制室内 A/D 转换通道,将所有电器设备连通,同时将应用计算机安装轨道衡软件系统后即可进行轨道衡的整体调试。

7.2　轨道衡的调试

7.2.1　轨道衡安装时的调试

　　轨道衡的调试与其安装过程同时进行,安装过程中注意各拉杆松紧基本一致、受力均匀,压力传感器安装垂直,受力点压痕应基本一致,剪力传感器零点位置朝向一致;断轨轨道衡应保证四处轨缝各自距离均匀,小于 5mm;安装完成后开通线路,车列通过 20 列以上轨道衡机械台面经过充分碾压后,将轨道衡机械部分调整一遍,通过轨道衡软件中显示传感器输出码值程序观察,每只传感器空秤时输出应基本一致;将轨道衡程序调到静态称重状态,人踩在轨道衡的四角时,各处显示重量应相差不大于 10kg,否则应对传感器的垂直度及垫块的厚度进行调整,直至人踩四角时显示基本一致;申请一列牵引有 5～10 节货车的车列,将轨道衡程序调到动态称重状态,车列通过轨道衡 3 个往返以上,记录车列每次通过轨道衡时的每节车的称重数据及波形,通过观察波形的平滑程度及每次显示的对应车辆的称重数据的重复性,进一步确定机械部分是否调整到了最佳状态。初始状态调整不好的轨道衡如图 7.2.1 所示,初始状态调整较好的轨道衡如图 7.2.2 所示。

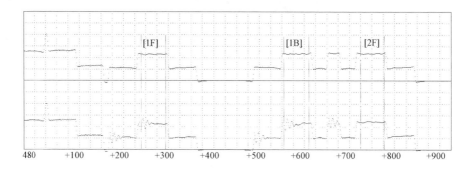

图 7.2.1　波形不平滑状态称重状态不佳图

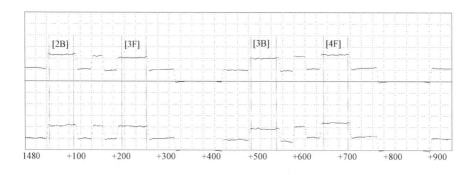

图 7.2.2　波形较平滑状态称重状态较佳图

7.2.2　轨道衡的检定调试

新安装的轨道衡各项指标应符合相应的国家标准及国家规程的要求,同时经过了初步调试,过车测试称量的波形平滑及数据重复性较好后,就可以向技术机构申请首次检定。进行自动轨道衡调试时,检衡车列到达轨道衡现场后,由生产厂家联系用户提供牵引机车,将轨道衡程序调到动态称重调试状态,机车牵引检衡车以该线路常用的速度往返通过轨道衡 3 次,系统得到每节车的 6 次称重数据码值并算出每节车码值的平均值,根据检定人员提供 5 节检衡车的标准重量值,可以得到该台轨道衡的调整参数并输入到程序中,调整状态佳的轨道衡调整参数应该基本一致,即轨道衡的输出曲线基本为一条直线,将轨道衡程序调回动态称重状态,即可以开始轨道衡的检定;轨道衡系统还可以加入进行轨道衡来车方向的判别的功能,从而进行轨道衡调整参数对应行车方向的双向调整,可进一步提高轨道衡的称重准确度。

7.3　轨道衡的日常使用

7.3.1　数字指示轨道衡的日常使用

　　数字指示轨道衡一般由机械台面、传感器组合、称重控制仪表及应用计算机组成,日常进行货车车辆的称重主要是称重控制仪表的操作及使用应用计算机来编辑、打印磅单和统计报表。典型的称重控制仪表如图 7.3.1 所示。

图 7.3.1　典型的称重控制仪表图

　　车辆称重前打开仪表开关通电预热 3 分钟以上,同时打开车号识别系统开关及计算机开关,仪表显示窗口出现主菜单界面,进入称重选项,此时窗口显示空秤重量为 0;指挥待称重车辆上衡,窗口显示重量一直在发生变化,车辆到达台面称重位置时,窗口自动显示出该车辆的车号,窗口显示重量变化范围较小,车辆前后摘钩并停顿 1 分钟以上,窗口显示重量基本不变时按下确认键,完成一次车辆的称重,得到该节货车的车号及对应重量;指挥下一辆待称重的货车上衡进行称重,待一列货车称重完成后,按仪表的传输键可以将数据传输到应用计算机中(也可自动实时输入),此时可以编辑输入货名、发货单位、到货单位及车皮重量后完成磅单的打印,也可以应用户的要求随时调出过衡的以往数据进行磅单的打印或确认,称重控制仪表也具有简单磅单的打印功能。

7.3.2　自动轨道衡的日常使用

　　自动轨道衡一般由机械台面、传感器组合、数模转换仪表及控制计算机组成,日常进行货车车辆的称重主要是控制计算机的操作及编辑、打印磅单和统计报表；车辆称重前打开模数转换仪表开关通电预热3分钟以上，同时打开车号识别系统开关及控制计算机开关，计算机显示器出现主菜单界面，进入称重选项，牵引机车驶上轨道衡台面时，称重程序自动改变进入称重界面，随着车辆的通过，界面显示已通过轨道衡台面的每节车的序号、车号、毛重速度各项，车列通过后，程序自动显示过车完毕并回到主菜单状态；选择数据编辑功能，进入称重数据的编辑打印界面，此时可以编辑输入货名、发货单位、到货单位及车皮重量后完成磅单的打印，也可以应用户的要求随时调出过衡的以往数据进行磅单的打印或确认。

近几年随着技术的发展，将单片机集成到数模转换仪表中，称重程序固化到仪表中，制造了智能化称重一体仪表，其使用时如同数字指示轨道衡一样，仪表完成称重及简单的磅单打印功能，应用计算机完成编辑、统计及查询等后续的应用功能。如图7.3.2所示为一台智能称重仪表的面板及背板示意图。称重数据与称重波形可自动上传应用计算机中，也可通过网络通讯口由网络传输到中心计算机中，实现轨道衡的远端控制，现场的无人值守。

图7.3.2　智能称重仪表前面板示意图

称重仪表的后面板如图7.3.3所示。

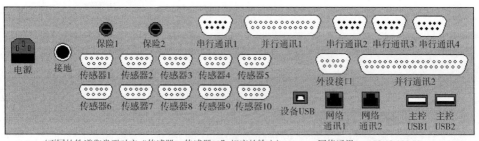

〈不同的轨道衡类型对应"传感器1~传感器10"相应的输入〉　　　网络通讯1：172.18.192.53
保险1：0.75A(供桥)　　　　　串行通讯2：车号(默认)　　　　　网络通讯2：172.18.192.54

图7.3.3　智能称重仪表的面板及背板图示

7.4　轨道衡的安装调试、使用维护实例

虽然轨道衡根据其工作方式及结构型式的不同分成了不同类别,但其安装调试、使用及维护有相通之处,选取运用较为广泛的断轨自动轨道衡(该结构型式的轨道衡需要的日常维护量较大)为例,对其安装调试、日常使用及维护作较为详细的介绍,其他型式的轨道衡可作为参考。

7.4.1　断轨单台面自动轨道衡的机械承载机构

1.机械承载机构的特点

(1)轨道衡的机械承载机构采用整体组装的框架钢结构型式,出厂前完成整体组装和检验以确保装配质量;秤体机械结构可以在衡器基础施工时同步进行安装,能够有效缩短现场的调试时间,减少封锁线路对运输生产的影响。

(2)称重主梁、称重传感器、限位装置等均安装在共同的整体混凝土基础底座上,易于保证各主要部件之间的关联尺寸,有利于提高整个秤体机械承载机构的工作稳定性和计量准确度。

(3)秤体结构安装与基础混凝土施工同步进行,易于纠正基础施工误差而造成的计量失准。

(4)秤体采用抗扭板联接结构具有垂直刚度大、水平刚度小、稳定轻便的特点,既可控制两主梁的侧向扭矩,保证称重传感器的良好受力状态和两主梁相对位置的正确性,又便于调整,有利于保证计量准确度。

(5)限位装置采用拉杆式结构,具有结构简单、工作可靠、调整与维护简便的特点,可以保证称重主梁水平方向受力的稳定性和垂直方向的灵活性。

(6)采用简单的钢轨过渡或过渡块过渡结构,使车辆平稳地通过过渡区,减少了对承载机构的冲击,提高了计量的稳定性。

(7)秤体承载机构具有绝缘措施,可保证在电气化线路区段正常使用。

2.机械承载机构的组成

机械承载台面,按照设计方案布置于铁路线路上,例如 ZGU-100-SGY 型三台面自动轨道衡的机械承载台面如图 7.4.1 所示,其机械承载台面的三维效果图如图 7.4.2 所示;机械台面的承载机构如图 7.4.3 所示,主要由底座、传感器系统、称量系统、限位系统、过渡系统及力矩臂等零部件组成。

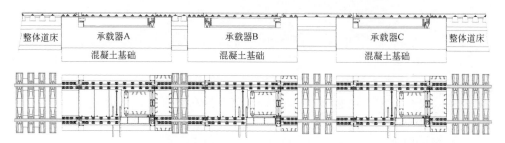

图 7.4.1　ZGU-100-SGY 型三台面自动轨道衡机械承载台面

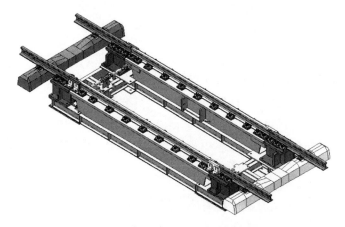

图 7.4.2　自动轨道衡机械承载台面三维效果图

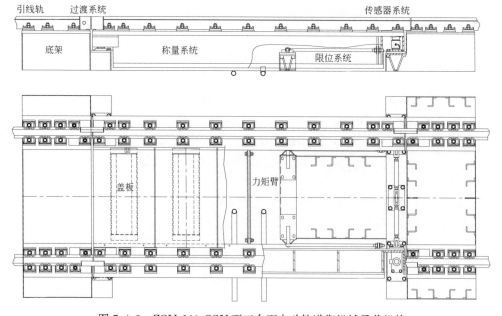

图 7.4.3　ZGU-100-SGY 型三台面自动轨道衡机械承载机构

1)底座

底座为机械台面的下部结构,与直接承受轨道载荷的端座、承重梁等组成一个完整的机械台面。轨道衡机械台面底座采用整体钢结构,由型钢、钢板焊接而成。其上平面经机械加工,形成装配安装的定位表面。四角安装四个端座,端座上平面扣压线路引轨端及过渡块。端座内侧安装传感器装置。底座外侧四角装有四个起重吊钩,用于整体吊装。轨道衡在现场安装后,底座底面通过 32 块垫铁压于基础承载面。底座上共有 28 个 φ30 通孔,为地脚螺栓安装孔。在安装过程中,将地脚螺栓锚固于混凝土基础的预留孔中,之后用地脚螺栓固定机械台面。

2)传感器安装系统

自动轨道衡通过称重传感器将被称车辆的质量值转化为测量控制系统能识别、处理的电信号。其纵向跨距 3640mm,横向跨距 1505mm,上顶主梁,下压底座。它由上板、压头、下底板和传感器等零件组成。载荷从称量轨通过主梁向下传递,从上至下经上板、压头、传感器、调整片、下垫传至下底板。其中调整片是主梁台面轨相对于过渡块及线路引轨高度的调整环节,调整片设计厚度为 0.5mm、1mm、1.5mm 三种。在运输待装的情况下,传感器是从台面上拆除,另行装箱存放的。在安装传感器的位置,用代用顶柱代替。在现场安装后,其他部分(特别是各限位装置及力矩臂)均安装调试到符合要求时,使用代用顶柱可允许列车通过台面以保护传感器。自动轨道衡传感器系统的结构如图 7.4.4 所示。

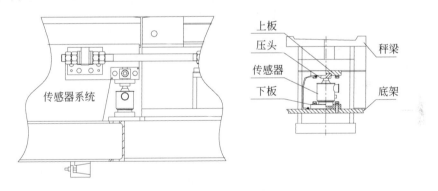

图 7.4.4　自动轨道衡传感器系统

3)主梁

此种型式的轨道衡主梁采用钢板焊接成箱形梁结构。主梁顶部设有 1:40 的轨底坡,台面轨扣压在槽内。扣轨系统的弹条、轨距挡板、挡板座等均采用铁路标准扣件。扣轨系统采用了绝缘措施,使秤梁与钢轨之间相互绝缘,确保轨道电路的正常工作。

4)抗扭系统

抗扭系统紧固于主梁中部内侧,两力矩臂间由四个螺杆组成四连杆结构,用球面垫圈、螺母相连接,垂直方向由两个紧定螺钉限位。抗扭系统的力矩臂作用是,调整并保持两主梁相对位置的正确性。例如 ZGU-100-SGY 型三台面自动轨道衡抗扭系统如图 7.4.5 所示。

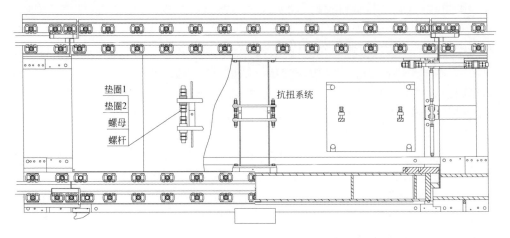

图 7.4.5　ZGU-100-SGY 型三台面自动轨道衡抗扭系统

5)限位系统(横、纵向限位系统)

自动轨道衡的称量台面是由限位系统来克服车辆通过时产生的水平横向力和纵向摩擦力的。ZGU-100-SGY 型三台面自动轨道衡限位系统如图 7.4.6 所示,从

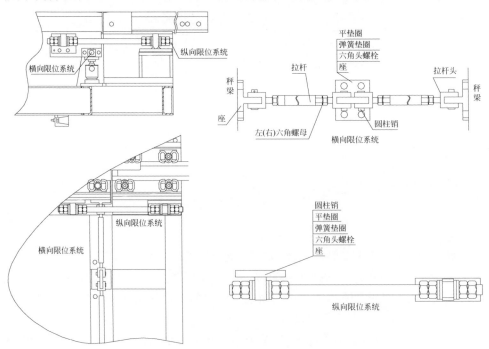

图 7.4.6　ZGU-100-SGY 型三台面自动轨道衡限位系统

图中可看出纵杆和横杆的总体结构及具体位置。两种杆件的一端支承座均紧固于主梁内侧端部,纵向杆件的另一端固定在端座内侧;横向杆件的另一端固定在底座中部。纵向杆件采用拉杆－球面－垫圈－螺母结构;横向杆件采用两端铰接结构。

6)过渡系统及引轨

为了缓解车轮在引轨与台面轨间隙处引起的冲击,自动轨道衡台面一般都设有过渡系统。本轨道衡采用的是固定式过渡块,过渡块用钢轨制成。过渡块通过M24×180 螺栓、鱼尾垫块与引轨端紧固在一起,并用弹条扣件扣压在端座上。过渡块凸出部分与台面轨端部缺口处形成过渡区,车轮进出台面时,车轮在过渡区交接,减轻在轨端间隙处发生的冲击。

7.4.2　机械承载机构安装与调整

1. 现场条件

在机械台面现场安装之前,现场应按施工图要求完成土建轨道衡基础及整体道床的施工,并养生至要求的强度。安装前特别应对下列各项认真复检:

(1)单个台面基础长度(5000mm)。

(2)台面基础安装面的标高(－0.806m)。

(3)整体道床钢轨放置处标高为 0。

(4)每个台面基础各地脚螺栓预留孔 28 个(120mm×120mm)的中心位置及深度(400mm)。

(5)现场必须具有有效的排水系统,各排水管应畅通,被排出积水应有去处,外部积水不得有回灌的可能。

(6)预埋件标高及位置。

(7)预埋电缆管位置应正确并畅通。

2. 安装步骤

1)准备工作

清点大垫铁 4 套,小垫铁 28 套;将大垫铁调至中间高度,小垫铁调至最低高度,按图 7.4.7 和图 7.4.8 所示位置放入基础。若放置垫铁处不平整,致使垫铁不能放稳时应修磨基础表面。将机械台面上面盖板拆下,并检查四个吊钩紧固螺栓是否旋紧。清点 28 套地脚螺栓及螺母、平垫、弹簧垫圈。单个机械台面净重约10t,按此准备起重设备及吊具。

2)机械台面安装

在台面底座四个吊钩处挂钢丝绳将台面吊起。注意不得在其他位置兜挂钢丝绳,不得用滚杠拖拉运输台面。将台面吊基础上方,应将装有电缆管及装接线盒的

图 7.4.7　自动轨道衡楔铁示意图

图 7.4.8　自动轨道衡楔铁实例图

一侧面向控制室。将地脚螺栓从下至上穿入底座及端座 28 个 $\phi30$ 通孔,依次装上平垫、弹簧垫圈及螺母。将各地脚螺栓对准相应的预留孔后,将台面缓缓下落,使各地脚螺栓进入预留孔。当台面底座即将压上大垫铁时,目测传感器代用顶柱中心线是否在大垫铁正上方,并适当调整大垫铁的位置。

3)机械台面定位及预留孔灌浆

台面就位于基础后,应将台面的纵向中心线与两端整体道床中心线调整一致。将各地脚螺栓、螺母旋至螺栓端部。露出(40~45)mm 长度的螺纹。

此时可对台面的水平标高进行初步调整,调整靠大垫铁进行;调整时以台面四角各端座上水平面为测量点。当线路为 50kg/m 钢轨时,标高为 -0.146m;当线路为 43kg/m 钢轨时,标高应为 -0.134m(均以轨面为 ±0.000m 时的相对标高)。

台面初步定位后,即可对 28 个预留孔进行细石混凝土的灌浆。

当灌入预留孔的混凝土固化至 70% 的强度时,可对台面位置进行调整。台面标高用水准仪测量,同时用水平仪校验底座传感器安装平面的水平度,允差为 ±0.5‰。

以上调整靠地脚螺栓与垫铁配合进行。台面标高测量点同上述。四角标高值允差为小于±1mm。

以上调整完成后,应将各垫铁全部顶实,并旋紧地脚螺栓螺母。

4)线路引轨与台面过渡块的衔接

线路引轨与台面过渡块的衔接及在台面上的扣压方式和扣件型号参如图 7.4.9 和图 7.4.10 所示。轨道衡端座、过渡块、鱼尾垫块及引轨端均有 43kg/m 用及 50kg/m 用之分,应与轨道衡所装现场线路轨型号相对应。

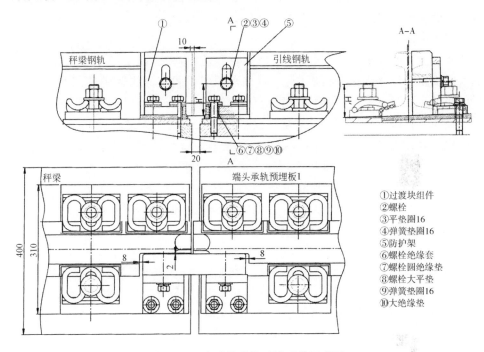

①过渡块组件
②螺栓
③平垫圈16
④弹簧垫圈16
⑤防护架
⑥螺栓绝缘套
⑦螺栓圆绝缘垫
⑧螺栓大平垫
⑨弹簧垫圈16
⑩大绝缘垫

图 7.4.9　自动轨道衡过渡系统示意图

图 7.4.10　自动轨道衡过渡系统实例图

引轨端与过渡块衔接后,应保证:台面轨端部与引轨端部沿纵向的间隙为 7.5mm±2mm,台面轨端部与过渡块之间沿横向的间隙为 3mm±1mm,引轨端轨距(在台面部分)为 1435^{+2}_{-1}mm。

引轨扣压前,应再次检查并调整引轨在台面上与整体道床的安装面标高的一致性。引轨端扣件拧紧程度一般以《弹条 I 型扣件 弹条》(TB/T 1495.2—1992)中部前端下部与挡板《弹条 I 型扣件 轨距挡板》(TB/T 1495.3—1992)压实为准,拧紧力矩约为 100N·m(约 10kgf·m);在钢轨爬行较严重的现场可将螺母加拧四分之一圈,拧紧力矩约为 150N·m(约 15kgf·m)。

5)预碾压

在以上工作完成,轨道衡所在线路验收开通后,在衡调校工作开始前,应对台面及两端整体道床线路进行碾压,即以机车牵引重载车辆往返通过台面。碾压的目的是使台面承载系统、台面基础及整体道床在实载条件下趋向稳定状态。

碾压工作应在传感器安装之前,在代用支柱支撑主梁状态下进行。

碾压开始前,应对台面各紧固件,特别是力矩臂及各纵杆、横杆紧固件进行认真检查。应认真检查各垫铁垫实情况及地脚螺栓紧固状况。

碾压开始时,车速应低于 3km/h,初压 3~4 个往返,检查台面各部件没有异常情况时,车速可增至(10~20)km/h。碾压过程中应避免机车在台面上制动。

碾压次数一般不应少于 250 节次重车。

6)台面覆盖板的安装

轨道衡机械台面在台面轨及引轨端内侧有 6 块盖板,这些盖板在出厂前已装好。为在现场安装调整,需拆下。当调整完毕后,应重新装上。轨道衡有两种可供选择的基础方案。第一种为无坑式基础,即基础两侧为敞开式。在此方案下,在台面轨及引轨端外侧没有盖板。另一种是有坑式基础,外侧有盖板。

7)传感器的安装

传感器应在机械台面安装工作结束,整机调试前装入。其步骤如下。

用千斤顶将主梁一端顶起,取下代用顶柱。将传感器上、下压面擦拭干净,涂上专用油脂后将传感器装入下挡圈内立直;压头涂上油脂放在传感器顶部、主梁下部的挡圈中,将千斤顶缓缓卸荷,使主梁平稳落下,直到靠至压头及传感器。

传感器装上后,应检查主梁上的台面轨与过渡块顶面高度的一致性,即两者上顶面应在同一个 1:40 的斜平面内。误差不得大于±0.3mm。若不符合要求,应通过增减调整垫片来调节。

传感器装的接线箱位于台面朝向控制室外侧的中部。靠近控制室一侧传感器的电缆穿过主梁外侧的电缆管进入接线箱;另一侧传感器的电缆线穿过底座上横向电缆管后,再穿越主梁外侧的电缆管进入接线箱,传感器装入后,立即将短路电缆按要求接好。

8)台面状态的复测调整

在轨道衡进入整机调试之前,应对台面状态进行复测调整。这次调整应在碾压之后进行。复测调整项目如下:

(1)底座、传感器安装平面应水平,允差±0.5‰。

(2)全部垫铁应垫实,地脚螺栓应拧紧。

(3)纵杆、横杆应水平,允差±0.5‰。

(4)传感器外圆周母线应处于铅垂位置,没有目视可看出的倾斜。

(5)全部螺栓及锁紧螺母不得有松动。

7.4.3　机械承载机构的日常维护保养

自动轨道衡机械台面工作时受冲击震动载荷,工作环境较恶劣。一定要重视机械台面及所在铁路线路的维护、保养,必须定期检查。

(1)传感器的维护保养。

传感器是自动轨道衡的心脏,是价格昂贵的精密计量部件。下列各点应引起用户的充分重视:

①注意保护传感器电缆,防止碰、砸电缆,不用电缆来提拿、移动传感器。

②在机械台面安装现场,一切电焊工作应在安装传感器前结束。传感器安装后应立即装上短路电缆。若需自制短路电缆时,电缆铜线断面面积不得小于16mm²。若必须在传感器附近进行电焊时,应先断开传感器与控制仪表的电路,并检查短路电缆的连接情况。电焊操作时焊机地线应尽可能靠近焊接部位以防止电焊电流流经传感器。

③传感器的安装或拆除应按前面说明进行。

④对长期(一年以上)不工作的轨道衡,应将传感器拆下,换上代用支柱。

(2)台面各紧固螺栓及螺母等必须定期检查,特别是力矩臂、各纵横杆、传感器上下垫、上下挡圈的螺栓及螺母。

(3)所有垫铁必须垫实,若发现有损坏的垫铁要及时更换,松动的垫铁要及时调紧。地脚螺栓不得有松动。

(4)台面及引轨线路的扣件必须定期检查旋拧。扣件扭矩必须符合铁路有关规范。整体道床钢轨扣压支承处钢轨不得吊空。

(5)台面各部分要保持清洁,特别是承重梁、台面轨与引轨、过渡器及端座之间的间隙处不得有异物存卡。

(6)经常观察过衡车轮通过过渡块及台面轨的过渡状况,若车轮碾压痕迹从台面轨端部通过时,就是不正常。处理方法如下:

①用调整片调整承重梁高低;

②用砂轮机轻微修磨上述端部;

③当过渡块过分磨损无法用上述方法调整时,应更换过渡块。

(7)下雨及时排除积水,及时疏通排水系统。

(8)检查轨道衡台面标高及两端引轨线路标高,并及时调整。

7.4.4 轨道衡的软件安装及使用

轨道衡的软件包括系统模块、称重模块及称重信息管理模块。系统模块一般使用 Windows 操作系统;称重信息管理系统主要包括信息管理、称重模块、数据接口与网络传输几个模块;称重模块分为静态测量、动态称重、波形分析工具三个部分,采用独立的 DLL 技术,提供了灵活的运行方式,既可与信息管理模块合并组成完整的本地系统,也可分离与其他第三方系统协同工作,如仅提供称重数据,组成轨道衡远程信息管理网络、运行在轨道衡智能控制仪表中向外界传输称量结果等。

信息管理部分以后台数据库方式存储数据,支持本地小型数据库并且在数据库系统迁移或升级后仍可为用户提供完全一致的操作界面。管理系统借鉴了一些大中型管理软件的优点,在尽可能方便用户的同时,在功能上做了很多的完善,支持用户自定义数据查询、提供可选择的数据导出格式,支持用户自定义报表格式修改、数据所见即所得的打印功能,支持超载欠载颜色和声音报警等。

数据接口与网络传输模块支持众多的传输协议,包括 HTTP、FTP、PPP 等,可支持无线传输模式、专线传输模式、拨号传输模式。并在传输模块引入 COM 组件对象模型技术,可根据需要对软件系统进行灵活的配置与升级。轨道衡软件系统主要具有以下特点:

(1)操作简便。因使用 Windows 操作系统平台,具有良好的人机对话界面,支持无人值守方式,数据自动打印、车号系统自动挂接,对于绝大多数操作均可使用鼠标完成,高度自动化的操作流程设计能够大大降低操作难度和提高工作效率。

(2)网络化优势。在网络化方面该产品具有以下特点:

①用户已建立了内部局域网:在用户内部局域网系统中,测量数据对于网内每台微机均以相同的动态网页形式(ASP/JSP)显示给用户,用户不但可查看最新的测量数据,还可以多种形式查询历史测量数据。

②测量点与管理部门架设了电话线或铺设了专线,可产生多种格式的文件(HTML/XML/Excel 电子表格)可供传输测量结果。

③操作员权限管理:因现场多采用值班工作方式,对每个班次本系统可作出唯一标识并赋予相应权限,以分清责权,便于管理。

④后台数据库系统支持海量数据存储,高速数据检索,数据可长期保存。

软件应用环境:Windows 操作系统。

安装提示:

软件采用模块化结构,根据现场实际的需要,划分为两种工作模式。

完整模式:包括信息管理程序、轨道衡称重模块、视频模块等全部模块。

管理模式:仅包含信息管理程序模块。

安装步骤:

第一步:启动计算机,进入 Windows 操作系统。

第二步:双击"动态轨道衡管理系统安装文件",启动安装。

第三步:在弹出的安装界面中,点击"下一步"(见图 7.4.11)。

图 7.4.11　动态称重管理系统界面

第四步:在安装组件窗口中,根据现场用户的实际要求选择安装。其中信息管理程序部分必须安装,然后根据本地是否需要轨道衡的称重功能选择称重模块,以及是否需要进行视频监控选择视频模块。点击"下一步"(见图 7.4.12)。

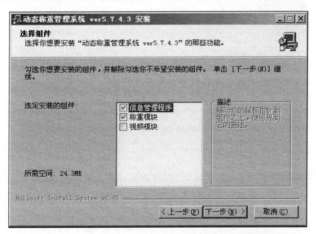

图 7.4.12　动态称重管理系统安装步骤 1

第五步:在选择安装位置界面中,软件默认安装目录为"D:\HHGS";可以通过直接键入的方式或浏览的方式选择安装目录,然后点击"安装"(见图7.4.13)。

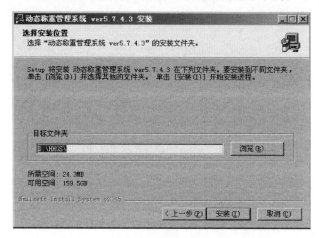

图7.4.13　动态称重管理系统安装步骤2

第六步:程序自动释放安装文件并完成余下的安装任务。点击"完成"关闭安装(见图7.4.14)。

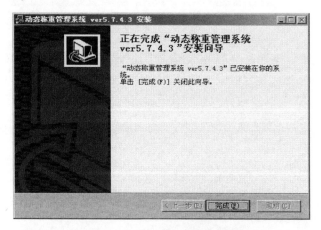

图7.4.14　动态称重管理系统安装向导

7.4.5　轨道衡的软件使用

轨道衡系统开机进入称重状态后,待称车列通过轨道衡时的称重及数据存储都是轨道衡系统自动进行的,后期使用轨道衡称重应用程序可以进行车辆称重数据的查找、打印及传输,轨道衡应用程序按轨道衡型式及用户的要求有所不同,下面对一款应用软件的使用进行说明。轨道衡应用程序的系统菜单主要包括"文件"、"编辑"、"数据"、"工具"、"测控"、"窗口"、"帮助"。

【文件】点击"文件"菜单,弹出如下下拉菜单窗口。

"文件"菜单包括以下命令,其功能如下:

(1)【关闭】关闭当前活动的窗口。

(2)【导入系统数据…】将系统文件"SystemReg. txt"中所存信息导入到数据库。

(3)【导出系统数据…】将数据库中所存信息导出到系统文件"SystemReg. txt"中。

(4)【导出国标车型库】将车型信息导出到"国标车型库. dat"文件中。

(5)【备份数据库】将当前使用的数据库备份到"DataBack:"文件夹中。

(6)【压缩数据库】将当前使用的数据库进行压缩处理。

(7)【更改口令…】更改当前用户的口令。

(8)【切换用户…】即用户在交接班时,选择值班员(操作员),以利于管理;

(9)【运行命令…】供调试人员使用扩展调试功能。

(10)【另存为】可将当前过衡的记录保存为 Excel 电子表格、 HTML 文件或 XML 文件,以利于用户对数据进行数据传输、分析和保存。

(11)【退出】退出动态轨道衡信息管理系统。

"编辑"菜单包括以下命令,其功能如下:

(1)【复制】选择要复制的内容,可以将其复制到光标处,同系统复制。

(2)【剪切】选择要剪切的内容,将其剪切到光标处,同系统剪切。

(3)【粘贴】将剪切或复制的内容粘贴到光标处,同系统粘贴。

(4)【查找】快捷方式"Ctrl＋F",在当前过衡数据中查找需要的数据。【查找字段】用鼠标点击右侧的下拉按钮选择要查找的字段名(即列名);在【查找内容】框中输入要查的内容,点击【查找】;如查找成功则显示已找到的记录,否则显示没有找到记录。查找下一个按钮则在当前数据内查找是否有相同内容的数据;放弃则不执行查找。查找界面如图 7.4.15 所示。例如,查找车号为 3431969 的车皮。

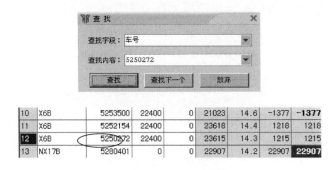

图 7.4.15　查找界面

（5）【筛选】快捷方式"Crtl＋S",在当前数据范围内筛选记录,在左边待筛选字段中选择要筛选的项目,在约束列中选择条件,在运算符中选择（＝,＞,＞＝,＜,＜＝,＜＞）,输入条件内容,点击执行,如筛选成功则显示已找到的多条记录,否则显示没有找到记录。

筛选任务A。筛选并打印第一节和第三节车的信息,在左边选择列中点选车序字段,约束列选"车序",运算符选"＝",在条件框中先输入"1",点击"添加"后（见图7.4.16）,"AND"（与）、"OR"（或）、"NOT"（非）三项变为有效状态,点击"OR"项（见图 7.4.17）,再输入条件"3"（见图 7.4.18、图 7.4.19）点击添加,点击"执行"（见图 7.4.20）。执行后,数据显示第一节车和第三节车;点击"放弃",则不进行任何筛选。此时可按 F12 打开打印选项窗口,选择"全部打印",则打印输出第一节车和第三节车的信息。

图 7.4.16　点击"添加"后界面

图 7.4.17   点击"OR"项后界面

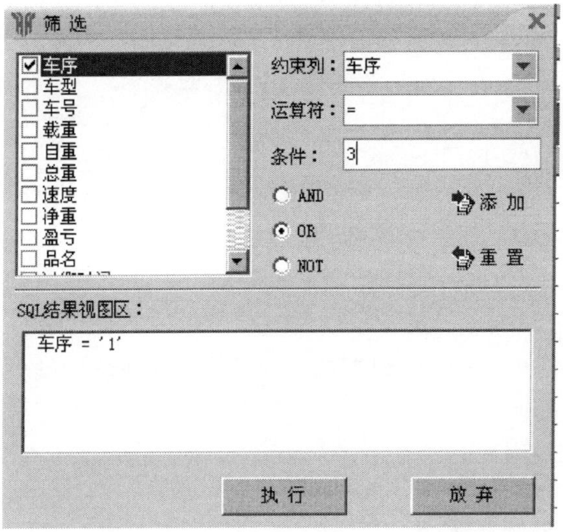

图 7.4.18   输入条件车序"3"时界面

图 7.4.19　输入条件列车流水码时界面

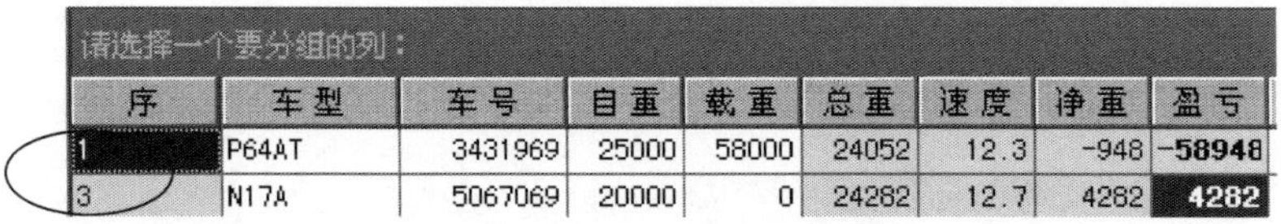

图 7.4.20　点击"执行"后界面

　　筛选任务B。筛选并打印超载 3500kg 以上的各节车。左边选择列中点选盈亏字段,约束列选"盈亏",运算符选">",在条件框中先输入"3500",点击执行;数据显示盈亏超过＋3500 的所有现车,点击放弃,则不进行任何筛选。按 F12 打开打印选项窗口,选"全部打印",则打印输出盈亏超过＋3500 的所有现车信息。

　　如果用户逐渐熟悉了 SQL 结果视图区中的文字表达内容,也可直接在 SQL 结果视图区中输入文字来进行数据的筛选操作。在所有可以使用筛选窗口的环境,使用方法完全相同。

　　(1)【取消筛选】同放弃。

　　(2)【升序】对当前数据升序排列;首先点击要进行升序的列,然后点击菜单中的升序,则相应的列按升序排列。

　　例如:排序"盈亏"列,首先点击盈亏列,如图 7.4.21 区域,然后点击菜单栏⬆↓,结果如图 7.4.22 所示。

　　(3)【降序】对当前数据降序排列;首先点击要进行降序的列,然后点击菜单中的降序,则相应的列按降序排列。

　　(4)【称量数据处理 F5】表示当前过衡数据。成功称量完毕后,过衡数据将存

1	P64AT	3431969	25000	58000	24052	12.3	-948	**-58948**			
2	N17	5042371	0	0	24191	12.5	24191	**24191**			
3	N17A	5067069	20000	0	24282	12.7	4282	4282			
4	C64	4881480	23000	0	24396	13.0	1396	1396			
5	C64	4871869	23000	0	23309	13.5	309	309			
6	C62B	4671194	21700	60000	22663	14.0	963	**-59037**			
7	C64	4846228	23000	0	24528	14.4	1528	1528			
8	X6B	5251418	22400	0	21520	14.6	-880	-880			
9	X6B	5251143	22400	0	22061	14.8	-339	-339			
10	X6B	5253500	22400	0	21023	14.6	-1377	**-1377**			
11	X6B	5252154	22400	0	23618	14.4	1218	1218			
12	X6B	5250272	22400	0	23615	14.3	1215	1215			
13	NX17B	5280401	0	0	22907	14.2	22907	**22907**			
14	XN17B	5280302	22500	0	24072	14.1	1572	1572			

图 7.4.21　升序前

序	车型	车号	自重	载重	总重	速度	净重	盈亏	品名	发货单位	收货
15	C64	4844921	23000	0	17817	14.0	-5183	**-5183**			
10	X6B	5253500	22400	0	21023	14.6	-1377	**-1377**			
8	X6B	5251418	22400	0	21520	14.6	-880	-880			
54	C64	4877694	23000	0	22572	23.4	-428	-428			
9	X6B	5251143	22400	0	22061	14.8	-339	-339			
5	C64	4871869	23000	0	23309	13.5	309	309			
52	XN17A	5270417	22500	0	23200	23.1	700	700			
19	C64	4895876	23000	0	24173	14.0	1173	1173			
12	X6B	5250272	22400	0	23615	14.3	1215	1215			
11	X6B	5252154	22400	0	23618	14.4	1218	1218			
4	C64	4881480	23000	0	24396	14.0	1396	1396			
7	C64	4846228	23000	0	24528	14.4	1528	1528			
14	XN17B	5280302	22500	0	24072	14.1	1572	1572			
3	N17A	5067069	20000	0	24282	12.7	4282	4282			
0			0.00	0.00	0.00		0.00	0.00			

记录：49 共 97

就绪　　　　　　　　　　　　　　　　　　　NUM　　　INS

图 7.4.22　升序后

入数据库中,系统会自动打开此窗口等待用户编辑品名、到站、发站、收货单位、发货单位等信息,列车流水号为系统自动产生的序号,每过一列车流水号加一;如机车包含车次信息,则车次列表框显示当前车次,否则将允许用户编辑车次信息;在备注栏中输入当前列车的其他辅助信息。

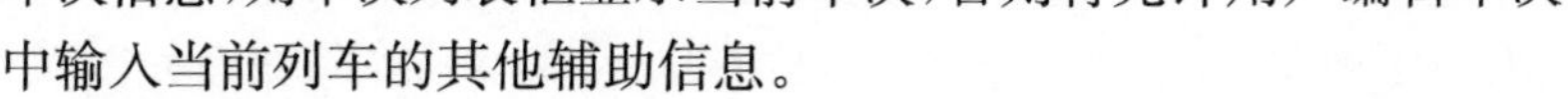

上面的工具条从左向右依次介绍如下:

①Ⅰ◂ 将当前记录光标移至第一条记录。

②◂将当前记录光标移至上一条记录。

③▸将当前记录光标移至下一条记录。

④▸▮将当前记录光标移至最末尾一条记录。

⑤↓对当前数据升序排列，详见【升序】。

⑥↓对当前数据降序排列，详见【降序】。

⑦▤将当前选中文字复制到剪贴板。

⑧✂将当前选中文字删除并复制到剪贴板。

⑨▤将剪贴板中的内容复制到当前光标下。

⑩🔍查找记录。使用方法详见【🔍查找】

⑪▦筛选记录，对当前记录进行过滤，只显示符合条件的部分。使用方法详见【筛选】

⑫▽取消筛选，恢复显示所有记录。

⑬对于过衡数据，系统能够提供三种导出数据格式的转换（▦ HTML，▦ XML，▧ Excel），详见【另存为】。

⑭▤打印选项，可提供多种打印方式。

⑮▦适合宽度，对于表格式数据，调整表格的所有列宽使之正好符合屏幕可见宽度。

⑯▤批量录入，依据条件对数据表格提供快速录入。使用方法详见批量录入。

编辑技巧：

①品名、发货单位、收货单位的编辑：此三项信息可输入编码，也可直接输入名称。如果输入编码，按 F9 将全部编码翻译为名称。例如：品名为煤，编码为 1001，可在品名一项输入 1001 后，按 F9 键将 1001 翻译为名称煤。

②使用快捷键 F11：编辑好一个品名或（车型、车号、自重、载重、品名、发货单位、收货单位等）任一项，按 F11 键，将在下一行数据项复制相同数据。

③批量录入：打开批量录入窗口，依次选择车型、车号、自重、载重、品名、发货单位、收货单位数据的等于值，按立即更新按钮完成数据输入，然后在编辑窗口修改个别不同数据。

④数据打印，按 F12 打印或者点击工具条上的▤，也可在下图所画区域点击鼠标右键，选择打印。

在打印选项对话框中，根据情况选择打印范围，系统默认全部打印，选择完后点击预览看一下效果，可直接点击打印，放弃则不打印。打印界面如图 7.4.23 所示，打印范围界面如图 7.4.24 所示。

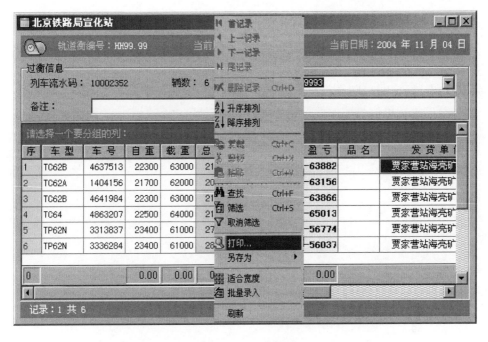

图 7.4.23　打印界面

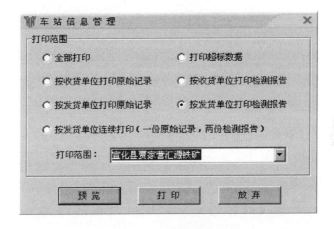

图 7.4.24　打印范围界面

预览工具条介绍如下：

① **╋ 100%** 为预览时的缩放比例。

②**█** 为预览缩放比例 100% 显示。

③■为预览缩放比例 126% 显示。

④■为预览缩放比例 87% 显示。

选择打印范围界面中的某一项,其功能介绍如下:

(1)全部打印:打印全部过衡数据。

(2)按收货单位打印原始记录:只打印用户所选择收货单位原始的数据。

例如:打印山西煤炭总公司的过衡数据,首先点选按收货单位打印原始记录,然后选择单位窗口中选择山西煤炭总公司,则只打印山西煤炭总公司的过衡数据。车站信息管理如图 7.4.25～图 7.4.27 所示。

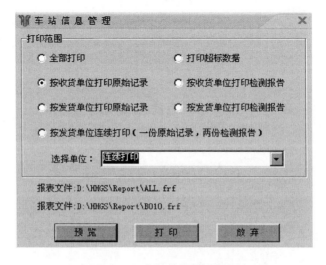

图 7.4.25　车站信息管理界面 1

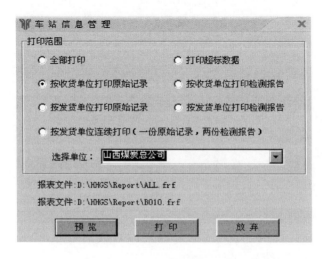

图 7.4.26　车站信息管理界面 2

宣 化 称 重 公 正 计 量 站 原 始 记 录

(MA)

（2002）量认（冀）字（冀01

检测日期:2005年04月05日　时间:14:33　　　　　　　编号：10000

收货单位：山西煤炭总公司

序	车号	车种车型	发货单位	货物名称	速度 Km/h	毛重 (Kg)	皮重 (Kg)	净重 (Kg)	标重 (Kg)	
1	5067069	N17A	山西煤炭公司		12.7	24282	20000	4282	0	
2	4871869	C64	山西煤炭公司		13.5	23309	23000	309	0	
			合　　计：			47591	43000	4591	0	

检测设备：单台面动态电子轨道衡　　设备编号：HH99.99　　天气:　　　温度:　℃　　相对湿度:

检测员:　　　　　　校核员:　　　　　　签发人:　　　　　检测单位(盖章)

图 7.4.27　打印的原始记录

（3）按发货单位打印原始记录：只打印用户所选择发货单位原始的数据，如图 7.4.28 所示。

请选择一个要分组的列：

序	车号	自重	载重	总重	速度	净重	盈亏	品名	发货单位	收货单位
95		0	0	24116	18.8	24116	24116			
97		0	0	17012	19.5	17012	17012			
96		0	0	22782	19.2	22782	22782			
31	0872165	22000	52000	23412	16.8	1412	-50588			
33	3401705	24000	58000	24072	17.4	72	-57928			
14	5280302	22500	0	24072	14.1	1572	1572		江苏华能太仓电厂	
35	0887667	21700	52000	24420	18.2	2720	-49280		江苏华能太仓电厂	
37	0962167	21700	52000	24157	18.4	2457	-49543		江苏华能太仓电厂	
7	4846228	23000	0	24528	14.4	1528	1528		千里山钢铁公司	
1	3431969	25000	58000	24052	12.3	-948	-58948	回空	山西煤炭公司	
2	5042371	0	0	24191	12.5	24191	24191		山西煤炭公司	包头矿务局阿刀亥煤矿
3	5067069	20000	0	24262	12.7	4282	4282		山西煤炭公司	山西煤炭总公司
4	4881480	23000	0	24396	13.0	1396	1396		山西煤炭公司	
5	4871869	23000	0	23309	13.5	309	309		山西煤炭公司	山西煤炭总公司
0		0.00	0.00	0.00		0.00	0.00			

图 7.4.28　原始数据打印界面

（4）按发货单位连续打印：打印用户全部数据，但按照发货单位归类连续打印。

（5）打印超标数据：只打印超标数据，如图 7.4.29 所示。

（6）按收货单位打印检测报告：只打印用户所选择收货单位的检测数据，打印的表头有别于原始记录，如图 7.4.30 所示。

（7）按发货单位打印检测报告：只打印用户所选择发货单位的检测数据。

【数据】菜单的功能如下：

（1）【历史数据查询 F6】为显示所有历史过衡记录。历史数据处理提供了四种类型的快捷查询方式，依次为按车次查询、按日期查询、按客户查询、按用户查询，为便于查找，每类查询只显示十条检索信息（日期按倒序排列），其余点击"更多日期…"查找，如图 7.4.31 所示。

宣 化 称 重 公 正 计 量 站 原 始 记 录

(2002) 量认 (冀) 字 (公0118)

货单位：　　　　　　　　　　　　　　检测日期：2005年04月05日　　　　　　　　　　编号：10000000

车 号	车 型	收 货 单 位	发 货 单 位	货 物 名 称	速度(Km/h)	毛 重(Kg)	皮 重(Kg)	净 重(Kg)	标 重(Kg)	超 欠(Kg)
5067069	N17A	山西煤炭总公司	山西煤炭公司		12.7	24282	20000	4282	0	4282
4881480	C64		山西煤炭公司		13	24396	23000	1396	0	1396
4846228	C64		千里山钢铁公司		14.4	24528	23000	1528	0	1528
5253154	X6B		山西煤炭公司		14.4	23618	22400	1218	0	1218
5250272	X6B		山西煤炭公司		14.3	23615	22400	1215	0	1215
5280302	XN17B		江苏华能太仓电厂		14.1	24072	22500	1572	0	1572
4895876	C64				14	24173	23000	1173	0	1173
5270417	XN17A				23.1	23200	22500	700	0	700
		合　　计：				191884	178800	13084	0	13084

测设备：单台面动态电子轨道衡　　　设备编号：HH99.99　　　天气：　　　温度：　℃　　　相对湿度：　%

图 7.4.29 超标数据打印界面

宣 化 称 重 公 正 计 量 站 检 测 报 告

CMA　(2002) 量认 (冀) 字 (公0118)

检测日期：2005年04月05日　时间：14:33　　　　　　编号：10000000

货单位：安阳钢铁公司供应处

车 号	车种车型	发货单位	货物名称	速度Km/h	毛重(Kg)	皮重(Kg)	净重(Kg)	标重(Kg)	超欠(Kg)
5253500	X6B	山西煤炭公司		14.6	21023	22400	-1377	0	-1377
		合　　计：			21023	22400	-1377	0	-1377

测设备：单台面动态电子轨道衡　　设备编号：HH99.99　　天气：　　　温度：　℃　相对湿度：　%

测员：　　　　校核员：　　　　签发人：　　　　检测单位(盖章)

图 7.4.30 检测报告打印界面

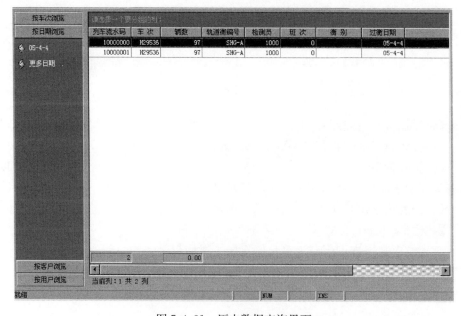

图 7.4.31 历史数据查询界面

例如:按日期查询,查 2005 年 4 月 4 日,点击"按日期浏览",点击相应的日期,右侧会显示当日全部过衡记录,然后双击要查看的记录即可进行操作。

窗口右上方为查询范围内列车的信息,每一条概况记录了整列车的信息,窗口右下方则显示了上方所指列车的明细记录,在窗口的底部显示记录的总数和当前的记录号,如图 7.4.32 所示。

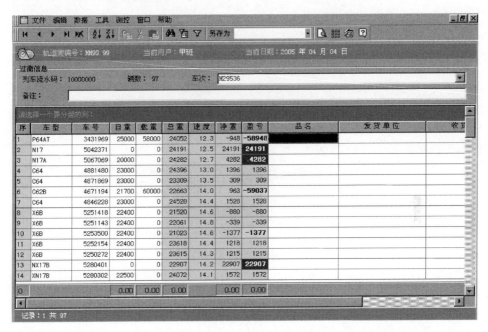

图 7.4.32　明细记录界面

更多查找窗口:点击"更多日期…"后(其他以此类推),弹出更多选择窗口,点击相应索引,系统将按要求筛选。如点击 2004-3-28,系统将筛选出 2004-3-28 当天全部的过衡记录。

如果因为列车过衡繁忙等其他原因未能在最新数据窗口完成过衡数据的编辑,仍可在此窗口中查找并编辑过衡记录,历史数据窗口快捷键说明如下:

Ctrl+F:打开查找窗口,查找单一记录。

Crtl+S:打开筛选窗口,按条件筛选一批符合条件的数据。

F12:打印当前记录。

PgDown:向下翻页。

PgUp:向前翻页。

(2)【数据综合查询】在过衡数据库中查找相应的记录。

【筛选】点击筛选。

【定位】点击定位,系统则定位到光标所对应的车次;或者双击相应的行。

【关闭】点击关闭,系统关闭【🔍数据综合查询】窗口。

(3)【备份数据库】备份过衡记录,避免由于不正常关机等给数据造成破坏,正常备份后系统会提示如下窗口,然后点击确定即可,如图7.4.33所示。

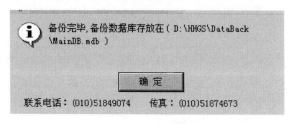

图 7.4.33 备份界面

(4)【压缩数据库】即系统通过一定的机制压缩数据,以节省空间,正确压缩后系统会提示如图7.4.34所示。

图 7.4.34 压缩数据库界面

【数据维护】系统数据维护共分为若干子项目,依次为【车站信息维护】、【品名信息维护】、【客户信息维护】、【强制车型信息】、【强制车号信息】、【排除车次信息】、【称重性质信息】、【用户信息维护】、【国标车型信息】、【参考皮重信息】。选择不同的维护信息项目时,下面的【添加车站信息】、【编辑车站信息】、【删除车站信息】按钮将发生相应的变化,如图7.4.35所示。

图 7.4.35 数据维护界面

【数据维护】系统数据子项目的功能如下：

（1）【车站信息维护】在此录入所需的到站、发站信息，以便在编辑过程中提供可选择的列表。添加车站信息既添加新的车站又添加既修改已存的车站信息，删除车站信息时删除不用的信息。本系统处理发站、到站信息仅提供一张数据表，如果需在逻辑上对二者进行区分，用户可自行定义发站编码从 1000 开始，到站编码从 2000 开始，每类为 1000 个编码区间，如图 7.4.36 所示。

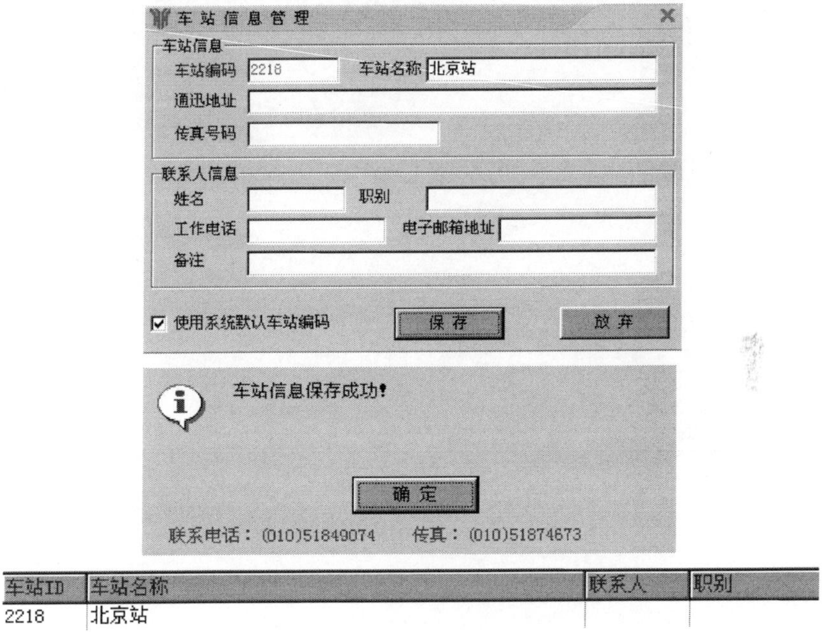

图 7.4.36　车站信息维护界面

例如，添加北京站，点击添加车站信息，进入车站信息管理窗口，在车站编码输入相应的编码如 2218，车站编码有利于用户的输入，在编辑时也可以直接输入编码，车站名称输入北京站，其余信息可选，其中 ☑ 使用系统默认车站编码 此项勾选，则系统自动分配车站编码，否则需用户自己制定。最后保存，正确保存会显示成功保存信息窗口，放弃则不保存。

例如，编辑车站信息，编辑北京站信息，首先点选相应北京站的条目，然后点编辑车站信息进入编辑窗口，改为北京站 1，点击保存，则成功修改，如图 7.4.37 所示。

（2）【品名信息维护】在此录入使用中所需的各种品名信息，以便在编辑过程中提供可选择的列表，在编辑是可以直接输入编号。其中添加品名信息、编辑品名信息、删除品名信息、☑ 使用系统默认品名编码 功能同 ☑ 使用系统默认车站编码 。品名信息管理如图 7.4.38 所示。例如，添加矾土，品名编码为 29，点击保存，系统会提示成功保存信息框；放弃则不保存。

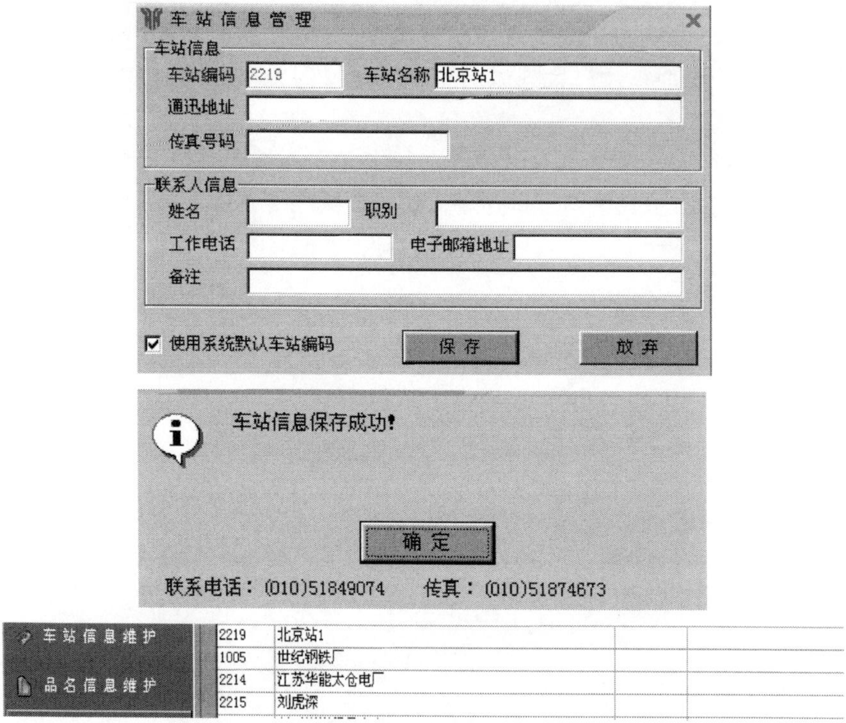

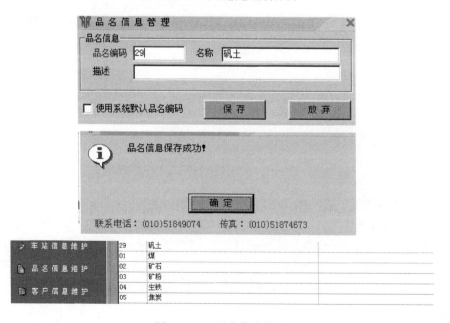

图 7.4.37　车站信息编辑界面

图 7.4.38　品名信息管理

（3）【客户信息维护】在此录入货物运输中往来单位信息，以便在编辑过程中提供可选择的列表，添加客户信息、编辑客户信息、删除客户信息、☑ 使用系统默认客户编码 功能同 ☑ 使用系统默认车站编码，其余各项可选。

（4）【强制车型信息】强制车型信息是指由于车号识别系统在运行过程中传递的车型信息与实际不符，比如 C62A 车型标准信息为自重 20600kg，载重为 60000kg，由于某种原因，此车型的自重或载重数据发生变化，如不使用强制车型信息，则计算得到的净重误差较大。使用强制车型信息后，系统在处理过衡数据时，将使用数据表中所列的信息来替换已定义的车型，如已定义信息但暂不想使用时，将【强制车型信息】信息页上的使用强制车型系统的选择框选为空。使用强制车型信息的步骤为添加强制车型信息，勾选【强制车型信息】信息页上的使用强制车型系统的选择框。强制车型系统还可应用于铁路增载车辆规定，在称量完毕自动扫描增载车型，并依据增载数据计算盈亏。

（5）【强制车号信息】强制车号信息是指由于车号识别系统在运行过程中传递的车型信息与实际不符，如车号为 6543221 的货车车型为 C62A，根据标准车型信息查找它的自重为 20600kg，载重为 60000kg。而实际中由于货车检修、自然损耗，货车的自重值往往会偏离标准数据，如实测该车自重为 20100kg，则每次由于与标准数据不符将产生 500kg 误差。使用强制车号信息后，系统计算该货车的净重时，将依据已定义的强制车号信息进行计算，以减少这类误差，提高测量准确度。如使用强制车号信息，则 ☑ 使用强制车号系统 需勾选，否则不起作用。

（6）【排除车次信息】该功能主要用于无人值守现场，且轨道衡安装地点通过客车或无须测量车辆较多的场合，使用此功能可依据车号识别系统传递的车次信息来决定是否将过衡数据视作有效测量。如果已定义了排除车次，并且勾选了 ☑ 使用排除车次系统 信息页的选择框，则系统接收过衡数据时自动对比车次是否为已定义排除车次的列车，如果车次吻合，则数据作废弃处理。

（7）【用户信息维护】对操作本系统的用户口令，用户名，使用权限作出定义，来有控制的使用系统的各项功能，以分清责权。其中用户名称可以为工作人员的名字或英文字符，口令可为任意字符，建议使用英文字符，长度不少于四位，登录时，口令吻合则进入系统，并按照其相应的权限划分系统内可操作的范围。用户信息管理界面如图 7.4.39 所示。

例如，添加丁班，使其不具有系统数据维护、系统选项设置、历史数据删除权利。操作如下：首先点击添加用户信息，用户编码输入 1006，用户名称输入丁班，口令为 123，点击保存，则丁班会加入到操作人员之中，然后编辑用户丁班的信息，设置不具有强制车号信息维护、称重性质信息维护权利，以后丁班可进入数据维护系统，但不能查看或修改强制车号信息、称重性质信息。

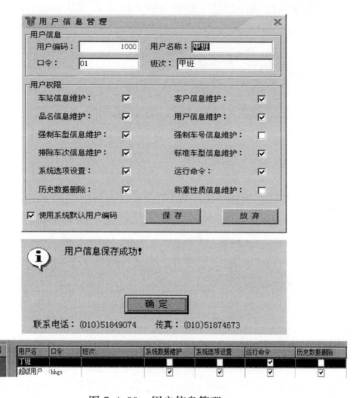

图 7.4.39　用户信息管理

　　(8)【国标车型信息】对标准车型信息进行添加、删除等操作。编辑标准车型信息,操作基本同上。

　　(9)点击放弃退出程序。系统默认按 Esc 键为退出。

　　【选项】选项窗口是定义系统工作方式方法的工具。包含【系统注册信息】、【用户设置信息】、【操作模式选项】、【远程传输设置】、【明细项目定义】。

　　(1)【系统注册信息】设置用户信息,一般有厂方根据情况设置,尤其如【衡别】、【受控轨道衡编号】、【用户单位徽标存放路径】、【动态 WEB 页信息地址】、【故障信息发送 E_Mail 地址】。其中用户单位名称、安装地点填写用户实际名称;设备类型要根据用户的所购型号进行填写,可通过下拉菜单选择;衡别表示为何种形式的轨道衡;受控轨道衡编号为厂方自己定义的编号;用户单位英文识别同用户单位名称,只不过为阿拉伯字母;用户单位徽标存放路径指用户的徽标存放文件;动态WEB 页信息地址、故障信息发送 E-mail 地址在称量系统接入网络时才起作用,可以在网上浏览过衡信息,把故障信息发送到邮箱以备厂方及时获取信息。

　　(2)【用户设置信息】设置用户编辑、查看的状态。

　　(3)【显示信息】在盈亏信息栏内,勾选超载范围一项时,即当超载大于设定的公斤数则启动报警,报警颜色为红色。勾选欠载范围,当欠载小于设定的公斤数则启动报警,报警颜色为黄色。如果不勾选"启动超载数据报警"或"启动欠载数据报警"选择框,则不显示报警信息。设置完后点击确定或取消,【确定】系统则保存设置,【取消】系统则放弃保存设置。其中【报表设置信息】原始记录标题、检测报告标题、公正计量标识会出现在打单上,请正确填写。

(4)【明细项目定义】项包括"编码"、"字段名称"、"显示"三列。在"显示"列中如果某行被勾选了,则在打印或查看时会显示此字段名,否则不显示。

例如,如果勾选了"列车流水号",则在打印或查看时会显示此字段名,否则不显示列车流水号。

【计算器】菜单是自动轨道衡信息管理系统提供的辅助工具,可以进行简单的计算,用法同操作系统附件中的计算器。

【记事本】菜单是自动轨道衡信息管理系统提供的辅助工具,可以写一些简单的信息,用法同操作系统附件中的记事本。

【测控】仅对安装了测重模块用户使用。各个键的功能如下:

(1)F2 键:静态测量,打开静态测量窗口,观察传感器状态、静态检定时使用。

(2)F3 键:动态称重,打开动态称重窗口,系统进入称重状态,列车可以过衡。

(3)F7 键:波形工具,主要供现场维修人员使用,提供分析和故障诊断信息。

(4)F8 键:参数设置,供调试人员使用。

【窗口】调节窗口的排列状态,其功能如下:

(1)【水平平铺】即将多个窗口水平平铺,如图 7.4.40 所示。

图 7.4.40 水平平铺窗口

(2)【垂直平铺】即将多个窗口垂直平铺放置,如图 7.4.41 所示。

(3)【重叠】即将多个窗口重叠放置,如图 7.4.42 所示。

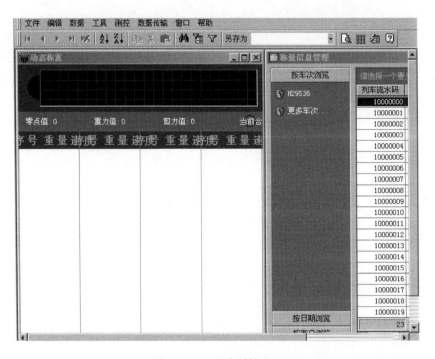

图 7.4.41　垂直平铺窗口

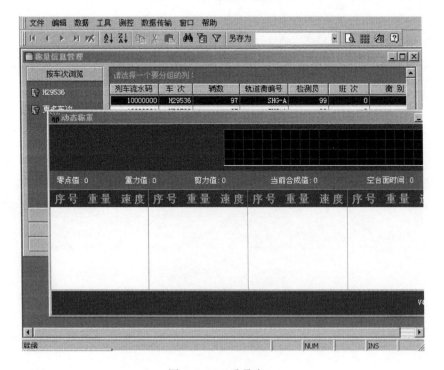

图 7.4.42　重叠窗口

　　(4)【全部最小化】即将多个窗口最小化，如图 7.4.43 所示。

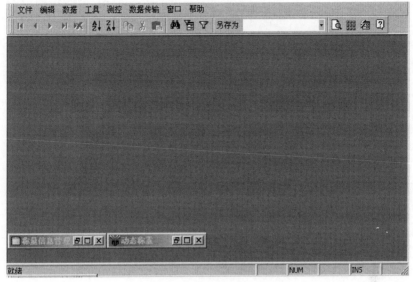

图 7.4.43　最小化窗口

　　【帮助】菜单提供了关于软件的使用说明，其功能如下：

　　(1)【帮助主题】轨道衡信息管理系统操作的基本说明，使用时请点击关注的条目，即显示相关的帮助操作。

　　(2)【反馈意见】通过电子邮件的方式给厂方发表自己的意见，此项必须在本机联网情况下进行。

　　(3)【主页】即查看公司的网站，此项必须在本机联网情况下进行。

　　(4)【关于】轨道衡信息管理系统软件的基本信息。

7.5　轨道衡的维护与修理

　　轨道衡称重的准确与否，与轨道衡的日常的维护、修理状态紧密相关，轨道衡安装在铁道线路上，日常过车对设备的冲击大、影响设备的稳定，所以要对轨道衡的设备状态经常观察与维护。无论是数字指示轨道衡还是自动轨道衡，均可采取下面的方法初步检查轨道衡的设备状态。

7.5.1　轨道衡使用状态的基本判断

　　通过每天观察空秤时显示的台面码值及派人员踩在称重台面四角称量轨上的称重值来大致判断设备状态，如果码值与以往的数值相差变化较大且人员四角称重值不一致,说明设备的机械状态或某只传感器发生了较大变化,可能影响称重的准确度;码值与以往的数值相差变化较大且人员四角称重值一致,说明设备的电气控制部分发生了较大变化,可能影响称重的准确度,设备需要找出原因并进行维修;码值与以往的数值相差变化不大且人员四角称重值基本一致,可大致判断轨道衡的状态完好。

7.5.2　轨道衡线路及机械部分的维护流程

轨道衡线路及机械部分的维护流程如图 7.5.1 所示。

1.引轨、线路及过渡系统的观察与维护

逐个检查整体道床的弹条、螺栓、平垫、螺母、轨底垫的状态,若有不正常者,给予调整、维护保养,甚至更换。引轨的纵向移动,是影响轨缝的直接因素。注意弹条扣件和防爬器的良好状态,是防止引轨窜动的重要环节。若引轨窜动过大,将改变过渡器等零部件的间隙,进而改变衡体状态,影响计量准确度。过渡系统根据不同结构,按设计及说明书的要求进行调整。这里需注意以下几个事项:

　　(1)过渡块的安装角度与轨底坡一致。

　　(2)过渡块的相关间隙符合技术要求。

　　(3)过渡块的安装结构安全可靠。

　　(4)过渡块若有破损及时更换。

　　(5)过渡块状态或安装不合适,有可能影响称重软件的逻辑判别。

2.承重梁状态的观察与维护

观察称量轨与秤梁之间的扣件,确保连接紧固、可靠。弹条、螺栓、螺母、垫片若有松动及时拧紧,弹条拧至五点着地。称量轨防爬装置良好。用水平尺测量承重梁上梁板的纵、横向水平,纵向水平可将水平尺置称梁轨纵向测量,若水泡均在中心,则能满足要求,若有偏差应详细记录。一般通过调节两承重梁连接系统(力矩臂、抗扭板、中横梁等)和传感器系统(薄垫片)可达到要求。紧固各部位的螺栓、螺母、垫。观察承重梁的各部位结构应力集中处等零部件的焊缝,发现问题及时记录、处理。凡松动的,须经维护人员拧紧的螺栓、螺母,应先涂黄油后再拧紧。凡暴露外的螺纹均应涂黄油、包裹防护。在承重梁状况的调整过程中,以传感器、承重梁的三维平顺为基准。另外与之相关的还有限位系统、过渡系统、秤梁连接系统。

3.限位系统的检查与维护

限位系统应保持限位拉杆的水平,松紧状态一致。限位座的连接可靠。销轴

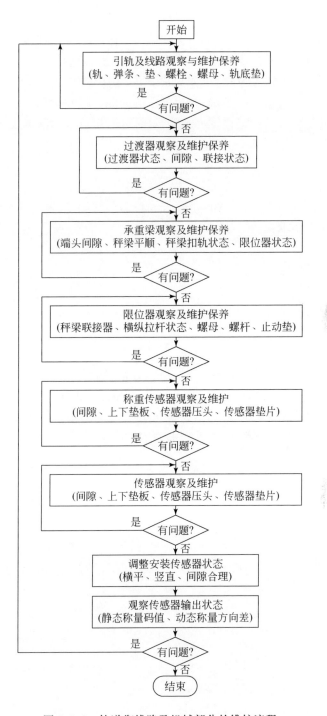

图 7.5.1　轨道衡线路及机械部分的维护流程

安装时应涂黄油防护及润滑。防松备母一定要拧紧,止动垫片要可靠、有效。拉杆头与座间隙一致,缝隙中应有黄油防护和润滑。限位系统外露螺纹应涂黄油防护,并用布等包裹防尘。横向限位器的调整(结合承重梁连接系统)可调整秤体的轨距,过渡器的轨缝,要诸方兼顾,牢固可靠。纵向限位器的调整将影响秤体的对角线及传感器的状态、引轨(过渡块)同称量轨的间隙,要统筹兼顾,多方平衡,切勿顾此失彼。限位系统可在一定程度上影响输出码值,应以计量准确度为基准,根据要求进行处理得当。

4.传感器系统的检查与维护

传感器系统应检查上、下底板,压头的状态,及时调整、紧固,处理不良的状态。应符合以下几点要求:

(1)平、直、正。

(2)紧固可靠。

(3)防护良好。

(4)薄垫片备件充足。

7.5.3　轨道衡系统的检查

对自动轨道衡的技术状态进行检查后,还需结合过车波形分析及过衡车辆称重值的重复性加以判断,波形平滑度且重复性较好,说明轨道衡设备处于较佳状态。不同型式及不同生产厂家的轨道衡可参考相关的国家标准、行业规定及管理办法进行使用、维护及修理,可参见本书后面的附录。

参 考 文 献

OIML TC9/SC1. 2006. R76 Non-Automatic Weighing Instruments.

OIML TC9/SC2. 2011. R106 Automatic Rail-Weighbridges.

费伟劲. 2007. 线性代数. 上海:复旦大学出版社.

国家质量监督检验检疫总局. 2002b. 数字指示轨道衡(JJG 781—2002). 北京:中国计量出版社.

国家质量监督检验检疫总局. 2003. 国家计量检定规程管理办法.

国家质量监督检验检疫总局. 2005. 标准轨道衡(JJG 444—2005). 北京:中国计量出版社.

国家质量监督检验检疫总局. 2007. 衡器计量名词术语及定义(JJF 1181—2007). 北京:中国计量出版社.

国家质量监督检验检疫总局. 2010. 国家计量检定规程编写规则(JJF 1002—2010). 北京:中国计量出版社.

国家质量监督检验检疫总局. 2011. 通用计量术语及定义(JJF 1001—2011). 北京:中国质检出版社.

国家质量监督检验检疫总局. 2012a. 测量不确定度评定与表示(JJF 1059.1—2012). 北京:中国质检出版社.

国家质量监督检验检疫总局. 2012b. 轨道衡检衡车(JJG 567—2012). 北京:中国质检出版社.

国家质量监督检验检疫总局. 2012c. 数字指示轨道衡型式评价大纲(JJF 1333—2012). 北京:中国质检出版社.

国家质量监督检验检疫总局. 2012d. 自动轨道衡(JJG 234—2012). 北京:中国质检出版社.

国家质量监督检验检疫总局. 2012e. 自动轨道衡(动态称量轨道衡)型式评价大纲(JJF 1359—2012). 北京:中国质检出版社.

国家质量监督检验检疫总局. 2014a. 计量器具型式评价大纲编写导则(JJF 1016—2014). 北京:中国质检出版社.

国家质量监督检验检疫总局. 2014b. 计量器具型式评价通用规范(JJF 1015—2014). 北京:中国质检出版社.

国家质量监督检验检疫总局. 2015. 自动轨道衡(GB/T 11885—2015). 北京:中国质检出版社.

国家质量监督检验检疫总局,中国国家标准化管理委员会. 2008a. 称重传感器(GB/T 7551—2008). 北京:中国标准出版社.

国家质量监督检验检疫总局,中国国家标准化管理委员会. 2008b. 电子称重仪表(GB/T 7724—2008). 北京:中国标准出版社.

国家质量监督检验检疫总局,中国国家标准化管理委员会. 2008c. 非自动衡器(GB/T 23111—2008). 北京:中国标准出版社.

国家质量监督检验检疫总局,中国国家标准化管理委员会. 2008d. 衡器术语(GB/T 14250—2008). 北京:中国标准出版社.

国家质量监督检验检疫总局,中国国家标准化管理委员会.2008e.静态电子轨道衡(GB/T 15561—2008).北京:中国标准出版社.

国家质量监督检验检疫总局,中国国家标准化管理委员会.2011a.计算机场地通用规范(GB/T 2887—2011).北京:中国标准出版社.

国家质量监督检验检疫总局,中国国家标准化管理委员会.2011b.涂覆涂料前钢材表面处理 表面清洁度的目视评定 第1部分:未涂覆过的钢材表面和全面清除原有涂层后的钢材表面的锈蚀等级和处理等级(GB/T 8923—2011).北京:中国标准出版社.

韩旭里.2008.数值计算方法.上海:复旦大学出版社.

金祚康,季瑞玉,陈志.1992.轨道衡.北京:中国计量出版社.

施昌彦.2003.现代计量学概论.北京:中国计量出版社.

徐科军.2011.传感器与检测技术.北京:电子工业出版社.

姚允龙.2007.数学分析.上海:复旦大学出版社.

中国计量测试学会组.2013.一级注册计量师基础知识及专业实务 北京:中国质检出版社.

中华人民共和国铁道部.1992a.弹条Ⅰ型扣件 轨距挡板(TB/T 1495.3—1992).北京:中国铁道出版社.

中华人民共和国铁道部.1992b.弹条Ⅰ型扣件 弹条(TB/T 1495.2—1992).北京:中国铁道出版社.

中华人民共和国住房和城乡建设部,国家质量监督检验检疫总局.2010.建筑物防雷设计规范(GB 50057—2010).北京:中国计划出版社.

附录 I

中华人民共和国计量法

（1985 年 9 月 6 日第六届全国人民代表大会常务委员会第十二次会议通过,根据 2009 年 8 月 27 日第十一届全国人民代表大会常务委员会第十次会议《关于修改部分法律的决定》、2013 年 12 月 28 日第十二届全国人民代表大会常务委员会第六次会议《关于修改〈中华人民共和国海洋环境保护法〉等七部法律的决定》、2015 年 4 月 24 日第十二届全国人民代表大会常务委员会第十四次会议《关于修改〈中华人民共和国计量法〉等五部法律的决定》修改）

第一章　总　　则

第一条　为了加强计量监督管理,保障国家计量单位制的统一和量值的准确可靠,有利于生产、贸易和科学技术的发展,适应社会主义现代化建设的需要,维护国家、人民的利益,制定本法。

第二条　在中华人民共和国境内,建立计量基准器具、计量标准器具,进行计量检定,制造、修理、销售、使用计量器具,必须遵守本法。

第三条　国家采用国际单位制。

国际单位制计量单位和国家选定的其他计量单位,为国家法定计量单位。国家法定计量单位的名称、符号由国务院公布。

非国家法定计量单位应当废除。废除的办法由国务院制定。

第四条　国务院计量行政部门对全国计量工作实施统一监督管理。

县级以上地方人民政府计量行政部门对本行政区域内的计量工作实施监督管理。

第二章　计量基准器具、计量标准器具和计量检定

第五条　国务院计量行政部门负责建立各种计量基准器具,作为统一全国量值的最高依据。

第六条　县级以上地方人民政府计量行政部门根据本地区的需要,建立社会公用计量标准器具,经上级人民政府计量行政部门主持考核合格后使用。

第七条　国务院有关主管部门和省、自治区、直辖市人民政府有关主管部门,根据本部门的特殊需要,可以建立本部门使用的计量标准器具,其各项最高计量标

准器具经同级人民政府计量行政部门主持考核合格后使用。

第八条　企业、事业单位根据需要,可以建立本单位使用的计量标准器具,其各项最高计量标准器具经有关人民政府计量行政部门主持考核合格后使用。

第九条　县级以上人民政府计量行政部门对社会公用计量标准器具,部门和企业、事业单位使用的最高计量标准器具,以及用于贸易结算、安全防护、医疗卫生、环境监测方面的列入强制检定目录的工作计量器具,实行强制检定。未按照规定申请检定或者检定不合格的,不得使用。实行强制检定的工作计量器具的目录和管理办法,由国务院制定。

对前款规定以外的其他计量标准器具和工作计量器具,使用单位应当自行定期检定或者送其他计量检定机构检定,县级以上人民政府计量行政部门应当进行监督检查。

第十条　计量检定必须按照国家计量检定系统表进行。国家计量检定系统表由国务院计量行政部门制定。

计量检定必须执行计量检定规程。国家计量检定规程由国务院计量行政部门制定。没有国家计量检定规程的,由国务院有关主管部门和省、自治区、直辖市人民政府计量行政部门分别制定部门计量检定规程和地方计量检定规程。

第十一条　计量检定工作应当按照经济合理的原则,就地就近进行。

第三章　计量器具管理

第十二条　制造、修理计量器具的企业、事业单位,必须具备与所制造、修理的计量器具相适应的设施、人员和检定仪器设备,经县级以上人民政府计量行政部门考核合格,取得《制造计量器具许可证》或者《修理计量器具许可证》。

制造、修理计量器具的企业未取得《制造计量器具许可证》或者《修理计量器具许可证》的,工商行政管理部门不予办理营业执照。

第十三条　制造计量器具的企业、事业单位生产本单位未生产过的计量器具新产品,必须经省级以上人民政府计量行政部门对其样品的计量性能考核合格,方可投入生产。

第十四条　未经省、自治区、直辖市人民政府计量行政部门批准,不得制造、销售和进口国务院规定废除的非法定计量单位的计量器具和国务院禁止使用的其他计量器具。

第十五条　制造、修理计量器具的企业、事业单位必须对制造、修理的计量器具进行检定,保证产品计量性能合格,并对合格产品出具产品合格证。

县级以上人民政府计量行政部门应当对制造、修理的计量器具的质量进行监督检查。

第十六条　进口的计量器具,必须经省级以上人民政府计量行政部门检定合格后,方可销售。

第十七条　使用计量器具不得破坏其准确度,损害国家和消费者的利益。

第十八条　个体工商户可以制造、修理简易的计量器具。

制造、修理计量器具的个体工商户,必须经县级人民政府计量行政部门考核合格,发给《制造计量器具许可证》或者《修理计量器具许可证》后,方可向工商行政管理部门申请营业执照。

个体工商户制造、修理计量器具的范围和管理办法,由国务院计量行政部门制定。

第四章　计量监督

第十九条　县级以上人民政府计量行政部门,根据需要设置计量监督员。计量监督员管理办法,由国务院计量行政部门制定。

第二十条　县级以上人民政府计量行政部门可以根据需要设置计量检定机构,或者授权其他单位的计量检定机构,执行强制检定和其他检定、测试任务。

执行前款规定的检定、测试任务的人员,必须经考核合格。

第二十一条　处理因计量器具准确度所引起的纠纷,以国家计量基准器具或者社会公用计量标准器具检定的数据为准。

第二十二条　为社会提供公证数据的产品质量检验机构,必须经省级以上人民政府计量行政部门对其计量检定、测试的能力和可靠性考核合格。

第五章　法律责任

第二十三条　未取得《制造计量器具许可证》、《修理计量器具许可证》制造或者修理计量器具的,责令停止生产、停止营业,没收违法所得,可以并处罚款。

第二十四条　制造、销售未经考核合格的计量器具新产品的,责令停止制造、销售该种新产品,没收违法所得,可以并处罚款。

第二十五条　制造、修理、销售的计量器具不合格的,没收违法所得,可以并处罚款。

第二十六条　属于强制检定范围的计量器具,未按照规定申请检定或者检定不合格继续使用的,责令停止使用,可以并处罚款。

第二十七条　使用不合格的计量器具或者破坏计量器具准确度,给国家和消费者造成损失的,责令赔偿损失,没收计量器具和违法所得,可以并处罚款。

第二十八条　制造、销售、使用以欺骗消费者为目的的计量器具的,没收计量器具和违法所得,处以罚款;情节严重的,并对个人或者单位直接责任人员依照刑法有关规定追究刑事责任。

第二十九条　违反本法规定,制造、修理、销售的计量器具不合格,造成人身伤亡或者重大财产损失的,依照刑法有关规定,对个人或者单位直接责任人员追究刑事责任。

第三十条　计量监督人员违法失职,情节严重的,依照刑法有关规定追究刑事责任;情节轻微的,给予行政处分。

第三十一条　本法规定的行政处罚,由县级以上地方人民政府计量行政部门决定。本法第二十七条规定的行政处罚,也可以由工商行政管理部门决定。

第三十二条　当事人对行政处罚决定不服的,可以在接到处罚通知之日起十五日内向人民法院起诉;对罚款、没收违法所得的行政处罚决定期满不起诉又不履行的,由作出行政处罚决定的机关申请人民法院强制执行。

第六章　附　　则

第三十三条　中国人民解放军和国防科技工业系统计量工作的监督管理办法,由国务院、中央军事委员会依据本法另行制定。

第三十四条　国务院计量行政部门根据本法制定实施细则,报国务院批准施行。

第三十五条　本法自 1986 年 7 月 1 日起施行。

附录 II

中华人民共和国强制检定的工作计量器具检定管理办法

(1987 年 4 月 15 日国务院发布,自 1987 年 7 月 1 日起施行)

第一条 为适应社会主义现代化建设需要,维护国家和消费者的利益,保护人民健康和生命、财产的安全,加强对强制检定的工作计量器具的管理,根据《中华人民共和国计量法》第九条的规定,制定本办法。

第二条 强制检定是指由县级以上人民政府计量行政部门所属或者授权的计量检定机构,对用于贸易结算、安全防护、医疗卫生、环境监测方面,并列入本办法所附《中华人民共和国强制检定的工作计量器具目录》的计量器具实行定点定期检定。

进行强制检定工作及使用强制检定的工作计量器具,适用本办法。

第三条 县级以上人民政府计量行政部门对本行政区域内的强制检定工作统一实施监督管理,并按照经济合理、就地就近的原则,指定所属或者授权的计量检定机构执行强制检定任务。

第四条 县级以上人民政府计量行政部门所属计量检定机构,为实施国家强制检定所需要的计量标准和检定设施由当地人民政府负责配备。

第五条 使用强制检定的工作计量器具的单位或者个人,必须按照规定将其使用的强制检定的工作计量器具登记造册,报当地县(市)级人民政府计量行政部门备案,并向其指定的计量检定机构申请周期检定。当地不能检定的,向上一级人民政府计量行政部门指定的计量检定机构申请周期检定。

第六条 强制检定的周期,由执行强制检定的计量检定机构根据计量检定规程确定。

第七条 属于强制检定的工作计量器具,未按照本办法规定申请检定或者经检定不合格的,任何单位或者个人不得使用。

第八条 国务院计量行政部门和各省、自治区、直辖市人民政府计量行政部门应当对各种强制检定的工作计量器具作出检定期限的规定。执行强制检定工作的机构应当在规定期限内按时完成检定。

第九条 执行强制检定的机构对检定合格的计量器具,发给国家统一规定的检定证书、检定合格证或者在计量器具上加盖检定合格印;对检定不合格的,发给检定结果通知书或者注销原检定合格印、证。

第十条 县级以上人民政府计量行政部门按照有利于管理、方便生产和使用的原则,结合本地区的实际情况,可以授权有关单位的计量检定机构在规定的范围内执行强制检定工作。

第十一条　被授权执行强制检定任务的机构,其相应的计量标准,应当接受计量基准或者社会公用计量标准的检定;执行强制检定的人员,必须经授权单位考核合格;授权单位应当对其检定工作进行监督。

第十二条　被授权执行强制检定任务的机构,成为计量纠纷中当事人一方时,按照《中华人民共和国计量法实施细则》的有关规定处理。

第十三条　企业、事业单位应当对强制检定的工作计量器具的使用加强管理,制定相应的规章制度,保证按照周期进行检定。

第十四条　使用强制检定的工作计量器具的任何单位或者个人,计量监督、管理人员和执行强制检定工作的计量检定人员,违反本办法规定的,按照《中华人民共和国计量法实施细则》的有关规定,追究法律责任。

第十五条　执行强制检定工作的机构,违反本办法第八条规定拖延检定期限的,应当按照送检单位的要求,及时安排检定,并免收检定费。

第十六条　国务院计量行政部门可以根据本办法和《中华人民共和国强制检定的工作计量器具目录》,制定强制检定的工作计量器具的明细目录。

第十七条　本办法由国务院计量行政部门负责解释。

第十八条　本办法自 1987 年 7 月 1 日起施行。

附录Ⅲ

中华人民共和国依法管理的计量
器具目录（型式批准部分）

（2005 年 10 月 8 日国家质量监督检验检疫总局公告 2005 年第 145 号发布）

为进一步贯彻实施《中华人民共和国计量法》《中华人民共和国行政许可法》，我局组织制定了"中华人民共和国依法管理的计量器具目录（型式批准部分）"，现予以公布，自 2006 年 5 月 1 日起施行。列入"中华人民共和国依法管理的计量器具目录（型式批准部分）"的项目要办理计量器具许可证、型式批准和进口计量器具检定。

实施强制检定的工作计量器具目录按现有规定执行。专用计量器具目录由国务院有关部门计量机构拟定，报我局审核后另行公布。医用超声源、医用激光源、医用辐射源的管理按"关于明确医用超声、激光和辐射源监督管理范围的通知"（技监局量发〔1998〕49 号）执行。

自即日起，未列入本目录的计量器具，不再办理计量器具许可证、型式批准和进口计量器具检定。

附件：中华人民共和国依法管理的计量器具目录（型式批准部分）

附件：

中华人民共和国依法管理的计量器具目录（型式批准部分）

1. 测距仪：光电测距仪、超声波测距仪、手持式激光测距仪；
2. 经纬仪：光学经纬仪、电子经纬仪；
3. 全站仪：全站型电子速测仪；
4. 水准仪：水准仪；
5. 测地型 GPS 接收机：测地型 GPS 接收机；
6. 液位计：液位计；
7. 测厚仪：超声波测厚仪、X 射线测厚仪、电涡流式测厚仪、磁阻法测厚仪、γ射线厚度计；
8. 体温计：测量人体温度的红外温度计（红外耳温计、红外人体表面温度快速筛检仪）；
9. 辐射温度计：工作用全辐射感温器、工作用辐射温度计、500℃以下工作用辐射温度计；

10. 天平：非自动天平；

11. 非自动衡器：非自动秤、非自行指示轨道衡、数字指示轨道衡；

12. 自动衡器：重力式自动装料衡器、连续累计自动衡器（皮带秤）、非连续累计自动衡器、动态汽车衡（车辆总重计量）、动态称量轨道衡、核子皮带秤；

13. 称重传感器：称重传感器；

14. 称重显示器：数字称重显示器；

15. 加油机：燃油加油机；

16. 加气机：液化石油气加气机、压缩天然气加气机；

17. 流量计：差压式流量计、速度式流量计、液体容积式流量计、转子流量计、靶式流量变送器、临界流流量计、质量流量计、气体层流流量传感器、气体腰轮流量计、明渠堰槽流量计；

18. 水表：冷水表、热水表；

19. 燃气表：膜式煤气表；

20. 热能表：热能表；

21. 风速表：轻便三杯风向风速表、轻便磁感风向风速表、电接风向风速仪；

22. 血压计和血压表：血压计、血压表；

23. 眼压计：压陷式眼压计；

24. 压力仪表：弹簧管式精密压力表和真空表、弹簧管式一般压力表、压力真空表和真空表、膜盒压力表、记录式压力表、压力真空表及真空表、轮胎压力表、压力控制器、数字压力计；

25. 压力变送器和压力传感器：压力变送器、压力传感器；

26. 氧气吸入器：浮标式氧气吸入器；

27. 材料试验机：摆锤式冲击试验机、悬臂梁式冲击试验机、轴向加荷疲劳试验机、旋转纯弯曲疲劳试验机、拉力、压力和万能试验机、非金属拉力、压力和万能试验机、电子式万能材料试验机、木材万能试验机、抗折试验机、杯突试验机、扭转试验机、高温蠕变、持久强度试验机；

28. 振动冲击测量仪：工作测振仪、公害噪声振动计、冲击测量仪、基桩动态测量仪；

29. 测速仪：机动车雷达测速仪、定角式雷达测速仪；

30. 出租汽车计价器：出租汽车计价器；

31. 接地电阻测量仪器：接地电阻表、接地导通电阻测试仪；

32. 绝缘电阻测量仪：绝缘电阻表（兆欧表）、高绝缘电阻测量仪（高阻计）；

33. 泄漏电流测量仪：泄漏电流测量仪（表）；

34. 耐电压测试仪：耐电压测试仪；

35. 电能表：交流电能表、电子式电能表、分时计度（多费率）电能表、最大需量

电能表、直流电能表;

36. 测量互感器:测量用电流互感器、测量用电压互感器;

37. 电阻应变仪:电阻应变仪;

38. 场强测量仪:干扰场强测量仪、近区电场测量仪;

39. 微波辐射与泄漏测量仪:微波辐射与泄漏测量仪;

40. 心脑电测量仪器:心电图机、脑电图机、脑电地形图仪、心电监护仪;

41. 电话计时计费器:单机型和集中管理分散计费型电话计时计费器、IC 卡公用电话计时计费装置;

42. 噪声测量分析仪器:声级计、噪声剂量计、噪声统计分析仪、个人声暴露计、倍频程和 1/3 倍频程滤波器;

43. 听力计:纯音听力计、阻抗听力计;

44. 医用超声源:超声多普勒胎儿监护仪超声源、医用超声诊断仪超声源、医用超声治疗机超声源、超声多普勒胎心仪超声源;

45. 焦度计:焦度计;

46. 验光机:验光机;

47. 照度计:紫外辐射照度计、光照度计;

48. 医用激光源:医用激光源;

49. 活度计:放射性活度计、用 152Eu 点状 γ 标准源校准锗 γ 谱仪、低本底 α、β 测量仪、α、β 和 γ 表面污染仪、γ 放射免疫计数器;

50. 环境与防护剂量(率)计:环境监测用 X、γ 辐射热释光剂量测量装置、环境监测用 X、γ 辐射空气吸收剂量率仪、辐射防护用 X、γ 辐射剂量当量(率)仪和监测仪、直读式验电器型个人剂量计、个人监测用 X、γ 辐射热释光剂量测量装置、X、γ 辐射个人报警仪、中子周围剂量当量测量仪;

51. 剂量计:治疗水平电离室剂量计、γ 射线水吸收剂量标准剂量计(辐射加工级)、γ 射线辐射加工工作剂量计、电子束辐射加工工作剂量计;

52. 医用辐射源:外照射治疗辐射源、医用诊断 X 辐射源、医用诊断计算机断层摄影装置(CT)X 射线辐射源、γ 射线辐射源(辐射加工用);

53. 测氡仪:测氡仪;

54. 热量计:氧弹热量计、水流型气体热量计、示差扫描热量计;

55. 糖量计:手持糖量计、手持折射仪;

56. 电导仪:电导仪;

57. pH 计:实验室 pH(酸度)计、船用 pH 计;

58. 分光光度计:可见分光光度计、单光束紫外-可见分光光度计、原子吸收分光光度计、双光束紫外可见分光光度计、荧光分光光度计、色散型红外分光光度计、紫外、可见、近红外分光光度计、全差示分光光度计;

59. 光谱仪:发射光谱仪、波长色散 X 射线荧光光谱仪;

60. 旋光仪:旋光仪、旋光糖量计;

61. 色谱仪:气相色谱仪、液相色谱仪、离子色谱仪、凝胶色谱仪;

62. 浊度计:浊度计;

63. 烟尘粉尘测量仪:烟尘测试仪、粉尘采样器、光散射式数字粉尘测试仪;

64. 总悬浮颗粒物采样器:总悬浮颗粒物采样器;

65. 大气采样器:大气采样器;

66. 水质分析仪:覆膜电极溶解氧测定仪、水中油份浓度分析仪、化学需氧量(COD)测定仪、氨自动分析仪、生物化学需氧量(BOD5)测量仪、硝酸根自动监测仪、总有机碳分析仪、离子计;

67. 有毒有害气体检测(报警)仪:二氧化硫气体检测仪、硫化氢气体分析仪、一氧化碳检测报警器、一氧化碳、二氧化碳红外线气体分析器、烟气分析仪、化学发光法氮氧化物分析仪;

68. 易燃易爆气体检测(报警)仪:可燃气体检测报警器、光干涉式甲烷测定器、催化燃烧式甲烷测定器、催化燃烧型氢气检测仪;

69. 汽车排放气体测试仪:汽车排放气体测试仪;

70. 烟度计:滤纸式烟度计、透射式烟度计;

71. 测汞仪:测汞仪;

72. 水分测定仪:烘干法谷物水分测定仪、电容法和电阻法谷物水分测定仪、原棉水分测定仪;

73. 呼出气体酒精含量探测器:呼出气体酒精含量探测器;

74. 光度计:火焰光度计、非色散原子荧光光度计;

75. 血细胞分析仪:血细胞分析仪。

附录 Ⅳ

强制检定的工作计量器具实施检定的有关规定(试行)

(1991 年 8 月 6 日国家技术监督局技监局量发[1991]374 号)

一、凡列入《中华人民共和国强制检定的工作计量器具目录》并直接用于贸易结算、安全防护、医疗卫生、环境监测方面的工作计量器具,以及涉及上述四个方面用于执法监督的工作计量器具必须实行强制检定。

二、根据强制检定的工作计量器具的结构特点和使用状况,强制检定采取以下两种形式:

1. 只作首次强制检定。

按实施方式分为两类:

(1)只作首次强制检定,失准报废;

(2)只作首次强制检定,限期使用,到期轮换。

2. 进行周期检定。

三、竹木直尺、(玻璃)体温计、液体量提只作首次强制检定,失准报废;直接与供气、供水、供电部门进行结算用的生活用煤气表、水表和电能表只作首次强制检定,限期使用,到期轮换。

四、竹木直尺、(玻璃)体温计、液体量提,由制造厂所在地县(市)级人民政府计量行政部门所属或授权的计量检定机构在计量器具出厂前实施全数量的首次强制检定;也可授权制造厂实施首次强制检定。当地人民政府计量行政部门必须加强监督。

使用中的竹木直尺、(玻璃)体温计、液体量提,使用单位要严格加强管理,当地县(市)级人民政府计量行政部门必须加强监督检查。

五、第三项中规定的生活用煤气表、水表和电能表,制造厂所在地政府计量行政部门必须加强对其产品质量的监督检查,其首次强制检定由供气、供水、供电的管理部门或用户在使用前向当地县(市)级人民政府计量行政部门所属或者授权的计量检定机构提出申请。合格的计量器具上应注明使用期限。

六、除本规定第三项规定的计量器具外,其他强制检定的工作计量器具均实施周期检定。

其中对非固定摊位流动商贩间断使用的杆秤,使用时必须具有有效期内的合格证,未经检定合格的杆秤,不准使用。

七、强制检定的工作计量器具的检定周期,由相应的检定规程确定。凡计量检定规程规定的检定周期作了修订的,应以修订后的检定规程为准。

八、强制检定的工作计量器具的强检形式、强检适用范围见《强制检定的工作计量器具强检形式及强检适用范围表》。

表 1　强制检定的工作计量器具强检形式及强检适用范围表

项别号	项别	种别号	种别	强检形式	强检范围及说明
1	尺	(1)	竹木直尺	只作首次强制检定,使用中的竹木直尺,不得有裂纹、弯曲,二端包头必须牢固紧附尺身,刻线应清晰,不符合上述要求的不准使用	用于贸易结算:商品长度的测量。
		(2)	套管尺	周期检定	用于贸易结算:计量罐容积的测量。
		(3)	钢卷尺	周期检定	用于贸易结算:商品长度的测量。用于安全防护:安全距离的测量。
		(4)	带锤钢卷尺	周期检定	用于贸易结算:计算罐中液体介质高度的测量。
		(5)	铁路轨距尺	周期检定	用于安全防护:铁路轨距水平、垂直距离安全参数的测量。
2	面积计	(6)	皮革面积计	周期检定	用于贸易结算:皮革面积的测量。
3	玻璃液体温度计	(7)	玻璃液体温度计	周期检定	用于贸易结算:以液体容积结算时进行的温度的测量。用于安全防护:易燃、易爆工艺过程中温度的测量。用于医疗卫生:婴儿保温箱、消毒柜、血库等温度的测量。
4	体温计	(8)	体温计:玻璃体温计、其他体温计	只作首次强制检定。使用中的玻璃体温计,汞柱显像应清楚鲜明,刻线应清晰,汞柱不应中断,不符合上述要求的不准使用。周期检定	用于医疗卫生:人体温度的测量。
5	石油闪点温度计	(9)	石油闪点温度计	周期检定	用于安全防护:石油产品闪点温度的测量。

项别号	项别	种别号	种别	强检形式	强检范围及说明
6	谷物水分测定仪	(10)	谷物水分测定仪	周期检定	用于贸易结算:谷物水分的测量。
7	热量计	(11)	热量计	周期检定	用于贸易结算:燃料发热量的测量。
8	砝码	(12)	砝码	周期检定	见天平项。
		(13)	链码	周期检定	见皮带秤项。
		(14)	增砣	周期检定	见台秤、案秤项。
		(15)	定量砣	周期检定	见杆秤、戥秤项。
9	天平	(16)	天平	周期检定	用于贸易结算:商品及涉及商品定等定价质量的测量。 用于安全防护:有害物质样品质量的测量。 用于医疗卫生:临床分析及药品、食品质量的测量。 用于环境监测:环境样品质量的测量。
10	秤	(17)	杆秤	周期检定(流动商贩间断使用的杆秤,在使用时必须在有效期内的合格证)	用于贸易结算:商品的称重。
		(18)	戥秤	周期检定	用于贸易结算:用于医疗卫生:药品的称重。
		(19)	案秤	周期检定	用于贸易结算:商品的称重。
		(20)	台秤	周期检定	用于贸易结算:商品的称重。
		(21)	地秤	周期检定	用于贸易结算:商品的称重。
		(22)	皮带秤	周期检定	用于贸易结算:商品的称重。
		(23)	吊秤	周期检定	用于贸易结算:商品的称重。
		(24)	电子秤	周期检定	用于贸易结算:商品的称重。 用于安全防护:车辆轮载、轴载的称重。 用于医疗卫生:药品的称重。 用于环境监测:环境样品的称重。
		(25)	台秤	周期检定	用于贸易结算:包裹、行李的称重。

续表

项别号	项别	种别号	种别	强检形式	强检范围及说明
10	秤	(26)	台秤	周期检定	用于贸易结算:信函、包裹的称重。
		(27)	台秤	周期检定	用于贸易结算:商品、包裹、行李的称重。
		(28)	台秤	周期检定	用于贸易结算:粮食的称重。
11	定量包装机	(29)	台秤	周期检定	用于贸易结算:商品定量包装量值的测量。
		(30)	台秤	周期检定	用于贸易结算:商品定量罐装量值的测量。
12	轨道衡	(31)	轨道衡	周期检定	用于贸易结算:商品的称重。
13	容量器	(32)	谷物容量器	周期检定	用于贸易结算:谷物收购时定等定价每升重量的测量。
14	计量罐、计量罐车	(33)	立式计量罐	周期检定	用于贸易结算:液体容积的测量。
		(34)	卧式计量罐	周期检定	用于贸易结算:液体容积的测量。
		(35)	球形计量罐	周期检定	用于贸易结算:液体、气体容积的测量。
		(36)	汽车计量罐车	周期检定	用于贸易结算:液体容积的测量。
		(37)	铁路计量罐车	周期检定	用于贸易结算:液体容积的测量。
		(38)	船舶计量舱	周期检定	用于贸易结算:原油、成品油及其他液体或固体容积的测量。
15	燃油加油机	(39)	燃油加油机	周期检定	用于贸易结算:成品油容积的测量。
16	液体量提	(40)	液体量提	只作首次强制检定。使用中的液体计量提,口部应平整光滑,壳体应平坦,整体无变形,不符合上述要求的不准使用。	用于贸易结算:液体商品容积的测量。
17	食用油售油机	(41)	食用油售油机	周期检定	用于贸易结算:食用油的称重。

续表

项别号	项别	种别号	种别	强检形式	强检范围及说明
18	酒精计	(42)	酒精计	周期检定	用于贸易结算:酒精含量的测量。
19	密度计	(43)	密度计	周期检定	用于贸易结算:液体密度的测量。
20	糖量计	(44)	糖量计	周期检定	用于贸易结算:制糖原料含糖量的测量。
21	乳汁计	(45)	乳汁计	周期检定	用于贸易结算:乳汁浓度和密度的测量。
22	煤气表	(46)	煤气表:工业用煤气表 生活用煤气表	周期检定 只作首次强制检定。使用期限不得超过6年(天然气为介质的不得超过十年),到期轮换。	用于贸易结算:煤气(天然气)用量的测量。
23	水表	(47)	水表:工业用水表　生活用水表	周期检定　只作首次强制检定。使用期限不得超过6年(口径为15—25mm)、4年(口径>25—50mm),到期轮换。	用于贸易结算:用水量的测量(如:冷水表、热水表)。
24	流量表	(48)	液体流量计	周期检定	用于贸易结算:液体流量的测量。 用于环境监测:排放污水的监测。
		(49)	气体流量计	周期检定	用于贸易结算:气体流量的测量。 用于医疗卫生:医用氧气瓶氧气流量的测量。
		(50)	蒸气流量计	周期检定	用于贸易结算:蒸汽流量的测量。
25	压力表	(51)	压力表	周期检定	用于安全防护: 1.锅炉主气缸和给水压力部位的测量; 2.固定式空压机风仓及总管压力的测量; 3.发电机、汽轮机油压及机车压力的测量;

项别号	项别	种别号	种别	强检形式	强检范围及说明
25	压力表	(51)	压力表	周期检定	4.医用高压灭菌器、高压锅压力的测量； 5.带报警装置压力的测量； 6.密封增压容器压力的测量； 7.有害、有毒、腐蚀性严重介质压力的测量(如：弹簧管压力表、电远传和电接点压力表)。
		(52)	风压表	周期检定	用于安全防护：矿井中巷道风压、风速的测量(如：矿用风压表、矿用风速表)。
		(53)	氧气表	周期检定	用于安全防护： 1.在灌装氧气瓶过程中氧气监控压力的测量； 2.在工艺过程中易爆、影响安全的氧气压力的测量。 用于医疗卫生：医院输氧用浮标式氧气吸入器和供氧装置上氧气压力的测量。
26	血压计	(54)	血压计	周期检定	用于医疗卫生：人体血压的测量。
		(55)	血压表	周期检定	用于医疗卫生：人体血压的测量。
27	眼压计	(56)	眼压计	周期检定	用于医疗卫生：人体眼压的测量。
28	汽车里程表	(57)	汽车里程表	周期检定	用于贸易结算：汽车计价里程的测量。
29	出租车计价表	(58)	出租车计价表	周期检定	用于贸易结算：汽车计价里程的测量。
30	测速仪	(59)	公路管理速度监测仪	周期检定	用于安全防护：机动车行驶速度的监测。

续表

项别号	项别	种别号	种别	强检形式	强检范围及说明
31	测振仪	(60)	振动监测仪	周期检定	用于安全防护:用于环境监测:机械、电气等设备和危害人身安全健康的振源的监测。
32	电能表	(61)	单项电能表:工业用单项电能表生活用单项电能表。	周期检定只作首次检定,使用期限不得超过 5 年(单宝石轴承)、10 年(双宝石轴承),到期更换。	用于贸易结算:用电量的测量。
		(62)	三项电能表	周期检定	用于贸易结算:用电量的测量。
		(63)	分时记度电能表	周期检定	用于贸易结算:用电量的测量。
33	测量互感仪	(64)	电流互感器	周期检定	用于贸易结算:作为电能表的配套设备,对用电量的测量。
		(65)	电压互感器	周期检定	用于贸易结算:作为电能表的配套设备,对用电量的测量。
34	绝缘电阻、接地电阻测量仪	(66)	绝缘电阻测量仪	周期检定	用于安全防护:绝缘电阻值的测量。
		(67)	接地电阻测量仪	周期检定	用于安全防护:电气设备、避雷设施等接地电阻值的测量。
35	场强计	(68)	场强计	周期检定	用于安全防护和用于环境监测:空间电磁波场强的测量。
36	心、脑电图仪	(69)	心电图仪	周期检定	用于医疗卫生:人体心电位的测量。
		(70)	脑电图仪	周期检定	用于医疗卫生:人体脑电位的测量。
37	照射量计(含医用辐射源)	(71)	照射量计	周期检定	用于安全防护、用于医疗卫生和用于环境监测:电离辐射照射量的测量。
		(72)	医用辐射源	周期检定	用于医疗卫生:对人体进行辐射诊断和治疗(如:医用高能电子束辐射源、X 辐射源、γ 辐射源)。

项别号	项别	种别号	种别	强检形式	强检范围及说明
38	电离辐射防护仪	(73)	射线监测仪	周期检定	用于安全防护： 用于环境监测：射线剂量的测量（如：γ、X、β 辐射防护仪、环境监测用 X、γ 空气吸收剂量仪、环境监测用热释光剂量计）。
		(74)	照射量率仪	周期检定	用于安全防护：用于环境监测：射线照射量率的测量。
		(75)	放射性表面污染仪	周期检定	用于安全防护和用于环境监测：放射性核素污染表面活度的测量。
		(76)	个人量计	周期检定	用于安全防护：工作人员接受辐射剂量的测量。
39	活度计	(77)	活度计	周期检定	用于医疗卫生：以放射性核素进行诊断和治疗的核素活度的测量。 用于安全防护和用于环境监测：放射性核素活度的测量。
40	激光能量功率计（含医用激光源）	(78)	激光能量计	周期检定	用于医疗卫生：激光能量的测量。
		(79)	激光功率计	周期检定	用于医疗卫生：激光功率的测量。
		(80)	医用激光源	周期检定	用于医疗卫生：激光源对人体进行诊断和治疗。
41	超声功率计（含医用超声源）	(81)	超声功率计	周期检定	用于医疗卫生：医用超声波诊断、治疗机输出的总超声功率的测量。
		(82)	医用超声源	周期检定	用于医疗卫生：对人体超声诊断和治疗（如：超声诊断仪超声源,超声治疗机超声源,多普勒超声治疗诊断仪）。
42	声级计	(83)	声级计	周期检定	用于安全防护：用于环境监测：噪声的测量。

续表

项别号	项别	种别号	种别	强检形式	强检范围及说明
43	听力计	(84)	听力计	周期检定	用于医疗卫生:人体听力的测量。
44	有害气体分析仪	(85)	CO分析仪	周期检定	用于安全防护:工作场所中凹含量的测量。 用于环境监测:大气中 CO 含量的测量。
		(86)	CO_2分析仪	周期检定	用于安全防护:工作场所中 CO_2 含量的测量。 用于环境监测:大气中 CO_2 含量的测量。
		(87)	SO_2分析仪	周期检定	用于环境监测:大气及废气排放中的 SO_2 含量的测量。
		(88)	测氢仪	周期检定	用于安全防护:工作场所中氢含量的测量。
		(89)	硫化氢测定仪	周期检定	用于安全防护:工作场所中硫化氢含量的测量。 用于环境监测:大气中硫化氢含量的测量。
45	酸度计	(90)	酸度计	周期检定	用于贸易结算:涉及商品定等定价中 pH 的测量。 用于医疗卫生:临床分析及药品、食品中 pH 的测量。 用于环境监测:环境样品中的 pH 的测量。
		(91)	血气酸碱平衡分析仪	周期检定	用于医疗卫生:人体血气酸碱平衡的分析。
46	瓦斯计	(92)	瓦斯报警器	周期检定	用于安全防护:可燃气体含量的测量(如:瓦斯报警器、可燃性气体报警器)。
		(93)	瓦斯报测定仪	周期检定	用于安全防护:可燃气体含量的测量。
47	测汞仪	(94)	汞蒸气测定仪	周期检定	用于安全防护:工作场所中汞蒸气含量的测量。 用于环境监测:环境样品中汞蒸气含量的测量。

项别号	项别	种别号	种别	强检形式	强检范围及说明
48	火焰光度计	(95)	火焰光度计	周期检定	用于贸易结算:涉及商品定等定价中化学成分的测量。用于医疗卫生:临床分析及药品、食品中化学成分的测量。用于环境监测:环境样品中化学成分的测量。
49	分光光度计	(96)	可见分光光度计	周期检定	用于贸易结算:涉及商品定等定价中化学成分的测量。用于医疗卫生:临床分析及药品、食品中化学成分的测量。用于环境监测:环境样品中化学成分的测量。
		(97)	紫外分光光度计	周期检定	用于贸易结算:涉及商品定等定价中化学成分的测量。用于医疗卫生:临床分析及药品、食品中化学成分的测量。用于环境监测:环境样品中化学成分的测量。
		(98)	红外分光光度计	周期检定	用于贸易结算:涉及商品定等定价中化学成分的测量。用于医疗卫生:临床分析及药品、食品中化学成分的测量。用于环境监测:环境样品中化学成分的测量。
		(99)	荧光分光光度计	周期检定	用于贸易结算:涉及商品定等定价中化学成分的测量。用于医疗卫生:临床分析及药品、食品中化学成分的测量。用于环境监测:环境样品中化学成分的测量。

续表

项别号	项别	种别号	种别	强检形式	强检范围及说明
49	分光光度计	(100)	原子吸收分光光度计	周期检定	用于贸易结算:涉及商品定等定价中化学成分的测量。 用于医疗卫生:临床分析及药品、食品中化学成分的测量。 用于环境监测:环境样品中化学成分的测量。
50	比色计	(101)	滤光光电比色计	周期检定	用于贸易结算:涉及商品定等定价中化学成分的测量。 用于医疗卫生:临床分析及药品、食品中化学成分的测量。 用于环境监测:环境样品中化学成分的测量。
		(102)	荧光光电比色计	周期检定	用于贸易结算:涉及商品定等定价中化学成分的测量。 用于医疗卫生:临床分析及药品、食品中化学成分的测量。 用于环境监测:环境样品中化学成分的测量。
51	烟尘、粉尘测量仪	(103)	烟尘测量仪	周期检定	用于环境监测:大气中烟尘含量的测量。
		(104)	粉尘测量仪	周期检定	用于安全防护:工作场所易燃、易爆、有毒、有害粉尘含量的测量。 用于环境监测:大气中粉尘含量的测量。
52	水质污染监测仪	(105)	水质监测仪	周期检定	用于医疗卫生: 用于环境监测:工业水和饮用水中镉、汞等元素的测量(如:氨自动监测仪,硝酸根自动监测仪,钠离子监测仪,测砷仪,氧化物测定仪,余氯测定仪,总有机碳测定仪,氟化物测定仪,水质采样器,需氧量测定仪)。

项别号	项别	种别号	种别	强检形式	强检范围及说明
52	水质污染监测仪	(106)	水质综合分析仪	周期检定	用于医疗卫生： 用于环境监测：工业水和饮用水中镉、汞等元素含量的测量。
		(107)	测氰仪	周期检定	用于医疗卫生： 用于环境监测：工业水和饮用水中氰化物含量的测量。
		(108)	容氧测定仪	周期检定	用于医疗卫生： 用于环境监测：工业水和饮用水中氧含量的测量。
53	呼出气体酒精含量探测器	(109)	呼出气体酒精含量探测器	周期检定	用于安全防护：对机动车司机是否酒后开车的监测。
54	血球计数器	(110)	电子血球计数器	周期检定	用于医疗卫生：人体血液的分析。
55	屈光度计	(111)	屈光度计	周期检定	用于医疗卫生：眼镜镜片屈光度的测量。

附录 V

制造、修理计量器具许可监督管理办法

（2007 年 12 月 29 日国家质量监督检验检疫总局令第 104 号发布）

第一章　总　　则

第一条　为了规范制造、修理计量器具许可活动，加强制造、修理计量器具许可监督管理，确保计量器具量值准确，根据《中华人民共和国计量法》及其实施细则、《中华人民共和国行政许可法》等法律、行政法规，制定本办法。

第二条　在中华人民共和国境内，以销售为目的制造计量器具，以经营为目的修理计量器具，以及实施监督管理，应当遵守本办法。

第三条　本办法所称计量器具是指列入《中华人民共和国依法管理的计量器具目录（型式批准部分）》的计量器具。

第四条　制造、修理计量器具的单位或个人，必须具备相应的条件，并经质量技术监督部门（以下简称质监部门）考核合格，取得制造计量器具许可或者修理计量器具许可。

第五条　国家质量监督检验检疫总局（以下简称国家质检总局）统一负责全国制造、修理计量器具许可监督管理工作。

省级质监部门负责本行政区域内制造、修理计量器具许可监督管理工作。

市、县级质监部门在省级质监部门的领导和监督下负责本行政区域内制造、修理计量器具许可监督管理工作。

第六条　制造、修理计量器具许可监督管理应当遵循科学、高效、便民的原则。

第二章　申请与受理

第七条　申请制造、修理计量器具许可，应当具备以下条件：

（一）具有与所制造、修理计量器具相适应的技术人员和检验人员；

（二）具有与所制造、修理计量器具相适应的固定生产场所及条件；

（三）具有保证所制造、修理计量器具量值准确的检验条件；

（四）具有与所制造、修理计量器具相适应的技术文件；

（五）具有相应的质量管理制度和计量管理制度。

申请制造计量器具许可的,还应当按照规定取得计量器具型式批准证书,并具有提供售后技术服务的条件和能力。

第八条 申请制造、修理计量器具许可应当提交申请书以及能够证明符合本办法第七条规定要求的有关材料。

第九条 申请制造属于国家质检总局规定重点管理范围内的计量器具,应当向所在地省级质监部门提出申请。申请制造其他计量器具,应当向所在地省级质监部门或者所在地省级质监部门依法确定的市、县级质监部门提出申请。

申请修理计量器具应当向所在地县级质监部门提出申请。

第十条 质监部门应当按照有关规定对申请材料进行审查并作出是否受理的决定。申请材料不齐全或者不符合法定形式的,应当当场或者 5 日内一次告知申请人需要补正的全部内容。

第十一条 质监部门以及其他有关单位不得另行附加任何条件,限制申请取得制造、修理计量器具许可。

第三章　核准与发证

第十二条 受理申请的质监部门应当及时聘请考评员组成考核组对申请人实施现场考核。

考核组应当严格按照有关规定进行考核,并向受理申请的质监部门提交现场考核报告。

第十三条 受理申请的质监部门应当根据现场考核报告,自受理申请之日起20 日内作出是否核准的决定。作出核准决定的,应当自作出核准决定之日起 10日内向申请人颁发制造、修理计量器具许可证;作出不予核准决定的,应当书面告知申请人,并说明理由。

第十四条 制造、修理计量器具许可只对经批准的计量器具名称、型号等项目有效。

新增制造、修理项目的,应当另行办理新增项目制造、修理计量器具许可。

第十五条 制造量程扩大或者准确度提高等超出原有许可范围的相同类型计量器具新产品,或者因有关技术标准和技术要求改变导致产品性能发生变更的计量器具的,应当另行办理制造计量器具许可;其有关现场考核手续可以简化。

第十六条 因制造或修理场地迁移、检验条件或技术工艺发生变化、兼并或重组等原因造成制造、修理条件改变的,应当重新办理制造、修理计量器具许可。

第十七条 质监部门应当按照规定将申请材料和考核报告等有关许可资料进行整理归档。

前款规定的档案保存期限为自作出核准决定之日起 5 年。

第四章　证书和标志

第十八条　制造、修理计量器具许可有效期为 3 年。

有效期届满,需要继续从事制造、修理计量器具的,应当在有效期届满 3 个月前,向原准予制造、修理计量器具许可的质监部门提出复查换证申请。原准予制造、修理计量器具许可的质监部门应当按照本办法第三章有关规定进行复查换证考核。

第十九条　制造、修理计量器具的单位或个人更名、兼并、重组但未造成制造、修理条件改变的,应当向原准予制造、修理计量器具许可的质监部门提交证明材料,办理许可证变更手续。

第二十条　取得制造、修理计量器具许可的单位或个人应当妥善保管许可证书。

证书遗失或者损毁的,应当向原准予制造、修理计量器具许可的质监部门申请补办。

第二十一条　取得制造计量器具许可的,应当在其产品的明显部位(或铭牌)、使用说明书和包装上标注国家统一规定的制造计量器具许可证标志和编号。受产品表面面积限制而难以标注的,可以仅在使用说明书和包装上标注制造计量器具许可证标志和编号。

取得修理计量器具许可的,应当在修理合格证上标注国家统一规定的修理计量器具许可证标志和编号。

第二十二条　采用委托加工方式制造计量器具的,被委托方应当取得与委托加工产品项目相应的制造计量器具许可,并与委托方签订书面委托合同。

委托加工的计量器具,应当标注被委托方的制造计量器具许可证标志和编号。

第二十三条　销售计量器具的,应当查验制造计量器具许可证书及其标志和编号。

第二十四条　任何单位和个人不得伪造、冒用制造、修理计量器具许可证书及其标志和编号。

取得制造、修理计量器具许可的单位或个人不得变造、倒卖、出租、出借或者以其他方式非法转让其证书及其标志和编号。

第二十五条　制造、修理计量器具许可证书及其标志的式样和编号方法,由国家质检总局规定并公布。

第五章　监　督　管　理

第二十六条　任何单位和个人未取得制造、修理计量器具许可,不得制造、修理计量器具。

　　任何单位和个人不得销售未取得制造计量器具许可的计量器具。

　　第二十七条　各级质监部门应当对取得制造、修理计量器具许可单位和个人实施监督管理,对制造、修理计量器具质量实施监督检查。

　　第二十八条　有下列情形之一的,原准予制造、修理计量器具许可的质监部门应当撤回其制造、修理计量器具许可:

　　(一)制造、修理计量器具许可依据的法律、法规、规章修改或者废止导致许可被终止的;

　　(二)准予制造、修理计量器具许可所依据的客观情况发生重大变化导致许可被终止的;

　　(三)计量器具列入国家决定淘汰或者禁止生产的产品目录的;

　　(四)其他依法应当撤回制造、修理计量器具许可的。

　　第二十九条　有下列情形之一的,原准予制造、修理计量器具许可的质监部门或者其上级质监部门可以撤销其制造、修理计量器具许可:

　　(一)滥用职权、玩忽职守作出准予制造、修理计量器具许可决定的;

　　(二)超越法定职权作出准予制造、修理计量器具许可决定的;

　　(三)违反法定程序作出准予制造、修理计量器具许可决定的;

　　(四)对不具备申请资格或者不符合法定条件的申请人准予制造、修理计量器具许可的;

　　(五)其他依法可以撤销制造、修理计量器具许可的。

　　被许可人以欺骗、贿赂等不正当手段取得制造、修理计量器具许可的,应当予以撤销。

　　依照前两款的规定撤销制造、修理计量器具许可,可能对公共利益造成重大损害的,不予撤销。

　　第三十条　各级质监部门发现存在撤回、撤销许可情形的,应当按照有关规定调查取证,提出撤回、撤销许可意见,并按有关规定逐级上报准予制造、修理计量器具许可的质监部门处理。

　　第三十一条　作出撤回、撤销许可决定前,质监部门应当告知被许可人有关事实、理由和处理意见,听取其陈述和申辩。

　　对被许可人提出的陈述和申辩,质监部门应当进行核实;陈述和申辩成立的,质监部门应当予以采纳。

　　第三十二条　有下列情形之一的,原准予制造、修理计量器具许可的质监部门应当注销其许可:

　　(一)因不可抗力导致许可事项无法实施的;

　　(二)取得制造、修理计量器具许可的单位依法终止的;

(三)取得制造、修理计量器具许可的个人死亡或者丧失行为能力的;

(四)制造、修理计量器具许可有效期届满未延续的;

(五)制造、修理计量器具许可依法被撤回、撤销,或者许可证依法被吊销的;

(六)其他依法应当注销制造、修理计量器具许可的。

第三十三条 准予制造、修理计量器具许可的质监部门应当及时公告许可核准、变更、注销等有关情况,并将有关情况逐级上报省级质监部门。

第三十四条 省级质监部门应当定期公布取得制造、修理计量器具许可的单位和个人名单,并报国家质检总局备案。

第三十五条 各级质监部门在监督管理和检查工作中不得滥用职权、玩忽职守、徇私舞弊,不得妨碍制造、修理计量器具单位或个人正常生产活动。

第三十六条 各级质监部门及相关人员应当保守在制造、修理计量器具监督管理和检查工作中所知悉的商业秘密和技术秘密。

第六章 法 律 责 任

第三十七条 未取得制造、修理计量器具许可,擅自从事计量器具制造、修理活动的,依照《中华人民共和国计量法实施细则》第四十七条规定予以处罚。

第三十八条 有下列行为之一的,责令限期办理许可;逾期未办理的,依照《中华人民共和国计量法实施细则》第四十七条规定予以处罚:

(一)违反本办法第十四条第二款规定,未另行办理新增项目制造、修理计量器具许可,擅自制造、修理新增项目计量器具的;

(二)违反本办法第十五条规定,未另行办理制造计量器具许可,擅自制造计量器具的;

(三)违反本办法第十六条规定,未重新办理制造、修理计量器具许可,擅自制造、修理计量器具的。

第三十九条 违反本办法第十九条规定,取得制造、修理计量器具许可的单位或个人应当办理许可证变更手续而未办理的,予以警告,并责令限期改正;逾期不改的,处1万元以下罚款。

第四十条 违反本办法规定,未标注或者未按规定标注制造、修理计量器具许可证标志和编号的,予以警告,并责令限期改正;逾期不改的,处3万元以下罚款。

第四十一条 委托未取得与委托加工产品项目相应的制造计量器具许可的单位或个人加工计量器具的,予以警告,并处3万元以下罚款。

被委托单位或个人未取得与委托加工产品项目相应的制造计量器具许可而接受委托、制造计量器具的,依照本办法第三十七条规定予以处罚。

第四十二条 违反本办法第二十四条规定,构成有关法律法规规定的违法行为的,依照有关法律法规规定追究相应责任;未构成有关法律法规规定的违法行为的,予以警告,并处 3 万元以下罚款。

第四十三条　违反本办法第二十六条第二款规定,销售未取得制造、修理计量器具许可的产品的,予以警告,并处 3 万元以下罚款。

第四十四条　制造、销售计量器具经县级以上质监部门监督抽查不合格的,依照有关法律法规规定处理。

第四十五条　以欺骗、贿赂等不正当手段取得制造、修理计量器具许可的,应当按照本办法第二十九条第二款规定作出处理,并处 3 万元以下罚款。

第四十六条　从事制造、修理计量器具许可监督管理的国家工作人员滥用职权、玩忽职守、徇私舞弊,情节轻微的,依法予以行政处分;构成犯罪的,依法追究刑事责任。

第四十七条　本办法规定的行政处罚由县级以上地方质监部门在职权范围内依法决定。

第七章　附　　则

第四十八条　制造、修理计量器具许可收费,按照国家有关规定执行。

第四十九条　制造、修理计量器具许可考评员与考核组的组织管理以及现场考核依照有关规定执行。

第五十条　本办法由国家质检总局负责解释。

第五十一条　本办法自 2008 年 5 月 1 日起施行。1999 年 2 月 14 日原国家质量技术监督局发布的《制造、修理计量器具许可证监督管理办法》同时废止。

附录 Ⅵ

计量器具新产品管理办法

(2005 年 5 月 20 日国家质量监督检验检疫总局令第 74 号发布)

第一章 总 则

第一条 根据《中华人民共和国计量法》和《中华人民共和国计量法实施细则》的有关规定,制定本办法。

第二条 在中华人民共和国境内,任何单位或个体工商户(以下简称单位)制造以销售为目的的计量器具新产品,必须遵守本办法。

计量器具新产品是指本单位从未生产过的计量器具,包括对原有产品在结构、材质等方面做了重大改进导致性能、技术特征发生变更的计量器具。

第三条 本办法适用的计量器具范围,是指列入《中华人民共和国依法管理的计量器具目录》(以下简称《目录》)的装置、仪器仪表和量具。

标准物质新产品,按《标准物质管理办法》执行。

第四条 凡制造计量器具新产品,必须申请型式批准。型式批准是指质量技术监督部门对计量器具的型式是否符合法定要求而进行的行政许可活动,包括型式评价、型式的批准决定。型式评价是指为确定计量器具型式是否符合计量要求、技术要求和法制管理要求所进行的技术评价。

第五条 国家质量监督检验检疫总局(以下简称国家质检总局)负责统一监督管理全国的计量器具新产品型式批准工作。省级质量技术监督部门负责本地区的计量器具新产品型式批准工作。

列入国家质检总局重点管理目录的计量器具,型式评价由国家质检总局授权的技术机构进行;《目录》中的其他计量器具的型式评价由国家质检总局或省级质量技术监督部门授权的技术机构进行。

第二章 型式批准的申请

第六条 单位制造计量器具新产品,在申请制造计量器具许可证前,应向当地省级质量技术监督部门申请型式批准。

申请型式批准应递交申请书以及营业执照等合法身份证明。

第七条　受理申请的省级质量技术监督部门,自接到申请书之日起在 5 个工作日内对申请资料进行初审,初审通过后,依照本办法第五条的规定委托技术机构进行型式评价,并通知申请单位。

第八条　承担型式评价的技术机构,根据省级质量技术监督部门的委托,在 10 个工作日内与申请单位联系,做出型式评价的具体安排。

第九条　申请单位应向承担型式评价的技术机构提供试验样机,并递交以下技术资料:

(一)样机照片;

(二)产品标准(含检验方法);

(三)总装图、电路图和主要零部件图;

(四)使用说明书;

(五)制造单位或技术机构所做的试验报告。

第三章　型式评价

第十条　承担型式评价的技术机构必须具备计量标准、检测装置以及场地、工作环境等相关条件,按照《计量授权管理办法》取得国家质检总局或省级质量技术监督部门的授权,方可开展相应的型式评价工作。

第十一条　承担型式评价的技术机构必须全面审查申请单位提交的技术资料,并根据国家质检总局制定的型式评价技术规范拟定型式评价大纲。型式评价大纲由承担型式评价技术机构的技术负责人批准。

型式评价应按照型式评价大纲进行。国家计量检定规程中已经规定了型式评价要求的,按规程执行。

第十二条　型式评价一般应在 3 个月内完成。型式评价结束后,承担型式评价的技术机构将型式评价结果报委托的省级质量技术监督部门,并通知申请单位。

第十三条　型式评价过程中发现计量器具存在问题的,由承担型式评价的技术机构通知申请单位,可在 3 个月内进行一次改进;改进后,送原技术机构继续进行型式评价。申请单位改进计量器具的时间不计入型式评价时限。

第十四条　承担型式评价的技术机构在型式评价后,应将全部样机、需要保密的技术资料退还申请单位,并保留有关资料和原始记录,保存期不少于 3 年。

第四章　型式批准

第十五条　省级质量技术监督部门应在接到型式评价报告之日起 10 个工作日内,根据型式评价结果和计量法制管理的要求,对计量器具新产品的型式进行审查。经审查合格的,向申请单位颁发型式批准证书;经审查不合格的,发给不予行政许可决定书。

第十六条　对已经不符合计量法制管理要求和技术水平落后的计量器具,国家质检总局可以废除原批准的型式。

任何单位不得制造已废除型式的计量器具。

第五章　型式批准的监督管理

第十七条　承担型式评价的技术机构,对申请单位提供的样机和技术文件、资料必须保密。违反规定的,应当按照国家有关规定,赔偿申请单位的损失,并给予直接责任人员行政处分;构成犯罪的,依法追究刑事责任。

技术机构出具虚假数据的,由国家质检总局或省级质量技术监督部门撤销其授权型式评价技术机构资格。

第十八条　任何单位制造已取得型式批准的计量器具,不得擅自改变原批准的型式。对原有产品在结构、材质等方面做了重大改进导致性能、技术特征发生变更的,必须重新申请办理型式批准。地方质量技术监督部门负责进行监督检查。

第十九条　申请单位对型式批准结果有异议的,可申请行政复议或提出行政诉讼。

第二十条　制造、销售未经型式批准的计量器具新产品的,由地方质量技术监督部门按照《中华人民共和国计量法》及其实施细则和《计量违法行为处罚细则》的有关规定予以行政处罚。

第六章　附　　则

第二十一条　进口计量器具型式批准,按照《中华人民共和国进口计量器具监督管理办法》执行。

第二十二条　与本办法有关的申请书、型式批准证书、型式批准标志和编号的式样,由国家质检总局统一规定。

第二十三条　申请型式批准、型式评价,应按规定缴纳费用。

第二十四条　本办法由国家质检总局负责解释。

第二十五条　本办法自 2005 年 8 月 1 日起施行。1987 年 7 月 10 日原国家计量局颁布的《计量器具新产品管理办法》([87]量局法字第 231 号)同时废止。

附录Ⅶ

中华人民共和国国家标准
自动轨道衡

Automatic Rail-Weighbridges
(OIML R106-1:Automatic Rail-Weighbridges,Part1:
Metrological and Technical Requirement-Test MOD)

GB/T 11885—2015
代替 GB/T11885—1999

1. 范围

本标准规定了自动轨道衡(以下简称"轨道衡")的术语、计量要求、技术要求和试验与检验方法以及包装、标志、运输、贮存。

本标准适用于标准轨距、通过动态称量方式确定铁路货车重量的轨道衡(包括轴称量、转向架称量和整车称量)。其他轨距、称量范围和准确度等级的轨道衡可参照使用本标准;不断轨自动轨道衡、轨垫传感器自动轨道衡以及钢轨传感器自动轨道衡也可参照使用本标准。

2. 规范性引用文件

下列文件对于本标准的应用是必不可少的。凡是注日期的引用文件,仅注日期的版本适用于本标准。凡是不注日期的引用文件,其最新版本(包括所有的修改单)适用于本标准。

《包装储运图示标志》(GB/T 191—2008,ISO 780:1997,MOD)

《电工电子产品环境试验 第2部分:试验方法 试验A:低温》(GB/T 2423.1—2008,IEC 60068-2-1:2007,IDT)

《电工电子产品环境试验 第2部分:试验方法 试验B:高温》(GB/T 2423.2—2008,IEC 60068-2-2:2007,IDT)

《电工电子产品环境试验 第2部分:试验方法 试验Cab:恒定湿热试验》(GB/T 2423.3—2006,IEC 60068-2-78:2001,IDT)

《电工电子产品环境试验高温低温试验导则》(GB/T 2424.1—2005,IEC 60068-3-1:1974,IDT)

《电工电子产品环境试验湿热试验导则》(GB/T 2424.2—2005,IEC 60068-3-4:2001，IDT)

《计算机场地通用规范》(GB/T 2887)

《厚钢板超声波检验方法》(GB/T 2970)

《金属熔化焊焊接接头射线照相》(GB/T 3323—2005,EN 1435:1997,MOD)

《铸钢件射线照相检测》(GB/T 5677—2007,ISO 4993:1987,IDT)

《铸钢件超声检测 第1部分:一般用途铸钢件》(GB/T 7233.1—2009,ISO 4992-1:2006，MOD)

《铸钢件超声检测 第2部分:高承压铸钢件》(GB/T 7233.2—2010，ISO 4992-2:2006,MOD)

《称重传感器》(GB/T 7551—2008,OIML R60:2000，MOD)

《电子称重仪表》(GB/T 7724)

《数值修约规则与极限数值的表示和判定》(GB/T 8170)

《涂覆涂料前钢材表面处理 表面清洁度的目视评定 第1部分:未涂覆过的钢材表面和全面清除原有涂层后的钢材表面的锈蚀等级和处理等级》(GB/T 8923.1—2011,ISO 8501-1:2007，IDT)

《焊缝无损检测 超声检测 技术、检测等级和评定》(GB/T 11345—2013,ISO 17640:2010，MOD)

《机电产品包装通用技术条件》(GB/T 13384)

《电子衡器安全要求》(GB 14249.1)

《衡器术语》(GB/T 14250)

《轻工机械通用技术条件》(GB/T 14253—2008)

《电子设备机柜通用技术条件》(GB /T 15395)

《电磁兼容 试验和测量技术抗扰度试验总论》(GB/T 17626.1—2006,IEC 61000-4-1:2000,IDT)

《电磁兼容 试验和测量技术静电放电抗扰度试验》(GB/T 17626.2—2006,IEC 61000-4-2:2001,IDT)

《电磁兼容 试验和测量技术射频电磁场辐射抗扰度试验》(GB/T 17626.3—2006,IEC 61000-4-3:2002，IDT)

《电磁兼容 试验和测量技术电快速瞬变脉冲群抗扰度试验》(GB/T 17626.4—2008,IEC 61000-4-4:2004,IDT)

《电磁兼容 试验和测量技术浪涌(冲击)抗扰度试验》(GB/T 17626.5—2008,IEC 61000-4-5:2005,IDT)

《电磁兼容 试验和测量技术射频场感应的传导骚扰抗扰度》(GB/T 17626.6—2008,IEC 61000-4-6:2006,IDT)

《电磁兼容 试验和测量技术电压暂降、短时中断和电压变化的抗扰度试验》(GB/T 17626.11—2008,IEC 61000-4-11:2004,IDT)

《电磁兼容 环境 公用供电系统低频传导骚扰及信号传输的电磁环境》(GB/Z 18039.5—2008,IEC 61000-2-1:1990,IDT)

《衡器产品型号编制方法 》(GB/T 26389)

《轻工机械 焊接件通用技术条件》(QB/T 1588.1)

《轻工机械 切削加工件通用技术条件》(QB/T 1588.2)

《轻工机械 装配通用技术条件》(QB/T 1588.3)

《轻工机械 涂漆通用技术条件》(QB/T 1588.4)

《焊缝磁粉检验方法和缺陷磁痕的分级》(JB/T 6061)

《计量器具软件测评指南》(JJF 1182)

《轨道衡检衡车》(JJG 567)

3. 术语和定义

GB/T 14250 界定的以及下列术语和定义适用于本文件。

3.1　自动轨道衡(automatic rail-weighbridges)

按预定程序对行进中的铁路货车进行称量,具有对称量数据进行处理、判断、指示和打印等功能的一种自动衡器。

3.2　断轨自动轨道衡(automatic rail-weighbridges of broken rail)

有效称量区的钢轨与两端的引轨无刚性连接的自动轨道衡。

3.3　不断轨自动轨道衡(automatic rail-weighbridges of non-breaking rail)

有效称量区的钢轨与两端的引轨采用整根钢轨的自动轨道衡。

3.4　轨垫传感器自动轨道衡(automatic rail-weighbridges of rail pad load cell)

钢轨直接安装在轨垫传感器上,无其他钢结构承载器的自动轨道衡。

3.5　钢轨传感器自动轨道衡(automatic rail-weighbridges of rail load cell)

以钢轨作为弹性体,将传感器直接安装于钢轨的自动轨道衡。

3.6　控制衡器(control instrument)

通过静态称量确定参考车辆质量的衡器。

—— 使用受试衡器作为控制衡器的称为集成控制衡器;

—— 使用非受试衡器作为控制衡器的称为分离控制衡器。

3.7　基础(foundation)

钢筋混凝土整体浇铸而成的稳定承载结构,用于支撑承载器和防爬架。

3.8　承载器(load receptor)

轨道衡用于承受载荷的装置。

轨道衡的承载器可以分为单承载器和多承载器。

3.9 引轨(approach rail)

置于承载器两端引导被称货车通过承载器的钢轨。

3.10 防爬架(anti-creep frame)

承载器两端的结构框架,用于安装引轨,并防止两端引轨的窜动。

3.11 整体道床(solid concrete roadbed)

与承载器基础和防爬底架连为一体,在承载器基础两端构建的稳定承载结构。

3.12 有效称量区(effective weigh zone)

轨道衡称量铁路货车的有效区域。

a)断轨轨道衡为承载器上方钢轨的区间;

b)不断轨轨道衡为两端剪力传感器内侧的区间。

3.13 模块(module)

轨道衡中完成一种或多种特定功能的可识别部件,并可根据相关国家规定中的计量和技术性能要求单独评价。

3.14 软件(software)

3.14.1 法定相关软件(legally relevant software)

轨道衡的程序、数据及相关参数,其能定义或执行受法定计量管理的功能。

3.14.2 软件标识(software identification)

一个可读的软件序列号且与该软件有密不可分的对应关系(如:版本号)。

3.14.3 软件分割(software separation)

软件明确分割成法定相关软件与非法定相关软件。如不设置软件分割,则认为整个软件是法定相关的。

3.14.4 用户接口(user interface)

用户与轨道衡的硬件或软件进行信息交流的接口。

3.15 轴称量(axle weighing)

被称车辆的轴逐次通过同一承载器进行的称量。

3.16 转向架称量(bogie weighing)

被称车辆的转向架逐次通过同一承载器进行的称量。

3.17 整车称量(full draught weighing)

在承载器上同时支撑着一整辆车或一整节货车的状况下,对其所进行的称量。

3.18 静态称量(static weighing)

铁路车辆在静止状态下进行的称量。

3.19 动态称量(weighing-in-motion)

铁路车辆在运行状态下进行的称量。

3.20 列车称量(train weighing)

确定联挂车辆累计质量的称量。

3.21　最高称量速度(maximum operating speed)

动态称量时轨道衡允许的最高车辆速度,超过此速度时称量结果可能会出现过大的相对误差。

3.22　最低称量速度(minimum operating speed)

动态称量时轨道衡允许的最低车辆速度,低于此速度时称量结果可能会出现过大的相对误差。

3.23　称量速度范围(range of operating speed)

动态称量时介于最低和最高称量速度之间的范围。

3.24　最高通过速度(maximum transit speed)

轨道衡允许通过的最高速度,超过该速度将会使衡器的性能产生永久性变化而无法正常称量。

3.25　非联挂车辆(uncoupled wagon)

不与机车或其他车辆连接的单节车辆。

3.26　联挂车辆(coupled wagon)

与机车或其他车辆相互连接的车辆。

3.27　轨道衡检衡车(test vehicle for rail-weighbridges)

具有已知的标准质量值,用于检定、检测轨道衡的铁路特种车辆,简称"检衡车"。

3.28　参考车辆(reference wagon)

由控制衡器称量,在动态检定、检测中被临时用作质量标准的铁路车辆。

4. 计量要求

4.1　计量单位

轨道衡使用的计量单位是:千克(kg)、吨(t)。

4.2　称量范围

轨道衡的最小秤量为18t,最大秤量为100t。

4.3　准确度等级

轨道衡可分为4个准确度等级:0.2级、0.5级、1级和2级。对于车辆称量和列车称量,同一台轨道衡可以有不同的准确度等级。列车称量准确度等级由实际车辆称量的数据计算得出。

4.4　检定分度值 e

检定分度值 e 应以 1×10^k、2×10^k、5×10^k(k 为正整数或零)形式表示,动态称量的实际分度值 d 应不小于动态称量检定分度值 e 的 1/10。静态称量的检定分度值 e 应与其实际分度值 d 相等,且不大于动态称量的检定分度值 e,并满足作为控制衡器的要求。准确度等级、检定分度值和检定分度数之间的关系见表1。

表 1　准确度等级、检定分度值和检定分度数之间的关系

准确度等级	检定分度值 e/kg	检定分度数 $n=$Max$/e$	
		最小值	最大值
0.2	≤50	1000	5000
0.5	≤100	500	2500
1	≤200	250	1250
2	≤500	100	600

注:质量为(18～35)t 的车辆按 35t 进行最大允许误差的计算。

4.5　最大允许误差

4.5.1　静态称量

4.5.1.1　静态称量的最大允许误差

静态称量功能仅用于作为控制衡器使用,控制衡器的最大允许误差应不大于被检衡器最大允许误差的 1/3。静态称量的最大允许误差见表 2。

表 2　静态称量的最大允许误差

用检定分度值 e 表示的载荷/m	最大允许误差
$0 \leqslant m \leqslant 500e$	$\pm 0.5e$
$500e < m \leqslant 2000e$	$\pm 1.0e$
$2000e < m \leqslant 10000e$	$\pm 1.5e$

4.5.1.2　置零准确度

置零后,置零装置对称量结果的影响应在 $\pm 0.25e$ 范围内。当称重仪表选择单承载器或多承载器时,置零操作应对每一个承载器有效。

4.5.1.3　偏载

载荷位于承载器不同位置的示值误差应不大于该秤量的最大允许误差。

4.5.1.4　鉴别力

对任意载荷下的每一个承载器,施加或取下 $1.4d$ 的附加载荷,初始示值应至少相应改变 $1d$。

4.5.1.5　重复性

同一载荷多次测量结果的差值应不大于该载荷最大允许误差的绝对值。

4.5.2　动态称量

4.5.2.1　动态称量的最大允许误差

动态称量的最大允许误差见表 3。

表 3　动态称量的最大允许误差

准确度等级	以车辆及列车质量的百分数表示	
	首次检验	稳定性检验
0.2	±0.10%	±0.20%
0.5	±0.25%	±0.50%
1	±0.50%	±1.00%
2	±1.00%	±2.00%

注:稳定性检验指使用中未经调整的检验。

4.5.2.2　车辆称量

根据表 3 相应准确度等级计算每辆检衡车或参考车辆的最大允许误差,并按 GB/T 8170 中的进舍规则修约为整数,获得修约后的最大允许误差。若计算出的最大允许误差绝对值小于 $1e$,则该秤量点的最大允许误差按 $1e$ 进行处理。

4.5.2.3　列车称量

根据表 3 相应准确度等级计算列车(联挂检衡车或参考车辆的总质量)的最大允许误差,并按 GB/T 8170 中的进舍规则修约为整数,获得修约后的最大允许误差。若计算出的最大允许误差绝对值小于 $5e$,则列车称量的最大允许误差按 $5e$ 进行处理。

4.5.2.4　称量结果的判定

联挂车辆称量时,动态称量的最大允许误差按表 3 进行计算后修约为整数,其中 90%(按每个编组中的各个秤量点进行计算)的称量值不得超过修约后的最大允许误差,不超过 10%(按每个编组中的各个秤量点进行计算)的称量值可以超过修约后的最大允许误差,但不得超过该误差的 2 倍;非联挂车辆称量时,所有的动态称量值误差都应符合修约后的最大允许误差;列车称量时,所有的动态称量值都应符合修约后的最大允许误差。

4.6　影响量

4.6.1　温度范围

如果轨道衡的说明性标志中没有规定特殊的工作温度,轨道衡应在(−10～40)℃范围内符合计量和技术要求。根据特定的环境条件,可以在说明性标志中规定不同的温度范围,高低温之差应不小于 30℃。

4.6.2　供电电压

使用交流电源供电的轨道衡,当电源电压变化不超过额定值的−15%～10%时,轨道衡应满足计量和技术要求。使用直流电源或电池供电的轨道衡,当电压降至规定值以下时,或正常工作或自动停止工作。

4.7　长期稳定性

轨道衡长期稳定性的最大允许误差应不超过表 3 中稳定性检验的最大允许误

差要求。

5. 技术要求

5.1　轨道衡的组成

轨道衡由承载器、称重传感器、称重仪表、打印机以及安装现场的基础与整体道床等部分组成。

5.2　适用性

轨道衡用于称量铁路货车装载的货物,其设计、制造和安装应适用于铁路车辆和线路的要求。

5.3　安全性

轨道衡的电气安全性能要求应符合 GB 14249.1 等相应的国家标准规定。

5.4　欺骗性使用

轨道衡不应有欺骗性使用的特性,应设置防护措施用于防止对轨道衡的非正常调整和使用。

5.5　意外失调

轨道衡在设计时应防止干扰轨道衡计量性能的意外失调,当意外失调发生时应进行提示。

5.6　误操作

在规定条件下,应通过软硬件的措施防止对轨道衡的误操作。

5.7　承载器

承载器的设计制造应保证必要的强度,挠度不大于 0.3‰,采用可靠的限位和钢轨防爬措施。

5.8　过渡器

断轨轨道衡的过渡器应具有足够的硬度和耐磨性,长度应大于 200mm,安装于防爬轨上。

5.9　限位器

限位器应具有足够的强度,能够稳定可靠的调整限位松紧程度。

5.10　称重传感器

称重传感器的最大秤量应考虑机车车辆动载荷的影响,称重传感器应具有包括湿热试验的型式批准证书及合格证书。

5.11　称重仪表

称重仪表应具有合格证书和使用说明书,应具有将静态称量显示分度值 d 细化到不大于其检定分度值 e 的 1/5 功能,相应指标应符合 GB/T 7724 中影响因子、抗干扰、供电电源及安全性能的相关要求。当有特殊的安全和防护要求时(如防爆要求),应符合相应国家标准的要求。

5.12　置零装置

5.12.1　总体要求

轨道衡可以有一个或多个置零装置,每一个承载器只能有一个零点跟踪装置。

5.12.2　置零准确度

静态称量置零后,零点误差对称量结果的影响应不大于$\pm 0.25e$。

5.12.3　最大范围

置零装置的范围不应改变轨道衡的最大秤量。置零装置和零点跟踪装置的范围应不大于轨道衡最大秤量的4%;初始置零装置应不大于最大秤量的20%。

5.12.4　自动置零

作为自动称量过程的一部分,在空载时进行自动置零,当车辆通过承载器时停止自动置零,当承载器再次回到空载状态时,结束此次自动称量的空秤时间应可设置。

5.12.5　零点跟踪

静态称量时零点跟踪在符合以下条件时起作用:

——示值为零;

——承载器处于稳定;

——每秒变化量不超过$0.5e$。

5.13　预热时间

轨道衡预热时,不应有称量结果指示或传输,并禁止自动操作,使用说明书中应给出预热时间。

5.14　接口

轨道衡应有接口以便与外部设备相连。使用接口时轨道衡应工作正常,计量性能不受影响。接口不应提供改变校准参数的功能;不应提供伪造显示、存储和打印的功能。

5.15　称量结果的指示

5.15.1　称量的指示

轨道衡至少应显示和打印称量日期、序号、车号(如果需要)、车辆质量、计量单位、称量速度和称量时间。超出称量范围和称量速度时应进行提示并标记。数字指示应根据分度值的有效小数位进行显示。小数部分用小数点(下圆点)将其与整数分开,示值显示时其小数点左边至少应有一位数字,右边显示全部小数位。示值的数字和单位应稳定、清晰且易读,其计量单位应符合4.1的要求。

5.15.2　打印输出

打印数据应清晰、耐久,计量单位的名称或符号应同时打印在数值的右侧或该数值列的上方,并与国家规范的要求一致。

5. 15. 3　示值的一致性

数字指示和打印装置示值应一致。

5. 15. 4　超出称量范围的要求

对于小于最小秤量或大于最大秤量的车辆应进行提示并标记。

5. 16　累计

轨道衡应具有累计功能,累计车辆的重量并给出总重,累计方式可设定,累计重量可进行打印。

5. 17　车辆识别装置

轨道衡应配有车辆识别装置。该装置应能判断车辆已进入称量区及车辆称量完毕。

单方向使用的轨道衡,如果反方向通过,轨道衡应给出错误提示信息或不显示车辆质量。

5. 18　材料、加工和装配要求

5. 18. 1　材料

本产品各种零件的材料应符合有关材料的规定。原材料外购件协作件均应有制造厂的合格证明文件,须经检验合格后方可使用。

5. 18. 2　铸件

铸件表面不应有裂纹,受力部位不得有气孔、砂眼、缩松和夹渣,铸件质量应根据材质的不同,符合 GB/T 14253—2008 中 5.2 的规定。采用铸钢件的重要受力部件应做探伤检查,并符合 GB/T 5677、GB/T 7233 的要求。

5. 18. 3　锻件

锻件应根据材质的不同,应符合 GB/T 14253—2008 中 5.3 的规定。

5. 18. 4　焊接件

焊接结构的承载器,应进行消除应力处理;焊接件的焊缝应平整、无裂纹,无漏焊、烧穿、间断、凹坑等缺陷;焊接件应符合 QB/T 1588.1 的规定。重要焊接部件的焊缝应做探伤检查或焊接接头机械性能试验,并符合设计的相应等级要求。根据磁粉、射线、超声波探伤等方法,焊接件应分别符合 GB/T 2970、GB/T 3323、GB/T 11345、JB/T 6061 的要求。

5. 18. 5　切削加工件

切削加工件根据产品的技术要求应符合 QB/T 1588.2 中相应的规定。

5. 18. 6　热处理件

热处理件应根据设计要求,符合有关标准和技术文件的规定。

5. 18. 7　涂装要求

承载器的涂装应牢固可靠,涂装前应对表面进行必要的清洗,所用钢材的锈蚀程度应优于 GB/T 8923.1 中 B 级的要求,涂装前应对表面进行必要的除锈处理,达到 GB/T 8923.1 中的 Sa2 1/2 级别。油漆的漆膜色泽均匀,不允许有漏漆,起皱,划伤和脱落等缺陷。涂装表面质量应符合 QB/T 1588.4 的规定。

5.18.8　机械装配要求

所有紧固件应采取有效的防松措施,装配紧固件的质量要求见 GB/T 14253—2008 中 6.3 的规定。装配要求应符合 QB/T 1588.3 的规定。

5.18.9　电气装配要求

电控箱柜的装配外观质量应符合 GB/T 14253—2008 中 6.2 的规定。设计、制作应符合 GB /T 15395 中的技术要求。

5.19　安装

5.19.1　基础

基础强度应满足轨道衡的承载要求,防止沉降和断裂;基础的深度应达冻土层以下。防爬架每端延伸长度不小于 4.5m;基础应有防水、排水措施;称重传感器下方的底架与基础的安装应牢固可靠;基础应便于人员进行日常维护。

5.19.2　承载器

承载器的横向、纵向限位装置应牢固可靠;承载器上方钢轨的安装应采用弹性扣件方式固定,满足防爬要求;有轨道电路的区段应采用必要的绝缘措施,保证轨道电路正常工作。

5.19.3　线路

轨道衡应安装在铁路线路的直线上,每端的整体道床应不少于 25m,并有不少于 50m 的平直道,线路坡度小于 0.2%,整体道床的深度应达冻土层以下。对于断轨轨道衡,称量轨和引轨应采用新的整轨,不得使用火焰切割,两端平直道的轨面横向水平高差小于 2mm,引轨和称量轨应采用同一型号的钢轨,引轨与称量轨的间距为(5～10)mm,引轨与称量轨的高差、错牙应小于 2mm。引轨的固定应采用弹性扣件。对于不断轨轨道衡,钢轨横向水平高差小于 2mm,钢轨的固定应采用弹性扣件。

5.19.4　过渡器

对于断轨轨道衡,应采用过渡器结构。过渡器与称量轨的横向间距为(1～5)mm,纵向间距为(5～10)mm。

5.19.5　限位器

通过调整限位器使承载器与限位器之间具有必要间隙,并对限位器采取必要的锁紧和防松措施。

5.19.6　加热装置

如果称重传感器安装于额定温度以下的环境,低于额定温度时应提供加热措施以保证称重传感器在规定的条件下运行。

5.19.7　限速标识

在轨道衡的两端需设置限速标识,以确保机车司机了解通过承载器的最低和最高运行速度。

5.20 秤房

5.20.1 使用面积应大于 $15m^2$,地面应进行防潮处理。

5.20.2 室内温度和湿度应符合 GB/T 2887 中 B 级的规定,秤房位置应便于观察车辆运行的状态(或安装监控设备)。

5.20.3 室内设有电源、仪表地线,接地电阻值应小于 4Ω,电源应符合 GB/T 2887 中二类电源供电的规定;作为控制衡器使用时,轨道衡秤房内应单独提供 380V/20A 的三相动力电源。

5.20.4 室内称重仪表与室外设备的连线应采用全程护管或暗埋方式。

5.21 软件

5.21.1 总体要求

轨道衡中的法定相关和非法定相关软件之间应有明显的区分并标出,与计量特性、计量数据和重要计量参数相关的重要软件,用于存储或传输的软件,以及故障诊断的软件被认为是轨道衡的必要组成部分,应满足 5.21.3 保护措施的要求。

5.21.2 软件文档

提交的软件文档包括:

——法定相关软件的说明;

——用户接口,菜单和对话框的说明;

——明确的软件标识;

——软件保护的措施;

——操作手册。

5.21.3 保护措施

应有充分的措施以确保:

——应充分防止法定相关软件被意外或恶意修改,按照相应规定实施保护;

——软件应有合适的软件标识。软件标识应适用于软件的每一次改变,这个改变可能会影响轨道衡的计量性能。

5.22 防护措施

5.22.1 总则

应设置必要的防护措施,防止用户调试相关模块改变计量性能。

5.22.2 电子施封装置

如果没有采用机械施封装置来防止改变计量性能,则防护措施应满足下列条款:

—— 只有授权人可以利用密码调整轨道衡,该密码必须是可改变的;

—— 应存储每次修改的日志信息,并且能够得到和显示这些信息。存储的信息应包括日期、授权调试人的标识。

6. 试验与检验方法

6.1 试验标准器

6.1.1 砝码

用于静态称量试验的砝码误差应不大于表 2 规定的最大允许误差的 1/3。可使用其他稳定的载荷替代试验砝码,应符合下列条件:

—— 若重复性大于 $0.3e$,应使用最大秤量 1/2 的试验砝码;

—— 若重复性不大于 $0.3e$,可使用最大秤量 1/3 的试验砝码;

—— 若重复性不大于 $0.2e$,可使用最大秤量 1/5 的试验砝码;

重复性是用约定替代物的载荷(砝码或任意其他载荷)在承载器上重复施加 3 次确定的。

6.1.2 检衡车组

符合《轨道衡检衡车》(JJG 567—2012)规定的检衡车组。

6.1.3 参考车辆

符合铁路运输要求、质量稳定的货车,其装载物的性质和正常称量物相似。

6.2 外观

目测,符合 5.1,5.2,5.5~5.9,5.18 的要求。

6.3 安全性

根据 GB 14249.1 的相应条款,对轨道衡的安全性(如绝缘、耐压、泄漏电流以及防雷等)进行检查。

6.4 承载器

根据 5.7 和 5.19.2 条对承载器进行检查。对于多承载器的轨道衡,每个承载器应分别进行检查。

6.5 过渡器

根据 5.8 和 5.19.4 条对过渡器进行检查。

6.6 限位器

根据 5.9 和 5.19.5 条对限位器进行检查。

6.7 称重传感器

根据称重传感器合格证书,按第 5.10 条要求进行检查。

6.8 称重仪表

根据称重仪表合格证书和使用说明书,按第 5.11 条要求进行检查。

6.9 置零

将轨道衡显示分度值 d 细化为不大于 $0.2e$,按照 5.12 条的要求进行试验。

6.10 偏载

在承载器的两端和中部区域内施加承载器 30% 最大秤量的砝码,符合 4.5.1.

3 条的规定。进行试验时关闭轨道衡零点跟踪功能。

6.11　鉴别力

在轨道衡的最小秤量、50％最大秤量、最大秤量时进行鉴别力试验,施加或取下 1.4d(分度值)的附加载荷,初始示值应相应改变。符合 4.5.1.4 条的规定。

6.12　重复性

分别在承载器上施加 50％最大秤量、最大秤量时进行重复性试验,加载载荷至承载器上 3 次,符合 4.5.1.5 条的规定。

轨道衡零点跟踪功能可以运行。

6.13　基础

对轨道衡的基础按照 5.19.1 进行检查。

6.14　线路

对轨道衡的线路按照 5.19.3 进行检查。

6.15　列车通过试验

列车以轨道衡允许的最高过车速度往返通过承载器三次以上,在承载器上进行列车制动、停车、启动。以上试验后,轨道衡的零部件及基础不得出现松动、裂纹和损坏现象。

6.16　动态称量试验

以总质量约为 20t,50t,68t,76t,84t 的 5 辆检衡车编成以下车组:

—— 机车—84t—50t—76t—68t—20t;

—— 机车—68t—76t—50t—84t—20t。

采用两个编组进行试验。试验时检衡车以标志中规定的称量速度范围往返检测各 10 次,应符合 4.5.2 最大允许误差的要求。

6.17　影响因子和干扰试验

6.17.1　总体要求

应提供用于在实验室进行影响因子和干扰试验的称重传感器、称重仪表和相关附件。称重仪表和称重传感器应作为模块组合,按相关要求进行试验。如果制造商能够按要求提供国家认可的、有资质的实验室出具的试验报告,可不重复进行该试验。

6.17.2　影响因子试验

温度试验应符合 GB/T 2423.1—2008 、GB/T 2423.2—2008 以及 GB/T 2424.1—2005 的规定,湿热、稳态试验应符合 GB/T 2423.3—2006 和 GB/T 2424.2—2005 的规定,电压变化应符合 GB/Z 18039.5—2008 和 GB/T 17626.1—2006 的规定,误差应在表 2 规定的最大允许误差范围内。

6.17.3　抗干扰试验

电压暂降和短时中断试验应符合 GB/T 17626.11—2008 的规定,干扰时的示值与无干扰示值之差不得大于 1e,或者应能检测到显著增差并对其做出反应。电快速瞬变脉冲群抗扰度试验应符合 GB/T 17626.4—2008 的规定,干扰时的示值与无干扰示值之差不得大于 1e,或者应能检测到显著增差并对其做出反应。浪涌抗扰度试验应符合 GB/T 17626.5—2008 的规定,干扰时的示值与无干扰示值之差不得大于 1e,或者应能检测到显著增差并对其做出反应。静电放电抗扰度试验应符合 GB/T 17626.2—2006 的规定,干扰时的示值与无干扰示值之差不得大于 1e,或者应能检测到显著增差并对其做出反应。射频电磁场辐射试验应符合 GB/T 17626.3—2006 的规定,干扰时的示值与无干扰示值之差不得大于 1e,或者应能检测到显著增差并对其做出反应。传导试验应符合 GB/T 17626.6—2008 的规定,干扰时的示值与无干扰示值之差不得大于 1e,或者应能检测到显著增差并对其做出反应。

6.18 长期稳定性试验

试验样机应保证在一个检定周期内稳定工作,在不做任何调整的情况下,计量性能应符合稳定性检验的规定。在此期间,对影响计量性能的存储装置进行必要的封存。长期稳定性试验应进行 6.11 和 6.16 的试验,称量结果应分别符合 4.5.1.4 和 4.5.2 的要求。

7. 检验规则

7.1 型式试验

轨道衡在下列情况下需进行型式试验:

———新产品;

———正式生产后,如在结构、材料、工艺等方面有较大改变,可能影响产品性能时。

7.1.1 型式试验要求

7.1.1.1 文件

提供与试验样机相应的技术资料,技术资料应齐全、科学、合理,提交的资料和文件如下:

——样机照片(室内、室外);

——产品标准(含检验方法);

——总装图、电路图和主要零部件图;

——使用说明书;

——制造单位或技术机构所做的试验报告;

——外购称重传感器的制造计量器具许可证和合格证书以及称重仪表的合格证书。

7.1.1.2 样机的要求

提供与申请书中相符的样机一台,每份申请书只接受单一产品、单一准确度等级的样机进行试验。不同的产品应有不同的申请委托,并提供各自产品的样机一台。

7.1.2 型式试验项目

型式试验的项目按表4进行。

表4　型式评价项目一览表

项目名称	要求
计量单位	4.1
准确度等级	4.3
检定分度值	4.4
计量法制标志和计量器具标志	8.1
影响量	4.6
适用性	5.2
安全性	5.3
欺骗性使用	5.4
意外失调	5.5
误操作	5.6
称重传感器	5.10
称重仪表	5.11
称量结果的指示	5.15
累计	5.16
车辆识别装置	5.17
安装	5.19
软件	5.21
静态称量	4.5.1
动态称量	4.5.2
长期稳定性	4.7
影响因子和干扰试验	6.17

7.2　出厂检验

轨道衡出厂前应按表 5 进行检验，合格后才能出厂，并应附有产品合格证书。

表 5　出厂检验项目要求及方法

检验项目	计量和技术要求	试验方法
置零准确度	4.5.1.2	6.9
偏载	4.5.1.3	6.10
鉴别力	4.5.1.4	6.11
重复性	4.5.1.5	6.12
外观	5.1、5.2、5.5~5.9、5.18	6.2
安全性	5.3	6.3
承载器	5.7	6.4
过渡器	5.8、5.19.4	6.5
限位器	5.9、5.19.5	6.6
称重传感器	5.10	6.7
称重仪表	5.11	6.8
标志	8.1	8.1

7.3　安装与性能检验

轨道衡在现场安装后应按表 6 进行检验。

表 6　安装与性能检验项目要求及方法

检验项目	技术要求	试验方法
基础	5.19.1	6.13
承载器	5.19.2	6.4
线路	5.19.3	6.14
列车通过试验	5.19.1~5.19.2	6.15
动态称量试验	4.5.2	6.16

8. 标志、包装、运输、贮存

8.1　标志

8.1.1　必备标志

——制造许可证的标志、编号；

——轨道衡的生产厂名；

——轨道衡名称和型号(依据 GB/T 26389)；

——车辆称量准确度等级;

——检定分度值 e;

——最大秤量;

——最小秤量;

——称量方式(轴称量、转向架称量、整车称量);

——出厂编号;

——称量速度范围;

——承载器长度。

8.1.2 说明性标志

——称量装载物的适用范围(液态或固态);

——供电电压;

——交流电源频率;

——温度范围[当不是(-10～40)℃时应标出];

——产品标准;

——软件标识;

——传感器、仪表型号。

8.1.3 附加标志

如果轨道衡有特殊用途,可增加附加标志。

8.1.4 标志的要求

标志应设置在称重仪表和承载器易于观察的部位。标志应具有一定尺寸、形状,使用稳定耐久的材料制作,内容应采用国家规定的图形或符号,清晰易读且安装牢固。

8.2 包装

包装应确保轨道衡在正常装卸运输、仓库贮存等过程中不发生损坏、丢失、锈蚀、长霉、降低准确度等情况。尽可能使包装件重心靠中和靠下,包装箱内必须进行支撑、垫平、卡紧,并加以固定,以防碰撞造成损伤。内包装箱与外包箱之间应有一定的间隙,并采取有效措施,以防止产品在运输过程中发生窜动和碰撞,应符合GB/T 191 规定。所有包装材料不应引起产品油漆或电镀件等表面色泽改变或锈蚀,应符合 GB/T 13384 的规定。

8.3 运输

轨道衡运输时应小心轻放,禁止抛掷、碰撞和倒置,防止剧烈震动和雨淋。

8.4 贮存

轨道衡的承载结构部分应贮存在有防雨、防水措施的场所。称重传感器、称重仪表、电器设备等应贮存在相应使用说明书规定的贮存温度和相对湿度范围内,且室内不得含有腐蚀性气体。

附录Ⅷ

中华人民共和国国家标准
静态电子轨道衡

Electronic Static Rail-Weighbridges

GB/T 15561—2008
代替 GB/T 15561—1995

1. 范围

本标准规定了标准轨距(1435mm)静态电子轨道衡(以下简称"衡器")的术语和定义、基本要求、技术条件、试验方法、检验规则和标志、包装、运输、贮存。其他非标准轨距静态电子轨道衡可参照采用。

本标准适用于标准轨距(1435mm)的静态电子轨道衡。

2. 规范性引用文件

下列文件中的条款通过本标准的引用而成为本标准。凡是注日期的引用文件,其随后所有的修改单(不包括勘误的内容)或修订版均不适用于本部分,然而,鼓励根据本标准达成协议的各方研究是否可使用这些文件的最新版本。凡是不注日期的引用文件,其最新版本适用于本标准。

《电工电子产品环境试验　第2部分:试验方法　试验A:低温》(GB/T 2423.1)

《电工电子产品环境试验　第2部分:试验方法　试验B:高温》(GB/T 2423.2)

《电工电子产品基本环境试验规程　试验Ca:恒定湿热试验方法》(GB/T 2423.3)

《电子计算机场地通用规范》(GB/T 2887—2000)

《电子测量仪器　电源频率与电压试验》(GB/T 6587.8)

《称重传感器》(GB/T 7551)

《电子称重仪表》(GB/T 7724)

《电子衡器安全要求》(GB/T 14249.1)

《衡器术语》(GB/T 14250)

《电磁兼容　试验和测量技术　静电放电抗扰度试验》(GB/T 17626.2)

《电磁兼容　试验和测量技术　射频电磁辐射抗扰度试验》(GB/T 17626.3)

国家质量监督检验检疫总局、中国国家标准化管理委员会 2008-12-30 发布　2009-09-01 实施

《电磁兼容 试验和测量技术 电快速瞬变脉冲群抗扰度试验》(GB/T 17626.4)

《电磁兼容 试验和测量技术 电压暂降、短时中断和电压变化抗扰度试验》(GB/T 17626.11)

《检衡车》(JJG 567)

3. 术语和定义

GB/T 14250 确立的术语和定义适用于本标准。

4. 基本要求

4.1　衡器型号按 QB/T 1563 的规定编制。

4.2　衡器在下列环境条件下应能正常工作,见表 1。

表 1

环境参数	室外设备
环境温度 ℃	−10～40
环境湿度%RH	≤85

注:可在局部采取调温措施满足要求。环境温度超出规定的地方,应对设备提出特殊要求。

4.3　在下列情况下,衡器应能正常工作:

——额定电压变化:−15%～10%;

——额定电源频率变化:±2%。

5. 技术条件

5.1　计量性能要求

5.1.1　准确度等级见表 2。

表 2

准确度等级	最大秤量 Max	检定分度值 e	分度数 $n=$Max/e	最小秤量 Min
中准确度级⑪	Max>20t	$e \geq 5kg$	500<n≤10000	20e
普通准确度级⑫	Max>8t		100<n≤1000	10e

5.1.2　称重最大允许误差应符合表 3 规定。

表 3

称量 m		最大允许误差	
中准确度级⑪	普通准确度级⑫	首次检定	使用中检验
0≤m≤500e	0≤m≤50e	±0.5e	±1.0e
500e<m≤2000e	50e<m≤200e	±1.0e	±2.0e
2000e<m≤10000e	200e<m≤1000e	±1.5e	±3.0e

5.1.3　首次检定最大允许误差见表3。

5.1.4　后续检定最大允许误差执行首次检定的规定。

5.1.5　使用中检验的最大允许误差,是首次检定最大允许误差的两倍,见表3。

5.1.6　重复性

在相对稳定测试条件下,当同一载荷以同样方法多次加载到承载器上时所得结果之差,应不大于该秤量的最大允许误差的绝对值。

5.1.7　偏载

按照6.9的要求进行偏载检定,同一载荷在不同位置的示值,其误差应不大于该秤量的最大允许误差。

在每对支承点上施加的载荷为:

a)使用 T_{6F} 或 T_7 型砝码检衡车内砝码小车时约为40t;

b)使用标准砝码时约为10t。

5.1.8　多指示装置

包括皮重装置在内的多指示装置的示值之差,应不大于相应秤量的最大允许误差的绝对值。数字指示与数字指示或数字指示与打印数值之间的示值之差应为零。

5.1.9　鉴别力

在处于平衡的轨道衡上,轻缓地放上或取下等于 $1.4e$ 的砝码,此时原来的示值应改变。

5.1.10　置零装置的准确度

置零后、零点偏差对称量结果的影响应不大于 $\pm 0.25e$。

5.1.11　时间

在稳定的环境条件下,衡器应符合下列要求:

5.1.11.1　蠕变

当任何一载荷施加在衡器上,加载后立即读到的示值与其 30min 内读到的示值之差应不大于 $0.5e$,但是在 15min 与 30min 时读到的示值之差应不大于 $0.2e$。

若上述条件下不能满足,则衡器加载后立即读到示值与其后 4h 内读到的示值之差,应不大于相应秤量最大允许误差的绝对值。

5.1.11.2　回零

卸下在衡器上保持 30min 的载荷后,示值刚一稳定,其回零偏差应不大于 $\pm 0.5e$。

5.2　**总体技术要求**

5.2.1　衡器最大秤量系列为100t,150t,(200)t,(250)t。

括号内非优选用。

5.2.2 检定分度值 e 以含质量单位的下列数字之一表示：

$1 \times 10^k, 2 \times 10^k, 5 \times 10^k$（$k$ 为正整数、负整数或零）

5.2.3 车辆通过衡器的速度应小于 30km/h。

5.2.4 衡器应具有双向计量检测功能。

5.2.5 显示和打印的内容应清晰、准确、可靠,显示和打印的内容为数字及相应的质量单位名称或符号。同一称量结果的显示和打印数值应一致。

5.2.6 衡器可以有一个或多个置零装置,但最多只能有一个零点跟踪装置,且零点跟踪速率不大于 0.5e/s。

置零和零点跟踪装置的范围,应不大于最大秤量的 4%。

置零键应单独设置。

5.2.7 皮重的分度值应等于秤量分度值;除皮装置的准确度对称量结果的影响应不大于±0.25e。除皮键应单独设置。

5.2.8 衡器安全性能应符合 GB 14249.1 的规定,有可靠的防雷措施和防电磁干扰性能。

5.2.9 对于禁止接触或禁止调整的器件和预置控制器,应采取防护措施,对直接影响到衡器的量值的部位应加印封或铅封或电子识别码,印封区域或铅封直径至少为 5mm。印封或铅封不破坏不能拆下;印封或铅封破坏后,合格即失效。

5.3 主要部件技术要求

5.3.1 称重指示器应符合 GB/T 7724 的规定。

5.3.2 称重传感器应符合 GB/T 7551 的规定。

5.3.3 承载结构应结构牢固、相邻两承重点的中间位置在 40t 载荷下其挠度不大于 1‰;且稳定可靠、便于安装,并应符合下列要求:

a)铸件表面应光洁,不允许有裂纹、缩松、冷隔、气孔和夹渣等缺陷;

b)锻件不允许有裂纹、烧伤和夹渣等缺陷;

c)焊接件的焊缝应平整、无裂纹、无漏焊等缺陷;采用焊接框架结构的,均须进行整体时效处理以消除内应力;

d)氧化件的氧化膜色泽均匀,无斑痕;

e)电镀件的镀层应均匀,无斑痕,划伤,气泡和露底等缺陷;

f)油漆件的漆膜色泽均匀,不允许有漏漆,起皱,划伤和脱落等缺陷。

5.4 安装技术要求

5.4.1 衡器应安装在直线上,两端直线段应大于 25m,并设有明显的限速标志。线路坡度不超过 2‰,轨面横向水平高差小于 2mm。

5.4.2 基坑应有防水、排水设施。

5.4.3 基础强度应满足衡器的要求,防止局部下沉和断裂。

5.4.4 防爬基础与衡器基础为一整体,每端延伸长度不小于 4.5m。

5.4.5 防爬轨底架和防爬轨长度均不小于 4.5m。防爬轨与秤量轨的间距为 (5~15)mm。防爬轨应高于秤量轨,高低差应小于 2mm。

5.4.6 衡器两端应设置过渡器,过渡器与秤量轨的横向间距为(1~5)mm;纵向间距为(5~15)mm。

5.4.7 称量轨和防爬轨应采整轨,不得有钢轨接头和伤损,不得火焰切割;不得加工除安装过渡器之外的缺口和孔。

5.4.8 称量轨和防爬轨宜采用新钢轨,如使用旧轨时其垂直磨耗应小于 5mm,侧磨小于 6mm。

5.4.9 安装时禁止在钢轨上焊接。秤体的纵、横向限位装置应安装在秤体的上半部位。

5.4.10 传感器的接线盒应具有防潮措施,接线盒应安装在秤房内。

5.4.11 称量轨和防爬轨的安装应保证在使用中不发生窜轨和错牙。

5.5　秤房

5.5.1 使用面积应大于 15m²,地面应进行防潮处理。

5.5.2 秤房温度和湿度应符合 GB/T 2887—2000 中 B 级的规定,应有调车信号和便于观察车辆运行状态的窗口。

5.5.3 室内设有电源、仪表地线,接地电阻值应小于 4Ω。

5.5.4 秤房应保暖、隔热、防盗,并配置自动调温设备。

5.5.5 室内测量仪表与室外设备的连线应采用全程护管或暗埋方式。

5.5.6 室内或室外附近应备有 380V/20A 的三相动力电源,供检定用。

6. 试验方法

6.1　标准器

6.1.1　检衡车

社会公用计量标准 T_{6F} 和 T_7 型砝码检衡车的误差应符合 JJG 567 的规定。

6.1.2　砝码

试验用的标准砝码误差,应不大于轨道衡相应秤量最大允许误差的 1/3。

6.1.3　检定用标准砝码的替代

衡器在检定时可以用其他固定载荷替代标准砝码,所提供的标准砝码至少为最大秤量的 1/2。

如果重复性误差不大于 $0.3e$,标准砝码可以减少到最大秤量的 1/3。

如果重复性误差不大于 $0.2e$,标准砝码可以减少到最大秤量的 1/5。

重复性误差是用约为替代物重量的载荷(砝码或任意其他载荷)在承载器上重复施加 3 次确定的。

6.2　试验前的准备工作

a)检查各功能键的动作是否正常;

b)通电预热 30min。

6.3　打印机构

打印机构应符合 5.2.5 的规定。

6.4　称重传感器

称重传感器应具有出厂合格证书。

6.5　称重指示器

称重指示器应具有出厂合格证书。

6.6　外观试验

目测。应符合 5.3.3 的规定。

6.7　线路、基础,防爬轨,过渡器试验

有量值要求的均用卷尺和钢直尺检验,其他目测,应分别符合 5.4 的各项规定。

6.8　空秤试验

6.8.1　置零的准确度

6.8.1.1　非自动和半自动置零

当空秤时将衡器置零,然后在承载器上加放砝码,使示值由零变为零上一个分度值,然后按 6.11 计算零点误差,其误差应符合 5.1.10 的规定。

6.8.1.2　自动置零和零点跟踪

使示值摆脱自动置零和零点跟踪范围(在承载器上放置 10e 砝码),再加放砝码使示值增加一个分度值,然后按 6.11 计算零点附近误差,其误差应符合 5.1.10 的规定。

6.8.2　空秤变动性

检验前将衡器置零,用相当于衡器最大秤量 80％的重车或机车以允许过衡速度往返碾压承载器各三次,每次空秤示置的误差应符合 5.1.2 的规定。

注1:空秤检验后,允许置零。

注2:衡器不计量时允许通过车速应在产品说明书中标明。

6.8.3　加载前的置零

按下述方法置零或确定零点:

a)对非自动置零衡器,将 0.5e 的小砝码放于承载器上,调整衡器直至出现示值在零与零上一个分度值之间闪变,取下小砝码,即获得零位的中心;

b)对半自动置零、自动置零或零点跟踪的衡器,零点误差按 6.11 计算。

6.9　偏载试验

6.9.1　T_{6F} 或 T_7 检衡车法(型式试验)

将质量 40t 的装载砝码小车由承载器一端开始依次推至各承重点及相邻两承重点的中间位置,记录示值,由另一端推离承载器,往返各 5 次,每次小车离开承载器后,记录空秤示值。各示值应用零点误差 E_0 修正后的误差应符合 5.1 的规定,具有四组传感器的衡器,砝码小车在承载器上停放位置如图 1 所示。

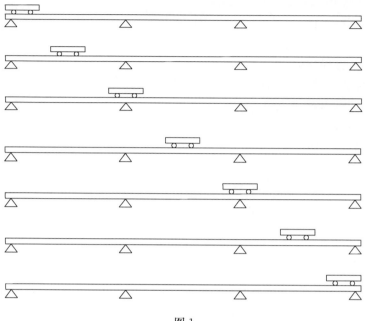

图 1

6.9.2 标准砝码法（出厂检验）

标准砝码的误差应不大于衡器相应秤量最大允许误差的 1/3。

将质量约为 10t 的标准砝码依次分别压在每对承重点上，记录示值，砝码吊离承载器后记录空秤示值。各示值的误差应符合 5.1 的规定。

如果衡器具有自动置零或零点跟踪功能，偏载试验期间不能运行。

6.10 称量试验

型式试验采用 T_{6F} 或 T_7 砝码检衡车，出厂检验采用标准砝码。称量检验按秤量由小到大的顺序进行。在检验过程中，不得重调零点，应检验下列秤量：

最小秤量；

最大允许误差改变的秤量，如：

中准确度级：$500e$，$2000e$；

普通准确度级：$50e$，$200e$；

大于 80t 秤量（小于最小秤量或大于最大秤量不做检验）。

型式试验各秤量应检验三个往返。

如果衡器装配了自动置零或零点跟踪装置，在试验中可以运行。

6.11 误差计算

无指示较小分度值（不大于 $0.2e$）的衡器，采用闪变点方法来确定化整前的示值，方法如下：

衡器上的砝码为 m，示值是 I，逐一加放 $0.1e$ 的小砝码，直至衡器的示值明显地增加了一个 e，变成 $I+e$，所有附加的小砝码为 Δm，化整前的示值为 P，则 P 由下列公式给出：

$$P=I+0.5e-\Delta m \tag{1}$$

化整前的误差为

$$E=P-m=I+0.5e-\Delta m-m$$

化整前的修正误差为

$$E_c=E-E_0 \leqslant MPE$$

式中：E_0 为零点或接近零点（如 $10e$）的误差。

示例：一台 $e=50kg$ 的衡器，零点误差 E_0 为 5kg，载荷为 40000kg 时，示值为 40000kg，逐一加放 5kg 砝码，示值由 40000kg 变为了 40050kg，附加小砝码为 15kg，代入上述公式：

$$P=(40000+25-15)kg=40010kg$$

化整前误差为

$$E=(40010-40000)kg=10kg$$
$$E_0=5kg$$
$$E_c=(10-5)=5kg$$

6.12 除皮准确度

先把除皮装置调整为零，将示值摆脱自动置零和零点跟踪的范围，然后按 6.11 误差计算零点误差，其结果应符合 5.2.7 的要求。

6.13 多指示装置

具有多个指示装置的衡器，按 6.10 进行称量试验时，不同装置的示值进行比较，其示值之差不超过 5.1.8 的规定。

6.14 鉴别力试验

在最小秤量、50％最大秤量和最大秤量进行鉴别力试验。

在承载器上加放某一定量的砝码和 10 个 $0.1d$ 的小砝码。然后依次取下小砝码，直到示值 I 确定地减少了一个实际分度值为 $I-d$，见图 2。

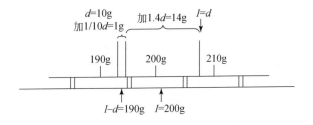

图 2

开始示值为 200g，取下一些小砝码，直到示值变为 $I-d=190g$。加上 $0.1d=1g$ 后，再加 $1.4d=14g$，则示值必须为 $I+d=210g$。

鉴别力试验可在称量试验中进行。

在进行 6.9，6.10 的试验时，各抽检一次鉴别力。

6.15　重复性试验

分别在约 50％最大秤量和接近最大秤量进行两组测试，每组至少重复 3 次。每次测试前，应将衡器调至零点位置。如果秤具有自动置零或零点跟踪装置，测试时应运行。

对所有的测试，都应执行首次检定的最大允许误差。

6.16　环境试验

静态低温试验应符合 GB/T 2423.1 的规定。

静态高温试验应符合 GB/T 2423.2 的规定。

稳态湿热试验应符合 GB/T 2423.3 的规定。

6.17　抗干扰试验

短时电源电压低降试验应符合 GB/T 17626.11 的规定。

电脉冲串试验应符合 GB/T 17626.4 的规定。

静电放电试验应符合 GB/T 17626.2 的规定。

电磁敏感性试验应符合 GB/T 17626.3 的规定。

6.18　频率和电压试验

频率和电压试验应符合 GB/T 6587.8 的规定。

6.19　安全试验

安全试验应符合 GB/T 14249.1 的规定。

7. 检验规则

试验中每项检测应连续进行。

7.1　型式评价

衡器应按本标准第 6 章要求进行型式评价（参见表 4）。在下列情况下需进行型式评价：

　　a）新产品批量生产前；

　　b）既有产品转厂生产时；

　　c）正常生产后，如在结构、材料、工艺、称重软件等方面有较大改变，可能会影响产品性能时；

　　d）产品停产 2 年以上恢复生产时。

在型式评价中，检测结果如有一项指标达不到本标准技术要求，则判该型式评价不合格。

7.2　出厂检验(交收检验)

每台产品出厂前应按表4进行检验,合格后才能出厂,并应附有产品合格证书。

表4　建议

检验项目	型式评价	出厂检验
打印机构	＋	－
称重传感器	＋	－
称重指示器	＋	－
外观试验	＋	＋
基础、防爬轨、过渡器	＋	－
空秤	＋	＋
偏载	＋	＋
称量	＋	＋
鉴别力	＋	＋
重复性	＋	－
环境	＋	－
抗干扰	＋	－
频率和电压	＋	－
安全	＋	－

注:表内"＋"表示评价项目,"－"表示非评价项目。

8. 标志、包装、运输、贮存

8.1　标志

8.1.1　说明性标志

衡器应具备下列标志。

8.1.1.1　强制必备标志:

——制造厂的名称和商标;

——准确度等级:中准确度级,符号为Ⓜ;

普通准确度级,符号为Ⓜ;

——最大秤量(Max)…;

——最小秤量(Min)…;

——检定分度值(e)…;

——制造许可证标志和编号。

8.1.1.2　必要时可备标志;

——出厂编号;

——单独而又相互关联的模块组成的衡器,其每一模块均应有识别标志;

——型式批准标志和编号;

——最大安全载荷,表示为 Lim＝…;

——衡器在满足正常工作要求时的特定温度界限表示为…℃/…℃。

8.1.1.3　附加标志

根据衡器的特殊用途需要,可增加附加标志,例如:

——不用于贸易结算;

——专用于……。

8.1.1.4　对说明性标志的要求

说明标志应牢固可靠,其字迹大小和形状必须清楚、易读。

这些标志应集中在明显易见的地方,标志在称量结果附近,固定于衡器的一块铭牌上,或在衡器的一个部位上。标志的铭牌应加封,不破坏铭牌无法将其拆下。

8.1.2　检定标志

8.1.2.1　位置

检定标志的位置应当:

a)不破坏标志就无法将其拆下;

b)标志容易固定;

c)在使用中就可以看见标志。

8.1.2.2　固定

采用自粘型检定标志,衡器上醒目处应留出能持久保存检定标志的位置,位置的直径至少为 25mm×50mm。

8.2　包装

包装应确保衡器在正常装卸运输、仓库贮存等过程中不发生损坏、丢失、锈蚀、长霉、降低准确度等情况。

尽可能使包装件重心靠中和靠下,包装箱内必须进行支撑、垫平、卡紧,并加以固定,以防碰撞造成损伤。

内包装箱与外包箱之间应有一定的间隙,并采取有效措施,以防止产品在运输过程中发生窜动和碰撞。

所有包装材料不应引起产品油漆或电镀件等表面色泽改变或锈蚀。

8.3　运输

衡器运输时应小心轻放,禁止抛掷、碰撞和倒置,防止剧烈震动和雨淋。

8.4　贮存

衡器的承载结构部分应贮存在有防雨、防水措施的场所。

称重传感器、称重指示器、电器设备等应贮存在温度范围为(－10～40)℃、相对湿度不大于85％的通风室内,且室内不得含有腐蚀性气体。

附录Ⅸ

中华人民共和国国家计量检定规程
自动轨道衡

Automatic Rail-Weighbridges

JJG 234—2012
代替 JJG 234—1990
JJG 709—1990

1. 范围

本规程适用于自动轨道衡(以下简称"轨道衡")的首次检定、后续检定和使用中检查。

2. 引用文件

本规程引用下列文件:

《国家计量检定规程编写规则》(JJF 1002—2010)

《检衡车》(JJG 567)

《数字指示轨道衡》(JJG 781)

《电子计算机场地通用规范》(GB/T 2887—2000)

《数值修约规则与极限数值的表示和判定》(GB/T 8170—2008)

《自动轨道衡》(GB/T 11885)

《自动轨道衡(Automatic Rail-Weighbridges)》(OIML R106—1997)

凡是注日期的引用文件,仅注日期的版本适用于本规程;凡是不注日期的引用文件,其最新版本(包括所有的修改单)适用于本规程。

3. 术语和计量单位

3.1 术语

3.1.1 自动轨道衡(automatic rail-weighbridges)

按预定程序对行进中的铁路货车进行称量,具有对称量数据进行处理、判断、指示和打印等功能的一种自动衡器。

3.1.2 控制衡器(control instrument)

通过静态称量确定参考车辆质量的衡器。

3.1.3 整体道床(solid concrete roadbed)

与承载器基础和防爬底架连为一体,在承载器基础两端构建的稳定承载结构。

3.1.4 承载器(load receptor)

轨道衡中用于承受载荷的装置。

轨道衡的承载器可以分为单承载器和多承载器。

3.1.5 模块(module)

轨道衡中完成一种或多种特定功能的可识别部件,并可根据相关国家规定中的计量和技术性能要求单独评价。

3.1.6 非联挂车辆(uncoupled wagon)

不与机车或其他车辆连接的单节车辆。

3.1.7 联挂车辆(coupled wagon)

与机车或其他车辆相互连接的车辆。

3.1.8 列车(train)

包含或不包含机车在内的若干节联挂车辆。

3.1.9 轨道衡检衡车(test vehicle for rail-weighbridges)

具有已知的标准质量值,用于检定、检测轨道衡的铁路特种车辆,简称"检衡车"。

3.1.10 参考车辆(reference wagon)

由控制衡器称量,在动态检定、检测中被临时用作质量标准的铁路车辆。

3.1.11 混编车辆(mixed wagon)

编入检衡车组中的铁路货车。

3.1.12 轴称量(axle weighing)

被称车辆的轴逐次通过同一承载器进行的称量。

3.1.13 转向架称量(bogie weighing)

被称车辆的转向架逐次通过同一承载器进行的称量。

3.1.14 整车称量(full draught weighing)

整个车辆通过承载器的称量。

3.1.15 动态称量(weighing-in-motion)

铁路车辆在运行状态下进行的称量。

3.1.16 静态称量(static weighing)

铁路车辆在静止状态下进行的称量。

3.1.17 列车称量(train weighing)

确定联挂车辆累计质量的称量。

3.1.18 最高称量速度(maximum operating speed)

动态称量时轨道衡允许的最高车辆速度,超过此速度时称量结果可能会出现过大的相对误差。

3.1.19 最低称量速度(minimum operating speed)

动态称量时轨道衡允许的最低车辆速度,低于此速度时称量结果可能会出现过大的相对误差。

3.1.20 称量速度范围(range of operating speed)

动态称量时介于最低和最高称量速度之间的范围。

3.1.21 最高通过速度(maximum transit speed)

轨道衡允许通过的最高速度,超过该速度将会使衡器产生永久性破坏。

3.2 计量单位

轨道衡使用的计量单位是:千克(kg)、吨(t)。

4. 概述

轨道衡用于称量铁路货车装载的货物,由基础,称重传感器、承载器、称重仪表、打印机等装置组成,称重仪表将称重传感器输出的车辆载荷信号进行处理,自动转换为质量值,从而得出运行过程中的车辆或列车的质量。

5. 计量性能要求

轨道衡的最小秤量为18t,最大秤量为100t。

5.1 准确度等级

轨道衡分为4个准确度等级:0.2级、0.5级、1级和2级。

对于车辆称量和列车称量,同一台轨道衡可以有不同的准确度等级。列车称量准确度等级由实际车辆称量的检定数据计算得出。

5.2 检定分度值 e

检定分度值 e 应以 1×10^k、2×10^k、5×10^k(k 为正整数)形式表示。

准确度等级、检定分度值和检定分度数之间的关系见表1。

表1 准确度等级、检定分度值和检定分度数之间的关系

准确度等级	检定分度值 e/kg	检定分度数 $n=\mathrm{Max}/e$	
		最小值	最大值
0.2	≤50	1000	5000
0.5	≤100	500	2500
1	≤200	250	1250
2	≤500	100	600

5.3　最大允许误差

动态称量的最大允许误差见表2。

表2　动态称量的最大允许误差

准确度等级	以车辆及列车质量的百分数表示	
	首次(后续)检定	使用中检查
0.2	±0.10%	±0.20%
0.5	±0.25%	±0.50%
1	±0.50%	±1.00%
2	±1.00%	±2.00%

注:质量为(18~35)t 的车辆按 35t 进行最大允许误差的计算。

5.3.1　车辆称量

根据表2相应准确度等级计算每辆检衡车或参考车辆的最大允许误差,并按 GB/T 8170 中的进舍规则修约为整数,获得修约后的最大允许误差。

若计算出的最大允许误差小于 $1e$,则该秤量点的最大允许误差按 $1e$ 进行处理。

5.3.2　列车称量

根据表2相应准确度等级计算列车(联挂检衡车或参考车辆的总质量)的最大允许误差,并按 GB/T 8170 中的进舍规则修约为整数,获得修约后的最大允许误差。

若计算出的最大允许误差小于 $5e$,则列车称量的最大允许误差按 $5e$ 进行处理。

6. 通用技术要求

6.1　操作安全性

6.1.1　欺骗性使用

轨道衡不应有欺骗性使用的特性,应设置防护措施用于防止对轨道衡的非正常调整和使用。

6.1.2　意外失调

轨道衡在设计时应防止能干扰轨道衡计量性能的意外失调,当意外失调发生时应进行提示。

6.1.3　中途反向称量

被称车辆在称量期间出现反向行驶时,轨道衡应能够通过自动或人工干预使此次称量无效。

6.2 称量结果的指示

6.2.1 称量的指示

轨道衡称重仪表至少应显示和打印称量日期、序号、车号(如果需要)、车辆质量、称量速度、称量时间,超出称量范围和称量速度时应进行提示。

数字指示应根据分度值的有效小数位进行显示。小数部分用小数点(下圆点)将其与整数分开,示值显示时其小数点左边至少应有一位数字,右边显示全部小数位。示值的数字和单位应稳定、清晰且易读,其计量单位应符合 3.2 的要求,其举例见附录 A.1。

6.2.2 打印输出

打印数据应清晰、耐久,计量单位的名称或符号应同时打印在数值的右侧或该数值列的上方,并与国家规范的要求一致。

6.2.3 示值的一致性

数字指示和打印装置示值应一致。

6.2.4 称量范围

对于小于最小秤量或大于最大秤量的车辆应进行提示。

6.3 车辆识别装置

轨道衡应配有车辆识别装置。该装置应能判断车辆已进入称量区及整车称量完毕。

单方向使用的轨道衡,如果反方向通过,轨道衡应给出错误提示信息或不显示车辆质量。

6.4 安装状况

6.4.1 基础和排水

轨道衡的基础应符合 GB/T11885 中的相关要求,不应有堆积物、断裂和局部下沉。如果轨道衡的机械部分位于基坑内,应采取排水措施,以保证轨道衡不被浸泡。

6.4.2 承载器和钢轨

承载器和钢轨的安装应能满足计量性能要求。引轨与称量轨应在同一水平面上,应有防爬措施。引轨与称量轨应采用同一型号的钢轨。

6.5 软件要求

轨道衡使用的软件应与型式批准时使用的软件一致,校准参数除外。

6.6 称重传感器和称重仪表

称重传感器和称重仪表应具有合格证书,并应与型式批准证书使用的一致。

6.7 标志

6.7.1 强制必备标志

——制造许可证的标志、编号;

——轨道衡的生产厂名;

——轨道衡名称和型号；

——车辆称量准确度等级；

——检定分度值 e；

——最大秤量；

——最小秤量；

——称量方式（轴称量、转向架称量、整车称量）；

——出厂编号；

——称量速度范围；

——承载器长度。

6.7.2　说明性标志

——称量装载物的适用范围（液态或固态）；

——供电电压；

——交流电源频率；

——温度范围[当不是(-10～40)℃时应标出]。

6.7.3　检定标志

——检定单位；

——检定人员；

——检定日期；

——有效日期；

——车辆称量准确度等级；

——列车称量准确度等级。

6.7.4　附加标志

如果轨道衡有特殊用途，可增加附加标志。

6.7.5　标志的要求

标志应设置在称重仪表和承载器易于观察的部位。

标志应具有一定尺寸、形状，使用稳定耐久的材料制作，内容应采用国家规定的图形或符号，清晰易读且安装牢固。

7. 计量器具控制

计量器具控制包括：首次检定、后续检定和使用中检查。

7.1　首次检定、后续检定和使用中检查

7.1.1　首次检定

检定应由计量检定机构在已安装调试完毕，能够正常运行的轨道衡上进行。

计量检定机构可要求申请者提供必要设备，人员以及控制衡器。如果符合附录 C 控制衡器的要求，被检轨道衡可作为控制衡器。首次检定按 7.3.1 规定的项

目进行。

7.1.2　后续检定

后续检定按 7.3.1 规定的项目进行。

7.1.3　使用中检查

使用中检查按 7.3.1 规定的项目进行。

7.2　检定条件

7.2.1　计量标准

7.2.1.1　检衡车

符合《检衡车》(JJG 567)检定规程要求的检衡车。

7.2.1.2　参考车辆

符合铁路运输要求、质量稳定的货车,其装载物的性质和正常称量物相似。

7.2.2　环境条件

7.2.2.1　轨道衡的基坑内不应有堆积物和积水;

7.2.2.2　应单独提供 380V/20A 的三相动力电源;

7.2.2.3　秤房内应有足够的使用面积以便于放置设备等,室内温度和湿度应符合 GB/T 2887 中 B 级的规定,秤房位置应便于观察车辆运行的状态(或安装监控设备);电源、仪表地线应符合 GB/T 2887 中 C 级的规定;

7.2.2.4　铁路线路必须开通且稳定;

7.2.2.5　遇雨、雪等可能影响检定工作的情况应停止检定。

7.3　检定项目和检定方法

7.3.1　检定项目

检定项目一览表见表3。

表 3　检定项目一览表

检定项目	首次检定	后续检定	使用中检查
5.1 准确度等级	＋	＋	＋
5.2 检定分度值	＋	＋	＋
5.3 最大允许误差	＋	＋	＋
6.1 操作安全性	＋	－	－
6.2 称量结果的指示	＋	－	－
6.3 车辆识别装置	＋	－	－
6.4 安装状况	＋	＋	－
6.5 软件要求	＋	－	－
6.6 称重传感器和称重仪表	＋	－	－
6.7 标志	＋	＋	－

注:表内"＋"表示应检定项目;"－"表示可不检定项目。

7.3.2 检定方法

7.3.2.1 准确度等级

检查被检轨道衡标志规定的准确度等级是否符合 5.1 及型式批准的要求。

7.3.2.2 检定分度值

检查被检轨道衡标志规定的检定分度值是否符合 5.2 的要求。

7.3.2.3 最大允许误差

a)动态称量

检衡车或载重货车以轨道衡允许的通过速度往返通过承载器至少 3 次。之后允许调整,同时检查在称量速度范围之外时的提示功能。

以总质量约为 20t,50t,68t,76t,84t 的 5 辆检衡车编成以下车组:

1)机车—84t—50t—76t—68t—20t;

2)机车—68t—76t—50t—84t—20t。

首次检定和大修后检定时采用两个编组进行检定,后续检定(除大修后检定)和使用中检查采用其中一个编组进行检定。

对于首次检定和大修后的轨道衡,在检定过程中,可对检衡车的质量进行调整。必要时,在机车和检衡车之间加挂 3 辆以上混编载重车辆,检查轨道衡对各种车型的判别能力。

检定时检衡车以标志中规定的称量速度范围往返检定各 10 次,应符合 5.3 最大允许误差的要求。对于单方向使用的轨道衡,应按使用方向检定各 10 次,应符合 5.3 最大允许误差的要求。

b)称量结果示值误差的计算

轨道衡称量结果示值误差的计算见公式(1):

$$E = I - m_0 \tag{1}$$

式中:

E——轨道衡称量的示值误差,kg;

I——轨道衡称量的检衡车或参考车辆的示值,kg;

m_0——检衡车或参考车辆的标准值,kg。

c)称量结果的判定

联挂车辆称量时,动态称量的最大允许误差按表 2 进行计算后修约为整数,其中 90%(按每个编组中的各个秤量点进行计算)的称量值不得超过修约后的最大允许误差,不超过 10%(按每个编组中的各个秤量点进行计算)的称量值可以超过修约后的最大允许误差,但不得超过该误差的 2 倍;非联挂车辆称量时,所有的动态称量值都应符合修约后的最大允许误差;列车称量时,所有的动态称量值都应符合修约后的最大允许误差。

举例见附录 A.2。

7.3.2.4 操作安全性

检查轨道衡是否具有防护修改校准参数的硬件或软件的措施,检查车辆的重量、速度超出允许的范围时是否具有提示和报警功能,检查轨道衡是否符合 6.1.3 的要求。

7.3.2.5 称量结果的指示

检查轨道衡是否符合 6.2 的要求。

7.3.2.6 车辆识别装置

检查轨道衡是否符合 6.3 的要求。

7.3.2.7 安装状况

检查轨道衡是否符合 6.4 的要求。

7.3.2.8 软件

检查轨道衡的软件是否符合 6.5 的要求。

7.3.2.9 称重传感器和称重仪表

检查称重传感器和称重仪表是否具有合格证书。

7.3.2.10 标志

检查轨道衡的标志是否符合 6.7 的要求。

7.4 检定结果的处理

按本规程要求检定合格的轨道衡发给检定证书,检定不合格的轨道衡发给检定结果通知书,并注明不合格项目。

7.5 检定周期

轨道衡的检定周期一般不超过 1 年。

附录 Ⅸ. A　称量结果的判定及称量结果的指示举例

A.1　称量结果的指示

例1　日期:2010 年 9 月 1 日

序号	车号	质量/kg	速度/(km/h)	时:分:秒
1	8066236	82280	8.0	10:13:10

A.2　称量结果的判定

例2　车辆动态称量首次(后续)检定:

对于联挂车辆称量准确度等级 1 级、$e=200\text{kg}$ 的轨道衡;

检衡车标准值:22280kg,按 35000kg 进行最大允许误差的计算。

MPE 为:$35000\text{kg} \times (\pm 0.50\%) = \pm 175\text{kg}$;

修约后的 MPE 为(一倍误差内):$\pm 175\text{kg} < 1e$,则该 MPE 取 $\pm 200\text{kg}$;

MPE 的两倍:$\pm 400\text{kg}(2e)$;

两倍误差外:超过 $\pm 400\text{kg}$。

轨道衡的 20 个称量示值分别为:

22150kg、22150kg、22250kg、22260kg、22150kg、22260kg、22270kg、22260kg、22280kg、22260kg、22270kg、22270kg、22490kg、22250kg、22250kg、22200kg、22250kg、22260kg、22250kg、22250kg。

轨道衡示值与标准值之差分别为:

-130kg、-130kg、-30kg、-20kg、-130kg、-20kg、-10kg、-20kg、0kg、-20kg、-10kg、-10kg、$+210\text{kg}$、-30kg、-30kg、-80kg、-30kg、-20kg、-30kg、-30kg。

20 个称量值中,一倍误差内的有 19 个,一倍误差外两倍误差内的有 1 个,两倍误差外的有 0 个,因此轨道衡的该秤量点合格。

如果其他 4 个秤量点各 20 个称量值中,有不多于 2 个的称量值超过一倍误差,但没有超过两倍误差,则判定该轨道衡检定合格。

例3　列车动态称量首次(后续)检定:

对于列车称量准确度等级 0.5 级、$e = 100\text{kg}$ 的轨道衡;

5 辆检衡车的标准值分别为:81760kg、49760kg、75770kg、65460kg、21410kg,则计算出列车的标准值为 81760kg + 49760kg + 75770kg + 65460kg + 21410kg = 294160kg

MPE 为:$294160\text{kg} \times (\pm 0.25\%) = \pm 735.4\text{kg}$

修约后的 MPE 为(一倍误差内):$\pm 735\text{kg} > 5e$,则该 MPE 取 $\pm 735\text{kg}$;

轨道衡的 20 个称量累计示值分别为：

294360kg、294860kg、294870kg、294860kg、294780kg、294780kg、294850kg、294850kg、294840kg、294660kg、294560kg、294460kg、294560kg、294520kg、294420kg、294780kg、294560kg、294360kg、294260kg、294660kg。

轨道衡示值与标准值之差分别为：

＋200kg、＋700kg、＋710kg、＋700kg、＋620kg、＋620kg、＋690kg、＋690kg、＋680kg、＋500kg、＋400kg、＋300kg、＋400kg、＋360kg、＋260kg、＋620kg、＋400kg、＋200kg、＋100kg、＋500kg。

20 个称量值中，所有的称量值都符合最大允许误差的要求，因此该轨道衡在列车称量准确度等级 0.5 级合格。

附录Ⅸ.B　检定记录格式(信息性)

检定记录　　　　　　　　　　第 页 共 页

证书编号:GJZ-H字　第　　号

送检单位				负责部门		
通讯地址				邮政编码		
联系人		电话		手机		
路局		分站		检衡车到站		
计量器具名称:				型号规格		
制造单位				出厂编号		
检定类别	首次□ 后续□ 使用中□		准确度等级	车辆称量： 级 列车称量： 级		
检定分度值 e		分度值 d		上衡方式	推□ 拉□	
牵引方式	机车□ 非机车□	称量方式	整车称量□ 转向架称量□ 轴称量□			
上衡方向	双方向□ 从左往右□ 从右往左□		混编车型			
检定车速范围	（　～　　）km/h		检定地点			
称重仪表	符合□ 不符合□ 型号： 编号：	称重传感器	符合□ 不符合□ 型号：	计算机	型号： 编号：	
操作安全性	符合□ 不符合□	车辆识别装置	符合□ 不符合□	称量结果的指示	符合□ 不符合□	
安装状况	符合□ 不符合□	软件	符合□ 不符合□	标志	符合□ 不符合□	
整体道床	符合□ 不符合□	平直段	符合□ 不符合□	环境条件	符合□ 不符合□	
检定使用的计量标准装置	名称		测量范围		最大允许误差	
	计量标准考核证书号〔　〕国 量标 铁道 证字 第　号				有效期至： 年 月 日	
	社会公用计量标准证书号〔　〕国 社量标 轨道 证字 第　号					
检定使用的标准器	名称		测量范围		最大允许误差	
	车型车号		检定证书编号		有效期至 年 月 日	
称重传感器位置示意图及编号：				备注：		
检定依据	JJG 234《自动轨道衡》检定规程					
核验员：		检定员：		检定结论：	检定日期： 年 月 日	

动态检定数据　　　　（单位:kg）　　　　第　页　共　页

编组方式:机车—84t—50t—76t—68t—20t □						机车—68t—76t—50t—84t—20t □		
车型车号								列车称量
标准值 m_0								
MPE								
修约后 MPE								
两倍误差								
一倍误差上限值								
一倍误差下限值								
两倍误差上限值								
两倍误差下限值								
过衡方向:从左往右□　从右往左□　————　过衡方式:推□ 拉□								
序号	1							
	2							
	3							
	4							
	5							
	6							
	7							
	8							
	9							
	10							
过衡方向:从左往右□　从右往左□　————　过衡方式:推□ 拉□								
序号	1							
	2							
	3							
	4							
	5							
	6							
	7							
	8							
	9							
	10							
检定数据处理结果								
一倍误差内								
一倍误差外 两倍误差内								
两倍误差外								

附录Ⅸ.C　控制衡器与参考车辆

C.1　控制衡器

C.1.1　数字指示轨道衡

作为控制衡器的数字指示轨道衡应能满足《数字指示轨道衡》(JJG 781)检定规程的各项要求,称重仪表的分度值 d 应能细化为 2kg。

对于能够关闭零点跟踪功能的数字指示轨道衡,建立参考车辆时应将其关闭;对于无法关闭零点跟踪功能的数字指示轨道衡,应加放一定的砝码使其超出零点跟踪范围。

对于无法细化分度值的数字指示轨道衡,采取以下方法确定参考车辆的质量:

在数字指示轨道衡上测量检衡车或砝码小车与砝码组合的各个秤量点 10 次,逐一加放 $0.1e$ 的小砝码,直至轨道衡的示值明显地增加了一个 e,变成 $I+e$,所有附加的小砝码为 Δm,计算化整前的示值 P,求出 $P_{\max}-P_{\min}$,应满足 C.1.3 中重复性指标的要求,计算 10 次的平均值 $\bar{P}$ 及系统误差 Δ,每个秤量点称量完毕后,立即将参考车辆推上承载器进行 6 次称量,记录 6 次的称量示值 I,求出平均值 $\bar{I}$,则参考车辆的质量为 m_0。

P 的计算公式见(C.1),Δ 的计算公式见(C.2),$\bar{I}$ 的计算公式见(C.3),m_0 的计算公式见(C.4):

$$P=I+0.5e-\Delta m \tag{C.1}$$

$$\Delta=\bar{P}-m \tag{C.2}$$

$$\bar{I}=\frac{\sum_{i=1}^{n}I_i}{n},\quad i=1,2,3,\cdots,n \tag{C.3}$$

$$m_0=\bar{I}+(-\Delta) \tag{C.4}$$

式中:

m——所加载荷的标准值,kg;

I_i——各次的称量示值,kg;

m_0——建立的参考车辆的标准值,kg。

C.1.2　多承载器轨道衡

使用多承载器轨道衡作为控制衡器应能满足本规程的各项要求,称重仪表的分度值 d 应能细化为 2kg。

对于能够关闭零点跟踪功能的轨道衡,建立参考车辆时应将其关闭;对于无法关闭零点跟踪功能的轨道衡,应加放一定的砝码使其超出零点跟踪范围。

C.1.3　控制衡器的要求

对应参考车辆质量的每个秤量点采用以下方法对控制衡器的重复性指标进行评价(该试验可以与建立参考车辆的过程同时进行)：

以一定质量的砝码小车或检衡车推至承载器上往返 5 次,共计 10 次称量,求出称量示值的最大值与最小值之差 $I_{max}-I_{min}$ 即重复性误差,若该秤量点的重复性误差不大于动态称量所对应的最大允许误差绝对值的 1/3,则此控制衡器即可以用来建立参考车辆。

C.2　选取参考车辆

C.2.1　装载固态物的车辆

根据现场的情况,选取具有代表性和常用的铁路货车 5 辆,装载质量稳定的物质(如钢铁等金属),装载后的质量约为 20t、50t、68t、76t 和 84t。

C.2.2　装载液态物的车辆

根据现场的情况,选择具有代表性和常用的铁路罐车 5 辆,罐车装载物应与实际称量时一致,且车辆之间的质量值应有差别,其中应有 1 辆空罐车。

C.3　建立参考车辆

C.3.1　使用数字指示轨道衡

对已选取并装载后的参考车辆进行称量,确定参考车辆的质量是否符合要求。

采用 C.1.3 的方法确定该秤量点的重复性指标是否符合要求,若符合要求,记录该秤量点的系统误差 Δ,将对应的参考车辆推至承载器,共计 6 次,记录称量示值 I,求出平均值 $\bar{I}$,用平均值 $\bar{I}$ 与该秤量点的系统误差 Δ 计算得到参考车辆的标准值 m_0,计算公式见式(C.4)。

重复以上过程直到得出其余参考车辆的标准值 m_0。

C.3.2　使用多承载器轨道衡

对已选取并装载后的参考车辆(罐车)进行称量,确定参考车辆(罐车)的质量是否符合要求。

采用 C.1.3 的方法确定该秤量点的重复性指标是否符合要求,若符合要求,记录该秤量点的系统误差 Δ,将对应的参考车辆(罐车)推至两个承载器上,共计 6 次,记录称量示值 I,求出平均值 $\bar{I}$,用平均值 $\bar{I}$ 与该秤量点的系统误差 Δ 计算得到参考车辆(罐车)的标准值 m_0,计算公式见(C.4)。

重复以上过程直到得出其余参考车辆(罐车)的标准值 m_0。

C.4　参考车辆的使用

参考车辆的装载物应稳定、质量值不易发生变化,参考车辆的使用时间不得超过 7 天。

附录 X

中华人民共和国国家计量检定规程
数字指示轨道衡

Digital Indication Rail-Weighbridges

JJG 781—2002
代替 JJG 781—1992
JJG 460—1986

1. 范围

本规程适用于中准确度级和普通准确度级的数字指示轨道衡(以下简称轨道衡)的首次检定、后续检定和使用中检验。

机电结合的数字指示轨道衡的非自行指示装置按《非自行指示轨道衡》(JJG 142—2002)检定规程进行检定,数字指示装置按本规程进行检定。

2. 引用文献

本规程引用下列文献:

《非自动秤通用检定规程》(JJG 555—1996)

《检衡车》(JJG 567—1989)

《计算机场地技术条件》(GB 2887—2000)

使用本规程时应注意使用上述引用文献的现行有效版本。

3. 术语和计量单位

《非自动秤通用检定规程》(JJG 555—1996)的部分术语适用于本规程,为便于计量检定,特引用其计量管理中的部分术语。

3.1 检定

查明和确认轨道衡是否符合法定要求的程序,它包括检查、加标记和出具检定证书。

3.2 首次检定

对未曾检定过的新轨道衡进行的一种检定。首次检定包括:

a)新制造、新安装轨道衡的检定；

b)新进口轨道衡的检定。

3.3　后续检定

轨道衡首次检定后的任何一种检定：

a)强制性周期检定；

b)修理后检定；

c)周期检定有效期内的检定，不论它是由用户提出请求，或由于某种原因使有效期内的封印失效而进行的检定。

3.4　使用中检验

为查明轨道衡的检定标记或检定证书是否有效、保护标记是否损坏、检定后轨道衡是否遭到明显改动，以及其误差是否超过使用中最大允许误差所进行的一种检查。

3.5　计量单位

轨道衡使用的计量单位是：千克(kg)、吨(t)。

4. 概述

数字指示轨道衡是指装有电子装置具有数字指示功能的静态称量轨道衡。

5. 计量性能要求

5.1　划分等级的原则

5.1.1　准确度等级

准确度等级和符号见表 1

表 1　准确度等级和符号

中准确度级	ⒾⒾⒾ
普通准确度级	ⒾⒾⒾⒾ

5.1.2　检定分度值

检定分度值与实际分度值相等，即 $e=d$。

5.2　轨道衡的等级

与准确度等级有关的检定分度值、检定分度数和最小秤量见表 2。

表 2　准确度等级与检定分度数的关系

准确度等级	检定分度值 e	检定分度数 n=Max/e		最小秤量 Min
		最小	最大	
中准确度级ⒾⒾⒾ	$e\geqslant5$g	500	10000	20e
普通准确度级ⒾⒾⒾⒾ	$e\geqslant5$g	100	1000	10e

注：1. 大于 100t 的轨道衡按 100t 轨道衡进行检定；

2. 用于贸易结算的轨道衡，其最小分度数对ⒾⒾⒾ，$n=1000$；对ⒾⒾⒾⒾ，$n=400$。

5.3　最大允许误差

5.3.1　首次检定最大允许误差

加载或卸载时的最大允许误差见表3。

5.3.2　后续检定的最大允许误差执行首次检定的规定。

5.3.3　使用中检验的最大允许误差,是首次检定最大允许误差的两倍。

表3　最大允许误差

最大允许误差 MPE	m 以检定分度值 e 表示	
	③	④
±0.5e	0≤m≤500e	0≤m≤50e
±1.0e	500e<m≤2000e	50e<m≤200e
±1.5e	2000e<m≤10000e	200e<m≤1000e

5.4　称量结果间的允许差值

无论称量结果如何变化,任何一次称量结果的误差,应不大于该秤量的最大允许误差。

5.4.1　重复性

对同一载荷,多次称量所得结果最大值与最小值之差,应不大于该秤量最大允许误差的绝对值。

5.4.2　偏载

按照7.2.2.7的要求进行偏载检定,同一载荷在不同位置的示值,其误差应不大于该秤量的最大允许误差。

在每对支承点上施加的载荷为:

a)使用 T_{6F} 砝码检衡车内砝码小车时约为 24t;

b)使用 T_6 检衡车时为 40t。

5.5　多指示装置

对于多指示装置的示值之差,应不大于相应秤量最大允许误差的绝对值。数字指示与数字指示或数字指示与打印装置之间的示值之差应为零。

5.6　鉴别力

在处于平衡的轨道衡上,轻缓地放上或取下等于 1.4d 的砝码,此时原来的示值应改变。

5.7　置零装置的准确度

置零后,零点偏差对称量结果的影响应不大于 ±0.25e。

6. 通用技术要求

6.1　器件和预置控制的防护

对于禁止接触或禁止调整的器件和预置控制器，应采取防护措施，对直接影响到轨道衡的量值的部位应加印封或铅封，印封区域或铅封直径至少为 5mm。印封或铅封不破坏不能拆下；印封或铅封破坏后，合格即失效。

6.2　安装要求

6.2.1　轨道衡的基础结构应考虑维护和调整方便，基础不得有影响线路平值的下沉和破坏强度的断裂现象。

6.2.2　与轨道衡相接的两端，必须设置不小于 4.5m 的防爬轨，防爬基础长度应大于 4.5m。防爬轨与秤量轨的间距应在(5~15)mm 之间防爬轨应高于秤量轨，高差、错牙应小于 2mm，秤量轨和防爬轨的端头不得使用火焰切割。轨道衡两端的平直道要求不小于 25m。轨道衡两端应设有明显的限速标志。

6.2.3　轨道衡应有安全可靠的接地和防雷措施。

6.3　轨道衡的标志

6.3.1　说明性标志

轨道衡应具备下列标志。

6.3.1.1　强制必备标志：

—制造厂的名称和商标；

—准确度等级：中准确度级，符号为Ⓜ；

普通准确度级，符号为Ⓜ；

—最大秤量(Max)；

—最小秤量(Min)；

—检定分度值(e)；

—制造许可证标志和编号。

6.3.1.2　必要时可备标志：

—出厂编号；

—单独而又相互关联的模块组成的轨道衡，其每一模块均应有识别标志；

—型式批准标志和编号；

—最大安全载荷，表示为 Lim ＝；

—轨道衡在满足正常工作要求时的特定温度界限表示为℃/℃。

6.3.1.3　附加标志

根据轨道衡的特殊用途需要，可增加附加标志，例如：

—不用于贸易结算；

—专用于……。

6.3.1.4　对说明性标志的要求

说明标志应牢固可靠,其字迹大小和形状必须清楚、易读。这些标志应集中在明显易见的地方,标志在称量结果附近,固定于轨道衡的一块铭牌上,或在轨道衡的一个部位上。标志的铭牌应加封,不破坏铭牌无法将其拆下。

6.3.2　检定标志

6.3.2.1　位置

检定标志的位置应当:

a)不破坏标志就无法将其拆下;

b)标志容易固定;

c)在使用中就可以看见标志。

6.3.2.2　固定

采用自粘型检定标志,应保证标志持久保存,并留出固定位置,位置的直径至少为 25mm。

7. 计量器具控制

计量器具控制包括:首次检定、后续检定和使用中检验。修理后对轨道衡计量性能有重大影响时,需按首次检定进行。

7.1　检定条件

7.1.1　检定标准器

7.1.1.1　检衡车

社会公用计量标准 T_{6F} 检衡车的误差应符合《检衡车检定规程》(JJG 567—1989)的要求,首次检定和修理后检定应使用 T_{6F} 检衡车。

7.1.1.2　砝码

检定用的标准砝码误差,应不大于轨道衡相应秤量最大允许误差的 1/3。

7.1.2　环境条件

7.1.2.1　有基坑的轨道衡应具有排水设施,基坑内不应有杂物和积水。

7.1.2.2　秤房应符合《计算站场地技术条件》(GB 2887—2000)中 B 级的规定,秤房内应有调车信号和便于观察车辆运行状态的窗口。

7.1.2.3　秤房配套设施齐全。检定现场应备有 380V/15A 的三相动力电源。

7.1.2.4　遇雨、雪或其他可能影响检定工作的情况时应暂停检定。

7.2　检定项目和检定方法

7.2.1　外观检查

检定前对轨道衡进行下述目测检查:

7.2.1.1　检查本规程 6.3.1.1 规定的标志要求。

7.2.1.2　检查本规程 6.3.1.4 及 6.3.2 规定的铭牌以及检定标志和管理标

志的位置。

7.2.1.3 若已确定轨道衡的使用条件和地点,则应检查其是否合适。

7.2.2 检定

轨道衡最小秤量为 18t,大于 100t 的轨道衡按 100t 轨道衡进行检定。

7.2.2.1 检定前的准备

称量检定前,用总重不少于 80t 的机车或车辆以轨道衡允许的通过速度往返轨道衡不少于 3 次。

7.2.2.2 置零装置的准确度

不带零点跟踪装置的轨道衡,先将轨道衡置零,然后测定使示值由零变为零上一个分度值所施加的砝码,按照 7.2.2.5 计算零点误差。

带零点跟踪装置的轨道衡,将示值摆脱自动置零和零点跟踪范围(如加放 $10e$ 的砝码),然后按照 7.2.2.5 计算零点误差。

7.2.2.3 加载前的置零

按下述方法置零或确定零点:

a)对非自动置零轨道衡,将 $0.5e$ 的小砝码放于承载器上,调整轨道衡直至出现示值在零与零上一个分度值之间闪变,取下小砝码,即获得零位的中心;

b)对半自动置零、自动置零或零点跟踪的轨道衡,零点的误差按照 7.2.2.2 的要求检定。

7.2.2.4 称量性能

根据使用不同型号的检衡车确定检定称量点。称量检定按秤量由小到大的顺序进行。在检定过程中,不得重调零点,应检定下列秤量:

最小秤量;

最大允许误差改变的秤量,如:

中准确度级:$500e$,$2000e$;

普通准确度级:$50e$,$200e$;

大于 80t 秤量(小于最小秤量或大于最大秤量不做检定)。

各秤量应检定一个往返。

如果轨道衡装配了自动置零或零点跟踪装置,在检定中可以运行。

7.2.2.5 误差计算

指示较小分度值(不大于 $0.2e$)的轨道衡,采用闪变点方法来确定化整前的示值,方法如下:

轨道衡上的砝码为 m,示值是 I,逐一加放 $0.1e$ 的小砝码,直至轨道衡的示值明显地增加了一个 e,变成 $I+e$,所有附加的小砝码为 Δm,化整前的示值为 P,则 P 由下列公式给出:

$$P=I+0.5e-m \tag{1}$$

化整前的误差为

$$E＝P－m＝I＋0.5e－\Delta m－m$$

化整前的修正误差为

$$E_c＝E－E_0 \leqslant MPEV$$

式中：E_0 为零点或接近零点（如 $10e$）的误差。

示例：一台 $e＝50kg$ 的轨道衡，零点误差 E_0 为 5kg，载荷为 40000kg 时，示值为 40000kg，逐一加放 5kg 砝码，示值由 40000kg 变为了 40050kg，附加小砝码为 15kg，代入上述公式：

$$P＝(40000＋25－15)kg＝40010kg$$

化整前误差为

$$E＝(40010－40000)kg＝10kg$$
$$E_0＝5kg$$
$$E_c＝(10－5)kg＝5kg$$

7.2.2.6　多指示装置

具有多个指示装置的轨道衡，检定期间，不同装置的示值在检定时按 7.2.2.4 的要求进行比较，其示值之差不超过 5.5 规定。

7.2.2.7　偏载

对承载器的始端、支承点、相邻两对支承点的中部和末端进行检定。

a)使用 T_{6F} 砝码检衡车内的砝码小车时往返检定 1 次（如图 1 所示）；

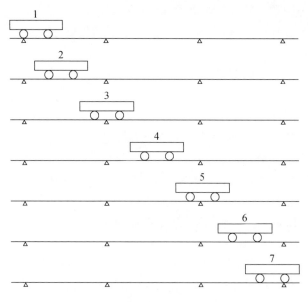

图 1

b)使用 T_6 检衡车时往返检定 2 次(如图 2 所示)。

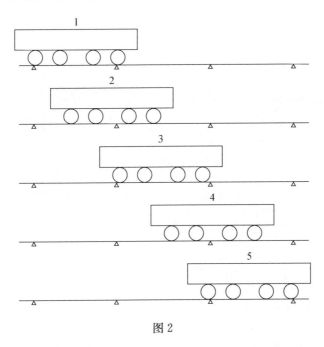

图 2

如果轨道衡具有自动置零或零点跟踪功能,检定期间不能运行。

7.2.2.8　鉴别力

在最小秤量、50%最大秤量和最大秤量进行鉴别力检定。

根据使用检衡车的不同可在 7.2.2.4 所选择的秤量检定中同时进行鉴别力检定。

无指示较小分度值(不大于 $0.2e$)的轨道衡,采用下述方法进行检定:

将检衡车推至轨道衡上,然后依次加放 $0.1d$ 的小砝码,直到示值 I 确实地增加了一个实际分度值为 $I+d$。

如一台 $d=20\mathrm{kg}$ 的轨道衡,开始示值 $I=40000\mathrm{kg}$,加上一些小砝码,直到示值刚刚变为 $I_1=I+d=40020\mathrm{kg}$,再加 $1.4d=28\mathrm{kg}$,则示值必须为 $I_2=I_1+d=40040\mathrm{kg}$。

7.2.2.9　重复性

检衡车应单方向上轨道衡,至少重复检定 3 次:

a)使用 T_{6F} 砝码检衡车或两辆 T_6 检衡车时秤量点为 40t 和大于或等于 80t;

b)使用一辆 T_6 检衡车时秤量点为 40t;

c)使用其他车辆时秤量点为 40t 和大于或等于 80t。

每次检定前应将轨道衡调至零点位置。如果轨道衡具有自动置零或零点跟踪功能,检定时应运行。

7.2.3 在必要的情况下,计量部门为了进行检定,可以要求申请单位提供检定载荷、仪器及人员。

7.2.4 检定、检验项目见表4。

表4 检定、检验项目一览表

检定、检验项目	首次检定	后续检定	使用中检验
7.2.1.1	＋	＋	－
7.2.1.2	＋	＋	－
7.2.1.3	＋	－	－
7.2.2.2	＋	＋	＋
7.2.2.4	＋	＋	＋
7.2.2.7	＋	＋	－
7.2.2.8	＋	＋	－
7.2.2.9	＋	＋	＋

注:表内"＋"表示应检定、检验项目;"－"表示可不检定、检验项目。

7.3 检定结果的处理

本规程要求检定合格的轨道衡,应出具检定证书,盖检定合格印或粘贴合格证;应注明施行检定的日期以及检定的有效期;应对可能改变轨道衡计量性能的器件或直接影响到秤量值的部位加印封或铅封。使用中检验合格的轨道衡,其原检定证书与印封或铅封仍保持不变。检定不合格的轨道衡,发现检定结果通知书,不准使用;使用中检验不合格的轨道衡不准使用。

7.4 检定周期

轨道衡的检定周期一般不超过1年。

附录 XI

中华人民共和国国家计量技术规范
自动轨道衡(动态称量轨道衡)型式评价大纲

The Program of Pattern Evaluation for
Automatic Rail-Weighbridges   JJF 1359—2012
(Motion Weighing Railway Track Scale)

1. 范围

本型式评价大纲适用于符合国家计量检定规程《自动轨道衡》(JJG 234)和国家标准《自动轨道衡》(GB/T 11885)要求的,标准轨距的自动轨道衡(以下简称轨道衡)型式评价,其他非标准轨距轨道衡可参照采用。

2. 引用文献

《砝码》(JJG 99)

《自动轨道衡》(JJG 234)

《检衡车》(JJG 567)

《称重传感器》(JJG 669—2003)

《电工电子产品环境试验　第 2 部分:试验方法　试验 A:低温》(GB/T 2423.1—2001)

《电工电子产品环境试验　第 2 部分:试验方法　试验 B:高温》(GB/T 2423.2—2001)

《电工电子产品环境试验　第 2 部分:试验方法　试验 Cab:恒定湿热试验》(GB/T 2423.3—2006)

《电工电子产品环境试验高温低温试验导则》(GB/T 2424.1—2005)

《电工电子产品环境试验湿热试验导则》(GB/T 2424.2—2005)

《电子计算机场地通用规范》(GB/T 2887)

《称重传感器》(GB/T 7551—2008)

国家质量监督检验检疫总局　2012-09-03 发布　　　　　　2012-12-03 实施

《电子衡器安全要求》(GB 14249.1—1993)

《电磁兼容 试验和测量技术抗扰度试验总论》(GB/T 17626.1—2006)

《电磁兼容 试验和测量技术静电放电抗扰度试验》(GB/T 17626.2—2006)

《电磁兼容 试验和测量技术射频电磁场辐射抗扰度试验》(GB/T 17626.3—2006)

《电磁兼容 试验和测量技术电快速瞬变脉冲群抗扰度试验》(GB/T 17626.4—2008)

《电磁兼容 试验和测量技术浪涌(冲击)抗扰度试验》(GB/T 17626.5—2008)

《电磁兼容 试验和测量技术射频场感应的传导骚扰抗扰度》(GB/T 17626.6—2008)

《电磁兼容 试验和测量技术电压暂降、短时中断和电压变化的抗扰度试验》(GB/T 17626.11—2008)

《电磁兼容 环境 公用供电系统低频传导骚扰及信号传输的电磁环境》(GB/Z 18039.5—2008)

《自动轨道衡(Automatic Rail-Weighbridges)》(OIML R106—1997)

上述文件中的条款通过本大纲的引用而成为本大纲的条款。凡是注日期的引用文件,其随后所有的修改单(不包括勘误的内容)或修改版均不适用本大纲。然而,鼓励根据本大纲达成协议的各方研究是否可使用这些文件的最新版本。凡是不注日期的引用文件,其最新版本适用于本大纲。

3. 术语

《自动轨道衡》(JJG 234)中的术语适用于本大纲,并增加以下术语:

3.1　长期稳定性试验(long-term stability test)

在规定的使用周期内,轨道衡维持其性能特征的能力。

注:型式评价的长期稳定性试验为一个检定周期内的试验。

3.2　增差(fault)

轨道衡的示值误差与固有误差之差。

3.3　显著增差(significant fault)

大于 $1e$ 的增差。

下列情形不认为是显著增差:

——轨道衡或检验设备内由于同时发生的、且相互独立的诸原因而引起的增差;

——意味着不可能进行任何测量的增差;

——严重程度势必被所有关注测量结果的人员所察觉的增差;

——由于示值瞬间变动而引起的暂时性增差,作为测量结果这种变动系无法解释、存储或转换。

3.4　法定相关软件(legally relevant software)

轨道衡的程序、数据及相关参数,其能定义或执行受法定计量管理的功能。

3.5　软件标识(software identification)

一个可读的软件序列号且与该软件有密不可分的对应关系(如:版本号)。

3.6　用户接口(user interface)

用户与轨道衡的硬件或软件进行信息交流的接口。

4. 概述

轨道衡用于称量铁路货车装载的货物,由基础与称重传感器、承载器、称重仪表、打印机等装置组成,称重仪表将称重传感器输出的车辆载荷信号进行处理,自动转换为质量值,从而得出运行过程中的车辆或列车的质量。

5. 法制管理要求

5.1　计量单位

轨道衡使用的计量单位是:千克(kg)、吨(t)。

5.2　计量法制标志和计量器具标识

轨道衡标识应设置在称重指示器和承载器易于观察的部位。应具有一定尺寸、形状,使用稳定耐久的材料制作,内容应采用国家规定的图形或符号,清晰易读且安装牢固。

5.2.1　计量法制标志

a)制造计量器具许可证的标志和编号(受试轨道衡应留出相应位置);

b)计量器具型式批准标志和编号(受试轨道衡可留出相应位置,本项不是强制性规定);

c)产品的合格证、印(此项可与受试轨道衡本体分开设置)。

5.2.2　计量器具标识

a)轨道衡的生产厂名;

b)轨道衡名称和型号;

c)车辆称量准确度等级;

d)检定分度值 e;

e)最大秤量;

f)最小秤量;

g)称量方式(轴称量、转向架称量、整车称量);

h)出厂编号;

i)称量速度范围;

j)承载器长度;

k)称量装载物的适用范围(液态或固态)(如果需要);

l)供电电压(如果需要);

m)交流电源频率(如果需要);

n)温度范围[当不是(−10~40)℃时应标出](如果需要)。

如果轨道衡有特殊用途,可增加附加的计量器具标识。

5.3 试验样机

5.3.1 每份申请书只接受单一产品、单一准确度等级的样机进行试验。

5.3.2 提供与申请书中相符的样机一台。

5.3.3 不同的产品应有不同的申请委托,并提供各自产品的样机一台。

5.3.4 提供与试验样机相应的技术资料,技术资料应齐全、科学、合理,提交的资料和文件如下:

——样机照片(室内、室外);

——产品标准(含检验方法);

——总装图、电路图和主要零部件图;

——使用说明书;

——制造单位或技术机构所做的试验报告;

——外购称重传感器的制造计量器具许可证和合格证书以及称重仪表的合格证书。

6. 计量要求

轨道衡的最小秤量为18t,最大秤量为100t。

6.1 准确度等级

轨道衡可分为4个准确度等级:0.2级、0.5级、1级和2级。

对于车辆称量和列车称量,同一台轨道衡可以有不同的准确度等级。列车称量准确度等级由实际车辆称量的数据计算得出。

6.2 检定分度值 e

检定分度值 e 应以 1×10^k、2×10^k、5×10^k(k 为正整数或零)形式表示。

准确度等级、检定分度值和检定分度数之间的关系见表1。

表1 准确度等级、检定分度值和检定分度数之间的关系

准确度等级	检定分度值 e/kg	检定分度数 $n = \mathrm{Max}/e$	
		最小值	最大值
0.2	≤50	1000	5000
0.5	≤100	500	2500
1	≤200	250	1250
2	≤500	100	600

注:质量为(18~35)t 的车辆按 35t 进行最大允许误差的计算。

6.3　最大允许误差

6.3.1　静态称量

静态称量的最大允许误差见表 2。

表 2　静态称量的最大允许误差

用检定分度值 e 表示的载荷/m	最大允许误差	
	首次检定	使用中检查
$0 \leqslant m \leqslant 500e$	±0.5e	±1.0e
$500e < m \leqslant 2000e$	±1.0e	±2.0e
$2000e < m \leqslant 10000e$	±1.5e	±3.0e

6.3.2　鉴别力

鉴别力试验应分别在零点、静态称量试验中施加或取下 1.4d（分度值）的附加载荷,初始示值应相应改变 1d。

6.3.3　动态称量

动态称量的最大允许误差见表 3。

表 3　动态称量的最大允许误差

准确度等级	以车辆及列车质量的百分数表示	
	首次检定	使用中检查
0.2	±0.10%	±0.20%
0.5	±0.25%	±0.50%
1	±0.50%	±1.00%
2	±1.00%	±2.00%

6.3.3.1　车辆称量

根据表 3 相应准确度等级计算每辆检衡车或参考车辆的最大允许误差,并按 GB/T 8170 中的进舍规则修约为整数,获得修约后的最大允许误差。

若计算出的最大允许误差绝对值小于 1e,则该秤量点的最大允许误差按 1e 进行处理。

6.3.3.2　列车称量

根据表 3 相应准确度等级计算列车（联挂检衡车或参考车辆的总质量）的最大允许误差,并按 GB/T 8170 中的进舍规则修约为整数,获得修约后的最大允许误差。

若计算出的最大允许误差绝对值小于 5e,则列车称量的最大允许误差按 5e 进行处理。

6.3.3.3　称量结果的判定

联挂车辆称量时,动态称量的最大允许误差按表2进行计算后修约为整数,其中90%(按每个编组中的各个秤量点进行计算)的称量值不得超过修约后的最大允许误差,不超过10%(按每个编组中的各个秤量点进行计算)的称量值可以超过修约后的最大允许误差,但不得超过该误差的2倍;非联挂车辆称量时,所有的动态称量值都应符合修约后的最大允许误差;列车称量时,所有的动态称量值都应符合修约后的最大允许误差。

6.3.3.4　称量结果示值误差的计算

轨道衡称量结果示值误差的计算见公式(1):

$$E = I - m_0 \tag{1}$$

式中:

E——轨道衡称量的示值误差,kg;

I——轨道衡称量的检衡车或参考车辆的示值,kg;

m_0——检衡车或参考车辆的标准值,kg。

6.4　影响量

6.4.1　温度范围

如果轨道衡的说明性标志中没有规定特殊的工作温度,轨道衡应在($-10\sim$ 40)℃范围内符合计量和技术要求。根据特定的环境条件,可以在说明性标志中规定不同的温度范围。温度范围可按表4选取,高低温之差应不小于30℃。

表4　温度范围

类型	温度/℃			
低温	-5	-10	-25	-40
高温	30	40	55	70

6.4.2　相对湿度

在温度为其范围上限值且相对湿度达85%时应满足计量和技术要求。

6.4.3　供电电压

使用交流电源供电的轨道衡,当电源电压变化不超过额定值的$-15\%\sim10\%$时,轨道衡应满足计量和技术要求。

6.5　称量速度

6.5.1　称量速度的要求

轨道衡显示和打印的称量速度为每节铁路车辆通过承载器的平均速度,称量速度与机车速度表的误差应小于10%。

6.5.2　误差的计算

计算见公式(2):

$$\left|\frac{v-v_L}{v_L}\right|\leqslant 10\% \tag{2}$$

式中：

v——轨道衡显示和打印的称量速度，km/h；

v_L——机车速度表上的速度，km/h。

6.6　长期稳定性

轨道衡的长期稳定性应通过 9.6 规定的试验，最大允许误差应不超过表 3 中使用中检查的最大允许误差要求。

7. 通用技术要求

7.1　使用的适用性

轨道衡的设计应适用于铁路车辆和线路的要求。

7.2　操作安全性

7.2.1　欺骗性使用

轨道衡不应有欺骗性使用的特性，应设置防护措施用于防止对轨道衡的非正常调整和使用。

7.2.2　意外失调

轨道衡在设计时应防止能干扰轨道衡计量性能的意外失调，当意外失调发生时应进行提示。

7.2.3　中途反向称量

被称车辆在称量期间出现反向行驶时，轨道衡应能够通过自动或人工干预使此次称量无效。

7.3　称量结果的指示

7.3.1　称量的指示

轨道衡称重仪表至少应显示和打印称量日期、序号、车号（如果需要）、车辆质量、称量速度、称量时间，超出称量范围和称量速度时应进行提示。

数字指示应根据分度值的有效小数位进行显示。小数部分用小数点（下圆点）将其与整数分开，示值显示时其小数点左边至少应有一位数字，右边显示全部小数位。示值的数字和单位应稳定、清晰且易读，其计量单位应符合 5.1 的要求。

举例：

日期：2010 年 9 月 1 日

序号	车号	质量/kg	速度/(km/h)	时：分：秒
1	8066236	82280	8.0	10：13：10

7.3.2　打印输出

打印数据应清晰、耐久,计量单位的名称或符号应同时打印在数值的右侧或该数值列的上方,并与国家规范的要求一致。

7.3.3　示值的一致性

数字指示和打印装置示值应一致。

7.3.4　称量范围

对于小于最小秤量或大于最大秤量的车辆应进行提示。

7.4　累计装置

轨道衡应配有累计装置,累计车辆的质量并给出总重,累计方式可设定。

7.5　数据存储装置

称量数据可存储在轨道衡的内置或外置存储器,用于后续使用(例如指示、打印、传输、累计等)。存储的相关数据应受到充分保护,防止在传输和存储过程中被无意和有意更改,同时保存必要的相关信息用于重现最初称量结果。

7.6　车辆识别装置

轨道衡应配有车辆识别装置。该装置应能判断车辆已进入称量区及整车称量完毕。

单方向使用的轨道衡,如果反方向通过,轨道衡应给出错误提示信息或不显示车辆质量。

7.7　安装

7.7.1　总则

轨道衡的制造和安装应能满足计量性能要求。

7.7.2　组成

轨道衡由基础,称重传感器、承载器、称重仪表、打印机等装置组成。

7.7.3　基础

轨道衡的基础应符合 GB/T11885 中的相关要求。

7.7.4　排水

如果轨道衡的机械部分位于基坑内,应采取排水措施,以保证轨道衡不被浸泡。

7.7.5　钢轨

引轨与称量轨应在同一水平面上,应有防爬措施。引轨与称量轨应采用同一型号的钢轨。

7.8　软件要求

轨道衡中的法定相关和非法定相关软件之间应有明显的区分,轨道衡中的法定相关软件应由制造商标出,与计量特性、计量数据和重要计量参数相关的重要软件,用于存储或传输的软件,以及故障诊断的软件被认为是轨道衡的必要组成部分,应满足 7.8.2 保护措施的要求。另外,应由相应国家授权机构进行软件试验,且申请单位在申请型式评价前应取得国家授权机构出具的软件评价报告。

7.8.1　软件文档

由制造商提交的软件文档包括:

a)法定相关软件的说明;

b)用户接口,菜单和对话框的说明;

c)明确的软件标识;

d)软件保护的措施;

e)操作手册。

7.8.2　保护措施

应有充分的措施以确保:

a)应充分防止法定相关软件被意外或恶意修改,按照相应规定实施保护;

b)软件应有合适的软件标识。软件标识应适用于软件的每一次改变,这个改变可能会影响轨道衡的计量性能。

7.9　安全性

轨道衡的安全性能要求,应符合 GB 14249.1 等相应的国家标准规定。

7.10　称重传感器

称重传感器应具有合格证书,其各项指标应符合 GB/T 7551 相应等级要求,其中外购的称重传感器应提供制造计量器具许可证和合格证书。应与称重仪表组合通过附录 A 的影响因子和干扰试验。

7.11　称重仪表

轨道衡的称重仪表应具有合格证书,应与称重传感器组合通过附录 A 的影响因子和干扰试验。

8. 型式评价项目一览表

8.1　观察项目

型式评价的观察项目是为了检查轨道衡是否满足本大纲提出的各项法制管理要求和部分计量要求、技术要求,观察项目见表 5 的内容。

表 5　型式评价的观察项目

观察项目类型	观察项目	要求章节号	备注
法制管理要求	计量单位	5.1	主要单项
	准确度等级	5.2	
	计量法制标志和计量器具标识	5.2	
	试验样机	5.3	

续表

观察项目类型	观察项目			要求章节号	备注
计量要求	准确度等级			6.1	主要单项
	检定分度值			6.2	
	影响量			6.4	
通用技术要求	使用的适用性			7.1	主要单项
	7.2 操作安全性		欺骗性使用	7.2.1	
			意外失调	7.2.2	
			防护装置	7.2.3	
			中途反向称量	7.2.3	
	7.3 称量结果的指示		称量的指示	7.3.1	主要单项
			打印输出	7.3.2	
			示值的一致性	7.3.3	
			称量范围	7.3.4	
	累计装置			7.4	主要单项
	数据存储装置			7.5	
	车辆识别装置			7.6	
	7.7 安装		总则	7.7.1	主要单项
			组成	7.7.2	
			基础	7.7.3	
			排水	7.7.4	
			钢轨	7.7.5	非主要单项
	7.8 软件要求		软件文档	7.8.1	非主要单项
			保护措施	7.8.2	主要单项
	安全性			7.9	主要单项
	称重传感器			7.10	主要单项
	称重仪表			7.11	主要单项

8.2 试验项目

型式评价的试验项目是为了确定轨道衡是否满足本大纲提出的计量要求和通用技术要求,试验项目见表 6 的内容。

表 6　型式评价的试验项目

试验项目类型	试验项目	要求章节号	备注
计量要求	静态称量试验	6.3.1	主要单项
	鉴别力试验	6.3.2	主要单项
	动态称量试验	6.3.3	主要单项
	称量速度试验	6.5	主要单项
	长期稳定性试验	6.6	主要单项
通用技术要求	影响因子和干扰试验	7.10、7.11	主要单项

9. 试验项目的试验方法和条件

9.1　一般环境条件

轨道衡的基坑内不应有堆积物和积水；

应单独提供 380V/20A 的三相动力电源；

应符合 6.4 影响量规定的环境条件；

秤房内应有足够的使用面积以便于放置设备等,室内温度和湿度应符合 GB/T 2887 中 B 级的规定,秤房位置应便于观察车辆运行的状态（或安装监控设备）。电源、仪表地线应符合 GB/T 2887 中 C 级的规定；

铁路线路必须开通且稳定；

遇雨、雪或其他可能影响试验的情况应停止试验。

9.2　静态称量试验

试验目的:检查轨道衡在静态称量时的误差是否符合要求。

试验条件:符合 9.1 的要求。

试验设备:符合《检衡车》（JJG 567）要求的检衡车。

试验程序:将轨道衡的分度值 d 至少细化到 $1/5e$。在 20t、68t、84t 三个秤量点对轨道衡进行静态称量试验,根据轨道衡承载器的形式（单承载器或多承载器）使用检衡车或其中的砝码小车进行试验,至少往返 5 次,记录称量和零点示值,应符合表 2 最大允许误差要求。

数据处理:按表 2 进行误差计算。

合格判据:符合表 2 静态称量的误差要求。

9.3　鉴别力试验

试验目的:检查轨道衡在静态称量时的鉴别力是否符合要求。

试验条件:符合 9.1 的要求。

试验设备:符合《检衡车》（JJG 567）要求的检衡车,$1.4d$ 的 M_1 等级砝码。

试验程序:将轨道衡的分度值 d 至少细化到 $1/5e$,分别在零点、静态称量试验中的各个秤量点施加或取下 $1.4d$ 的附加载荷。

数据处理:按试验程序的要求进行。

合格判据:初始示值应相应改变 $1d$。

9.4　动态称量试验

9.4.1　常规动态称量试验

试验目的:检查轨道衡在动态称量时的误差是否符合要求。

试验条件:符合 9.1 的要求。

试验设备:符合《检衡车》(JJG 567)要求的检衡车或符合《自动轨道衡》(JJG 234)要求的参考车辆。

试验程序:以总质量约为 20t,50t,68t,76t,84t 的 5 辆检衡车或参考车辆编成以下车组:

a)机车—84t—50t—76t—68t—20t;

b)机车—68t—76t—50t—84t—20t。

采用两个编组进行试验,试验时以允许的称量速度往返试验各 10 次,其中以接近最高称量速度往返至少各 2 次,以接近最低称量速度往返至少各 2 次,应符合 6.3 最大允许误差的要求。

数据处理:按 6.3 进行误差计算。

合格判据:符合 6.3 动态称量的误差要求。

9.4.2　调整质量试验

试验目的:检查轨道衡在调整检衡车质量时的误差是否符合要求。

试验条件:符合 9.1 的要求。

试验设备:符合《检衡车》(JJG 567)要求的检衡车或符合《自动轨道衡》(JJG 234)要求的参考车辆。

试验程序:在 9.4.1 中任意编组的一辆检衡车上,加或减相应质量的砝码,至少往返 5 次,称量结果不得超过 6.3 对应的最大允许误差。

数据处理:按 6.3 进行误差计算。

合格判据:符合 6.3 动态称量的误差要求。

9.4.3　混编试验

试验目的:检查轨道衡在使用混编车辆时的判车能力及误差是否符合要求。

试验条件:符合 9.1 的要求。

试验设备:符合《检衡车》(JJG 567)要求的检衡车或符合《自动轨道衡》(JJG 234)要求的参考车辆。

试验程序:由 5 辆检衡车或参考车辆与 5 辆不同类型的重车组成混编车组,至少往返 5 次,检衡车或参考车辆称量结果的最大允许误差应满足规程要求,混编车辆称量结果的最大变差(最大值减最小值)应不超过相应秤量点(取各次称量值的平均值）最大允许误差绝对值的两倍；试验中不得误判车辆。

数据处理：按 6.3 进行误差计算。

合格判据：符合 6.3 动态称量的误差要求。

9.5 影响因子和干扰试验

应提供用于在实验室进行模拟试验的影响因子和干扰试验的称重传感器、称重仪表和相关附件。称重仪表和称重传感器应作为模块组合，按附录 A 的相关要求进行试验。如果制造商能够按附录 A 的要求提供国家认可的、有资质的实验室出具的试验报告，可不重复进行该试验。

9.6 称量速度试验

试验目的：检查轨道衡在动态称量试验中显示和打印的称量速度是否符合要求。

试验条件：符合 9.1 的要求。

试验设备：符合《检衡车》（JJG 567）要求的检衡车或符合《自动轨道衡》（JJG 234）要求的参考车辆、机车速度表。

试验程序：记录第一辆和最后一辆检衡车或参考车辆通过轨道衡时机车的速度，然后与显示和打印的称量速度进行计算。

数据处理：按 6.5.2 的要求进行误差计算。

合格判据：符合 6.5.1 的要求。

9.7 长期稳定性试验

试验目的：检查轨道衡在一个检定周期内的稳定性是否符合要求。

试验条件：符合 9.1 的要求。

试验设备：符合《检衡车》（JJG 567）要求的检衡车或符合《自动轨道衡》（JJG 234）要求的参考车辆。

试验程序：试验样机应保证在一个检定周期内稳定工作，在不做任何调整的情况下，计量性能应符合使用中检查的规定。在此期间，对影响计量性能的存储装置进行必要的封存。长期稳定性试验应进行 9.2～9.4 的项目。

数据处理：按 6.3 进行误差计算。

合格判据：符合 6.3 动态称量的误差要求。

10. 型式评价结果的判定原则

型式评价试验项目可分为主要单项和非主要单项，如有一项以上（含一项）主要单项不合格的，可判定该轨道衡型式评价不合格。有二项以上（含二项）非主要单项不合格的，可判定该轨道衡型式评价不合格。

附录 Ⅺ. A　影响因子和干扰试验

A.1　试验条件

影响因子和干扰试验用于检验轨道衡在环境条件和规定条件下能否保持性能和正常工作,影响因子或干扰试验在规定的模拟操作条件下进行,结果应满足本附录的规定。

当评价一种影响因子作用时,其他因子应相对不变,其值处于参考条件范围内。每项试验结束后,进行下一个试验前,轨道衡应允许充分恢复。

影响因子试验时轨道衡模块的组成:称重仪表(含分离的 PC 机和放大 AD 转换通道)、接线盒;采用称重传感器模拟器进行模拟加载,称重传感器模拟器置于试验环境外。

干扰试验时轨道衡模块的组成:称重仪表(含分离的 PC 机和放大 AD 转换通道)、接线盒、称重传感器;采用专用机械加载装置对称重传感器进行压力加载,载荷值应在最小秤量和最大秤量之间选择,机械加载装置和称重传感器置于试验环境内,可以采用单只称重传感器进行试验。

进行上述试验时称重仪表的调整参数应与现场安装的轨道衡一致。称重仪表的分度值应能细化到 $1/5e$。

A.2　影响因子试验

表 A.1　影响因子试验

试验	标准	章节
温度	MPE	A.2.1
湿热、稳态	MPE	A.2.2
电压变化(AC)	MPE	A.2.3

A.2.1　温度试验

温度试验执行 GB/T 2423.1,GB/T 2423.2 以及 GB/T 2424.1,按照表 A.2 的要求进行。

表 A.2　温度试验

环境状况	试验规定	试验依据
温度	参考温度(20℃)	
	规定的高温下保持 2h	GB/T 2423.2
	规定的低温下保持 2h	GB/T 2423.1
	5℃(如果规定的低温≤0℃)	GB/T 2424.1
	参考温度(20℃)	

试验目的：检验受试轨道衡模块对干热和寒冷（无冷凝）环境的适应能力。

试验前受试轨道衡模块应关机放置 16h 以上。

正常接通电源，开机时间等于或大于制造商规定的预热时间，置零和零点跟踪装置应正常运行。

恒定时间：空气自然流通条件下，每个温度恒定 2h。

温度：见 6.4.1。

温度顺序：参考温度 20℃；规定的高温；规定的低温；5℃（如果规定的低温≤0℃）；参考温度 20℃。

试验循环次数：至少一个循环。

试验内容：试验期间受试轨道衡模块不得重新调整。在参考温度和规定温度稳定后，施加 5 个不同模拟载荷，填写试验记录表 B.5。

最大允许变化：所有功能应按设计运行，所有误差应在 6.3.1 中最大允许误差范围内。

A.2.2　湿热、稳态试验

湿热、稳态试验执行 GB/T 2423.3 和 GB/T 2424.2，按照表 A.3 进行。

表 A.3　湿热、稳态试验

环境状况	试验规定	试验依据
湿热、稳态试验	在温度上限和 85％相对湿度下保持 48h	GB/T 2423.3 GB/T 2424.2

试验目的：检验受试轨道衡模块对高湿度和恒温环境的适应能力。

正常接通电源，开机时间应大于或等于制造商规定的预热时间，试验期间始终开机，置零和零点跟踪装置应正常运行。应保持受试轨道衡模块无水汽凝结。

稳定：在参考温度 20℃和 50％相对湿度下保持 3h。

在 6.4.1 规定的上限温度保持 48h。

温度：参考温度 20℃和 6.4.1 规定的上限温度。

温度/湿度顺序：50％相对湿度时参考温度为 20℃；85％相对湿度时为上限温度；50％相对湿度时参考温度为 20℃。

试验循环次数：至少一个循环。

试验内容：试验期间受试轨道衡模块不得重新调整。受试轨道衡模块在每个规定的相对湿度和温度段稳定后，施加 5 个不同模拟载荷，填写试验记录表 B.6。

受试轨道衡模块进行其他试验前应得到充分恢复。

最大允许变化：所有功能应按设计运行，所有误差应在 6.3.1 中最大允许误差范围内。

A.2.3　电压变化

电压变化试验执行 GB/Z 18039.5 和 GB/T 17626.1,按表 A.4 的要求进行。

表 A.4　电压变化试验

环境状况	试验规定	试验依据
AC 供电电压变化	标称电压	GB/T 17626.1 GB/Z 18039.5
	上限:110%×标称电压	
	下限:85%×标称电压	
	标称电压	

试验目的:检验受试轨道衡模块对供电电压变化的适应能力。

受试轨道衡模块状态:正常接通电源,开机时间应大于或等于制造商规定的预热时间,试验期间始终开机。

试验循环次数:至少一个循环。

试验内容:试验期间受试轨道衡模块不得重新调整。应在最小秤量或接近最小秤量点和一个位于 50%最大秤量与最大秤量间的模拟载荷下进行,将标称电压稳定在规定限度内,填写试验记录表表 B.7。

最大允许变化:所有功能应符合设计要求,所有误差应在 6.3.1 中的最大允许误差范围内。

A.3　干扰试验(抗扰度试验)

干扰试验一览表见表 A.5。

表 A.5　干扰试验一览表

试验	标准	参考章节
电压暂降和短时中断	1e	A.3.1
电快速瞬变脉冲群抗扰度	1e	A.3.2
浪涌抗扰度	1e	A.3.3
静电放电抗扰度	1e	A.3.4
射频电磁场辐射抗扰度	1e	A.3.5

A.3.1　电压暂降和短时中断试验

电压暂降和短时中断试验按 GB/T 17626.11 和表 A.6 进行。

表 A.6　电压暂降和短时中断

环境状况	试验规定			试验依据
	试验	电压幅值减小至	试验周期数	
电压暂降和短时中断	试验 a	0%	0.5	GB/T 17626.11
	试验 b	0%	1	
	试验 c	40%	10	
	试验 d	70%	25	
	试验 e	80%	250	

注：电源电压降低应重复 10 次，每次之间间隔至少为 10s。

试验目的：检验受试轨道衡模块的抗干扰能力。

受试轨道衡模块状态：正常接通电源，开机时间等于或大于制造商规定的预热时间。

试验循环次数：至少一个循环。

试验内容：试验期间受试轨道衡模块不得重新调整。试验前施加一个试验载荷，试验期间受试轨道衡模块不得重新调整，按照表 A.6 的规定进行试验，试验期间观察对受试轨道衡模块的影响，填写试验记录表表 B.8。

最大允许变化：干扰时的示值与无干扰示值之差不得大于 $1e$，或者应能检测到显著增差并对其做出反应。

A.3.2　电快速瞬变脉冲群抗扰度试验

对 I/O 电路和通讯线路的脉冲（瞬态）试验见表 A.7，对 AC 供电线的脉冲（瞬态）试验见表 A.8。

表 A.7　对 I/O 电路和通讯线路的脉冲（瞬态）试验

环境状况	试验规定	试验依据
脉冲群（瞬态）	电压峰值：0.5kV T_1/T_h：5/50ns 重复频率：5kHz	GB/T 17626.4

注：本试验仅适用于当端口或接口连接电缆超过制造商规定的 3m 时。

表 A.8　对 AC 供电线的脉冲（瞬态）试验

环境状况	试验规定	试验依据
脉冲群（瞬态）	电压峰值：1.0kV T_1/T_h：5/50ns 重复频率：5kHz	GB/T 17626.4

试验目的：在试验载荷下向供电线、I/O 电路和通讯线路施加脉冲电压，检验

受试轨道衡模块的抗干扰能力。

受试轨道衡模块状态:正常接通电源,开机时间等于或大于制造商规定的预热时间。

试验循环次数:至少一个循环。

试验内容:试验期间受试轨道衡模块不得重新调整。试验前,受试轨道衡模块应在恒定环境条件下处于稳定状态时施加试验载荷,之后施加正负极性的脉冲电压,对于每个极性的每个电压幅值,试验持续时间不少于 1min。试验期间观察对受试轨道衡模块的影响,填写试验记录表 B.9。

最大允许变化:干扰时的示值与无干扰示值之差不得大于 1e,或者应能检测到显著增差并对其做出反应。

A.3.3　浪涌抗扰度试验

浪涌抗扰度试验按照 GB/T 17626.5 和表 A.9 进行。

表 A.9　浪涌抗扰度试验

环境状况	试验规定	试验依据
电源线、信号线和通信线	电源线: 0.5kV(峰值)线-线 1.0kV 线-地 　a)在电源线上与电源电压的 0°、90°、180° 和 270°相位角处同步施加至少 3 个正极性和 3 个负极性浪涌信号。 　b)在信号和通信线上应施加至少 3 个正极性和 3 个负极性浪涌信号。	GB/T 17626.5

试验目的:在电源线,信号线以及通信线上分别施加浪涌信号,检验受试轨道衡模块的抗干扰能力。

受试轨道衡模块的状态:正常接通电源,开机时间等于或大于制造商规定的预热时间。

试验循环次数:至少一次。

试验内容:试验期间受试轨道衡模块不得重新调整。试验前,受试轨道衡模块应在恒定环境条件下处于稳定状态时施加试验载荷,将受试轨道衡模块置于浪涌环境下,按照 GB/T 17626.5 的规定进行试验,试验期间观察对受试轨道衡模块的影响,填写试验记录表 B.10。

最大允许变化:干扰时的示值与无干扰示值之差不得大于 1e,或者应能检测到显著增差并对其做出反应。

A.3.4　静电放电抗扰度试验

静电放电抗扰度试验按 GB/T 17626.2 和表 A.10 执行。

表 A.10　静电放电抗扰度试验

环境状况	试验规定	试验依据
静电放电	空气放电：8kV	GB/T 17626.2
	接触放电：6kV	

注：1）试验应在规定的较低等级进行，从 2kV 开始逐级上升，每次增加 2kV，直至 GB/T 17626.2 规定的上述极限电压。

　　2）6kV 接触放电试验用于可接触的导电部件。诸如插座的插口的金属接触除外。

试验目的：在施加直接或非直接的静电放电时，检验受试轨道衡模块的抗干扰能力。

受试轨道衡模块状态：正常接通电源，开机时间等于或大于制造商规定的预热时间。

试验循环次数：至少一次。

试验内容：试验期间受试轨道衡模块不得重新调整。试验前，受试轨道衡模块应在恒定环境条件下处于稳定状态时施加试验载荷，之后进行接触放电（首选），20次放电（10 次正极性放电、10 次负极性放电）应施加在机箱每个可接触的金属部分。相邻放电时间间隔至少为 10s。如果机箱不导电，放电应按参考标准施加在水平或垂直耦合板上。不能进行接触放电试验时，可进行空气放电试验。试验期间观察对受试轨道衡模块的影响，填写试验记录表 B.11。

最大允许变化：干扰时的示值与无干扰示值之差不得大于 $1e$，或者应能检测到显著增差并对其做出反应。

A.3.5　射频电磁场辐射抗扰度试验

A.3.5.1　射频试验

射频电磁场辐射试验按 GBT 17626.3 和表 A.11 进行。

表 A.11　射频试验

环境状况	试验规定	试验依据
射频电磁场 1kHz 正弦波 80％调幅	频率范围：80MHz～2(2)GHz 场强：10V/m	GB/T 17626.3

注：GB/T 17626.3 仅规定了 80MHz 以上的试验等级，低频范围的传导射频干扰试验方法，按 A.3.5.2 进行试验。

试验目的：检验受试轨道衡模块的抗干扰能力。

受试轨道衡模块状态：正常接通电源，开机时间等于或大于制造商规定的预热时间。

试验循环次数：至少一次。

试验内容：试验期间受试轨道衡模块不得重新调整。试验前，受试轨道衡模块应在恒定环境条件下处于稳定状态时施加试验载荷,受试轨道衡模块暴露于表 A.
11 规定的电磁场强度下,在设定频率范围内扫频。试验期间观察对受试轨道衡模
块的影响,填写试验记录表 B.12。

最大允许变化:干扰时的示值与无干扰示值之差不得大于 1e,或者应能检测到
显著增差并对其做出反应。

A.3.5.2　传导试验

传导试验按 GB/T 17626.6 和表 A.12 执行。

表 A.12　传导试验

环境状况	试验规定	试验依据
射频电磁场 1kHz 正弦波 80%调幅	频率范围:(0.15～80)MHz 电压幅值:10V	GB/T 17626.6

注:本试验不适用于无电网电源或其他输入端口的轨道衡。

试验目的:检验受试轨道衡模块的抗干扰能力。

受试轨道衡模块状态:正常接通电源,开机时间等于或大于制造商规定的预热
时间。

试验循环次数:至少一次。

试验内容:试验期间受试轨道衡模块不得重新调整。试验前,受试轨道衡模块
应在恒定环境条件下处于稳定状态时施加试验载荷,模拟电磁场影响的射频电磁
电流,通过耦合/去耦装置,耦合入或注入电源或 I/O 端口。试验期间观察对受试
轨道衡模块的影响,填写试验记录表 B.12。

最大允许变化:干扰时的示值与无干扰示值之差不得大于 1e,或者应能检测到
显著增差并对其做出反应。

附录Ⅺ.B 自动轨道衡型式评价原始记录格式

B.1 观察项目记录

大纲中要求 的章节号	要求	＋	－	备注
5	法制管理要求			
5.1	计量单位			
	轨道衡使用的计量单位是：千克(kg)、吨(t)。			
5.2	计量法制标志和计量器具标识			
5.2.1	计量法制标志内容			
	轨道衡标识应设置在称重指示器和承载器易于观察的部位。应具有一定尺寸、形状，使用稳定耐久的材料制作，内容应采用国家规定的图形或符号，清晰易读且安装牢固。			
	a)制造计量器具许可证的标志和编号（受试轨道衡应留出位置)； b)计量器具型式批准标志和编号（受试轨道衡应留出相应位置，本项不是强制性规定)； c)产品的合格证、印（可与受试轨道衡本体分开设置)。			
5.2.2	计量器具标识			
	a)轨道衡的生产厂名； b)轨道衡名称和型号； c)车辆称量准确度等级； d)检定分度值 e； e)最大秤量； f)最小秤量； g)称量方式（轴称量、转向架称量、整车称量)； h)出厂编号； i)称量速度范围； j)承载器长度； k)称量装载物的适用范围（液态或固态)（如果需要)； l)供电电压（如果需要)； m)交流电源频率（如果需要)； n)温度范围[当不是(−10～40)℃时应标出]（如果需要)。 如果轨道衡有特殊用途，可增加附加的计量器具标识。			

续表

大纲中要求 的章节号	要求	＋	－	备注
5.3	**试验样机** 5.3.1 每份申请书只接受单一产品、单一准确度等级的样机进行试验。 5.3.2 提供与申请书中相符的样机一台。 5.3.3 不同的产品应有不同的申请委托,并提供各自产品的样机一台。 5.3.4 提供与试验样机相应的技术资料,技术资料应齐全、科学、合理,提交的资料和文件如下: ——样机照片(室内、室外); ——产品标准(含检验方法); ——总装图、电路图和主要零部件图; ——使用说明书; ——制造单位或技术机构所做的试验报告; ——外购称重传感器的制造计量器具许可证和合格证书以及称重仪表的合格证书。			
6.4	**影响量** 6.4.1 温度范围 如果轨道衡的说明性标志中没有规定特殊的工作温度,轨道衡应在(—10～40)℃范围内符合计量和技术要求。根据特定的环境条件,可以在说明性标志中规定不同的温度范围。高低温之差应不小于30℃。			
	6.4.2 相对湿度 在温度为其范围上限值且相对湿度达85%时应满足计量和技术要求。			
	6.4.3 供电电压 使用交流电源供电的轨道衡,当电源电压变化不超过额定值的—15%～10%时,轨道衡应满足计量和技术要求。			
7.1	**使用的适用性** 轨道衡的设计应适用于铁路车辆和线路的要求。			
7.2	操作安全性			
7.2.1	**欺骗性使用** 轨道衡不应有欺骗性使用的特性,应设置防护措施用于防止对轨道衡的非正常调整和使用。			
7.2.2	**意外失调** 轨道衡在设计时应防止能干扰轨道衡计量性能的意外失调,当意外失调发生时应进行提示。			

续表

大纲中要求的章节号	要求	+	-	备注
7.2.3	中途反向称量 被称车辆在称量期间出现反向行驶时，轨道衡应能够通过自动或人工干预使此次称量无效。			
7.3	称量结果的指示			
7.3.1	称量的指示 轨道衡称重仪表至少应显示和打印称量日期、序号、车号（如果需要）、车辆质量、称量速度、称量时间和超出称量范围和称量速度的提示。 数字指示应根据分度值的有效小数位进行显示。小数部分用小数点（下圆点）将其与整数分开，示值显示时其小数点左边至少应有一位数字，右边显示全部小数位。示值的数字和单位应稳定、清晰且易读，其计量单位应符合5.1的要求。			
7.3.2	打印输出 打印数据应清晰、耐久，计量单位的名称或符号应同时打印在数值的右侧或该数值列的上方，并与国家规范的要求一致。			
7.3.3	示值的一致性 数字指示和打印装置示值应一致。			
7.3.4	称量范围 对于小于最小秤量或大于最大秤量的车辆应进行提示。			
7.4	累计装置 轨道衡应配有累计装置，累计车辆的质量并给出总重，累计方式可设定。			
7.5	数据存储装置 称量数据可存储在轨道衡的内置或外置存储器，用于后续使用（例如指示、打印、传输、累计等）。存储的相关数据应受到充分保护，防止在传输和存储过程中被无意和有意更改，同时保存必要的相关信息用于重现最初称量结果。			
7.6	车辆识别装置 轨道衡应配有车辆识别装置。该装置应能判断车辆已进入称量区及整车称量完毕。单方向使用的轨道衡，如果反方向通过，轨道衡应给出错误提示信息或不显示车辆质量。			
7.7	安装 轨道衡的制造和安装应能满足计量性能要求。			

大纲中要求 的章节号	要求	+	—	备注
7.7.2	组成 轨道衡由基础,称重传感器、承载器、称重仪表、打印机等装置组成。			
7.7.3	基础 轨道衡的基础应符合 GB/T11885 中的相关要求。			
7.7.4	排水 如果轨道衡的机械部分位于基坑内,应采取排水措施,以保证轨道衡不被浸泡。			
7.7.5	钢轨 引轨与称量轨应在同一水平面上,应有防爬措施。引轨与称量轨应采用同一型号的钢轨。			
7.8	软件要求			
7.8.1	软件文档 轨道衡中的法定相关和非法定相关软件之间应有明显的区分,轨道衡中的法定相关软件应由制造商标出,与计量特性、计量数据和重要计量参数相关的重要软件,用于存储或传输的软件,以及故障诊断的软件被认为是轨道衡的必要组成部分,应满足 7.8.2 保护措施的要求。另外,应由相应国家授权机构进行软件试验,且申请单位在申请型式评价前应取得国家授权机构出具的软件评价报告。 由制造商提交的软件文档包括: a)法定相关软件的说明; b)用户接口,菜单和对话框的说明; c)明确的软件标识; d)软件保护的措施; e)操作手册。			
7.8.2	保护措施 应有充分的措施以确保: a)应充分防止法定相关软件被意外或恶意修改,按照相应规定实施保护; b)软件应有合适的软件标识。软件标识适用于软件的每一次改变,这个改变可能会影响轨道衡的计量性能。			
7.9	安全性 轨道衡的安全性能要求,应符合 GB14249.1 等相应的国家标准规定。			
7.10	称重传感器 称重传感器应具有合格证书,其各项指标应符合 GB/T 7551 相应等级要求,其中外购的称重传感器应提供制造计量器具许可证和合格证书。			

续表

大纲中要求的章节号	要求	＋	－	备注
7.11	称重仪表			
	轨道衡的称重仪表应具有合格证书。			

注：

＋	－	
×		通过
	×	未通过

B.2 试验项目记录

1.试验基本信息

表 B.1 试验基本信息记录

送检单位				负责部门		
通讯地址				邮政编码		
联系人		电话		手机		
路局		分站		检衡车到站		
计量器具名称：				型号规格		
制造单位				出厂编号		
试验类别	首次试验□ 长期稳定性试验□		准确度等级	车辆称量： 级 列车称量： 级		
检定分度值 e		分度值 d		上衡方式	推□ 拉□	
牵引方式	机车□ 非机车□	称量方式		整车称量□ 转向架称量□ 轴称量□		
上衡方向	双方向□ 从左往右□ 从右往左□		混编车型			
称量速度范围	（ ～ ）km/h		检定地点			
称重仪表	符合□ 不符合□ 型号： 编号：	称重传感器	符合□ 不符合□ 型号：	计算机	型号： 编号：	
操作的安全性	符合□ 不符合□	车辆识别装置	符合□ 不符合□	称量结果的指示	符合□ 不符合□	
安装状况	符合□ 不符合□	软件	符合□ 不符合□	标志	符合□ 不符合□	
整体道床	符合□ 不符合□	平直段	符合□ 不符合□	环境条件	符合□ 不符合□	
使用的计量标准装置	名称		测量范围		最大允许误差	
	计量标准考核证书号［ ］国 量标 铁道 证字 第 号				有效期至： 年 月 日	
	社会公用计量标准证书号［ ］国 社量标 轨道 证字 第 号					
使用的标准器	名称		测量范围		最大允许误差	
	车型车号		检定证书编号		有效期至： 年 月 日	
称重传感器位置示意图及编号：				备注：		
评价人员：				日期： 年 月 日		

2.静态称量试验

试验的开始时间：　　年　　　月　　　日　　　时　　　分

试验的结束时间：　　年　　　月　　　日　　　时　　　分

试验的数据记录：

表 B. 2　静态称量试验记录　　　　　　　　单位:(kg)

标准值:

序号	方向	A承载器示值	B承载器示值	C承载器示值	总重示值	示值误差	MPE	零点示值	示值误差	MPE
1	→									
2	←									
3	→									
4	←									
5	→									
6	←									
7	→									
8	←									
9	→									
10	←									

　　注:单承载器时,可将 B 承载器、C 承载器栏中空白处打"/";两个承载器时,可将 C 承载器栏中空白处打"/";三个承载器时,称量时可根据实际情况选取任意两个承载器进行组合,在另一个承载器栏中空白处打"/"。

试验过程中的异常情况记录

　　所用计量器具的名称：　　　　　型号：　　　　　　　编号：

　　环境温度：　　　　　　湿度：

　　结论:通过□　　未通过□

　　评价人员：

3. 鉴别力试验

试验的开始时间：　　年　　月　　日　　时　　分

试验的结束时间：　　年　　月　　日　　时　　分

试验的数据记录：

表 B.3　鉴别力试验记录

检定分度值 $e=$　　kg　　　　实际分度值 $d=$　　kg　　　　使用 $1.4d=$　　kg 砝码

秤量点	零点示值	20t	68t	84t
加砝码				
减砝码				

试验过程中的异常情况记录

所用计量器具的名称：　　　　型号：　　　　　　编号：

环境温度：　　　　　相对湿度：

结论:通过□　　未通过□

评价人员：

4.动态称量试验

试验的开始时间：　　年　　　月　　　日　　　时　　　分

试验的结束时间：　　年　　　月　　　日　　　时　　　分

试验的数据记录：

表 B.4　动态称量试验记录　　　　　　　　（单位：kg）

编组方式:机车-84t-50t-76t-68t-20t□				机车-68t-76t-50t-84t-20t □			
车型车号							列车称量
标准值 m_0							
MPE							
修约后 MPE							
两倍误差							
一倍误差上限值							
一倍误差下限值							
两倍误差上限值							
两倍误差下限值							

过衡方向:从左往右□　　从右往左□　　　　　　——　　　　过衡方式:推□ 拉□

序号	1							
	2							
	3							
	4							
	5							
	6							
	7							
	8							
	9							
	10							

过衡方向:从左往右□　　从右往左□　　　　　　　　　　过衡方式:推□ 拉□

序号	1							
	2							
	3							
	4							
	5							
	6							
	7							
	8							
	9							
	10							

续表

试验数据处理结果						
一倍误差内						
一倍误差外 两倍误差内						
两倍误差外						
备　注						

试验过程中的异常情况记录

所用计量器具的名称： 型号： 编号：

环境温度： 相对湿度：

结论：通过□ 未通过□

评价人员：

5.影响因子和干扰试验

试验的开始时间： 年 月 日 时 分

试验的结束时间： 年 月 日 时 分

试验的数据记录：

表 B.5 温度试验记录表

试验顺序	模拟载荷/kg	示值/kg	误差/kg	备注
参考温度 20℃				
温度				
相对湿度				
开始时间				
结束时间				
规定的高温				
温度				
相对湿度				
开始时间				
结束时间				
规定的低温				
温度				
相对湿度				
开始时间				
结束时间				
5℃（如果规定的低温≤0℃）				
温度				
相对湿度				
开始时间				
结束时间				
参考温度 20℃				
温度				
相对湿度				
开始时间				
结束时间				

表 B.6　湿热、稳态试验记录表

试验顺序		模拟载荷/kg	示值/kg	误差/kg	备注
50％相对湿度时参考温度时为 20℃					
	温度				
	相对湿度				
	开始时间				
	结束时间				
85％相对湿度时上限温度					
	温度				
	相对湿度				
	开始时间				
	结束时间				
50％相对湿度时参考温度时为 20℃					
	温度				
	相对湿度				
	开始时间				
	结束时间				

表 B.7　电压变化（AC）试验记录表

试验顺序		模拟载荷/kg	示值/kg	误差/kg	备注
标称电压					
	温度				
	相对湿度				
	供电电压				
	开始时间				
	结束时间				
上限：110％×标称电压					
	温度				
	相对湿度				
	供电电压				
	开始时间				
	结束时间				

续表

试验顺序	模拟载荷/kg	示值/kg	误差/kg	备注
下限：85%×标称电压				
温度				
相对湿度				
供电电压				
开始时间				
结束时间				
标称电压				
温度				
相对湿度				
供电电压				
开始时间				
结束时间				

表 B.8 电压暂降和短时中断试验记录表

试验环境		试验内容	试验载荷/kg	示值/kg	误差/kg	备注
温度		试验 a				
相对湿度		试验 b				
供电电压		试验 c				
开始时间		试验 d				
结束时间		试验 e				

表 B.9 电快速瞬变脉冲群抗扰度试验记录表

试验环境		试验内容	试验载荷/kg	示值/kg	误差/kg	备注
温度		I/O 电路和通讯线路				
相对湿度						
供电电压						
开始时间		AC 供电线				
结束时间						

表 B. 10 浪涌抗扰度试验记录表

试验环境		试验内容	试验载荷/kg	示值/kg	误差/kg	备注
温度		电源线				
相对湿度		信号线				
供电电压						
开始时间		通信线				
结束时间						

表 B. 11 静电放电抗扰度试验记录表

试验环境		试验内容	试验载荷/kg	示值/kg	误差/kg	备注
温度		接触放电				
相对湿度		6kV				
供电电压						
开始时间		空气放电				
结束时间		8kV				

表 B. 12 射频电磁场辐射抗扰度试验记录表

试验环境		试验内容	试验载荷/kg	示值/kg	误差/kg	备注
温度		射频				
相对湿度						
供电电压						
开始时间		传导				
结束时间						

试验过程中的异常情况记录

结论:通过□   未通过□

评价人员:

6.称量速度试验

试验的开始时间：　　年　　月　　日　　时　　分

试验的结束时间：　　年　　月　　日　　时　　分

试验的数据记录：

表 B. 13　称量速度试验记录　　　　　（单位：km/h）

编组方式：机车－84t－50t－76t－68t－20t □　　　　机车－68t－76t－50t－84t－20t □

车型车号						

过衡方向：从左往右□　　从右往左□　　　　————————　　　　过衡方式：推□ 拉□

	速度	v	v_0	v	v_0	v	v_0
序号	1						
	2						
	3						
	4						
	5						
	6						
	7						
	8						
	9						
	10						

过衡方向：从左往右□　　从右往左□　　　　————————　　　　过衡方式：推□ 拉□

	速度	v	v_0	v	v_0	v	v_0
序号	1						
	2						
	3						
	4						
	5						
	6						
	7						
	8						
	9						
	10						

续表

试验数据处理结果

过衡方向:从左往右□　　从右往左□　　　————————　　　　过衡方式:推□ 拉□

序号					
	1				
	2				
	3				
	4				
	5				
	6				
	7				
	8				
	9				
	10				

过衡方向:从左往右□　　从右往左□　　　————————　　　　过衡方式:推□ 拉□

序号					
	1				
	2				
	3				
	4				
	5				
	6				
	7				
	8				
	9				
	10				

试验过程中的异常情况记录

所用计量器具的名称:　　　　　　型号:　　　　　　　编号:

环境温度:　　　　　　　相对湿度:

结论:通过□　　未通过□

评价人员:

附录Ⅺ.C　型式评价报告格式

计量器具型式评价报告

编号 _____

国家计量器具型式评价实验室

C.1　申请和委托的基本情况

（一）制造单位：_____

联系人：_____

（二）委托单位：_____

委托日期：_____

委托负责人：_____

（三）申请书编号：_____

C.2　计量器具的型式评价情况

（一）计量器具的基本情况

序号	计量器具名称	型号/规格	准确度等级或最大允许误差或不确定度	样机编号

（二）型式评价大纲的技术依据：

（三）主要计量标准器具和设备名称、型号：

序号	仪器设备名称	型号/规格	准确度等级或最大允许误差或不确定度	设备编号

（四）型式评价环境条件：

温　　度：

相对湿度：

其　　他：

（五）型式评价结果摘要：

序号	主要型式评价项目	型式评价大纲要求	实测结果	每项结论	备注

（六）技术资料审查结论：

（七）型式评价总结论：

（八）其他说明：

（九）签发：

1. 型式评价时间：_____到_____

2. 型式评价人员：_____（签字）

3. 复　核　员：_____（签字）

4. 技术负责人：_____（签字）职务：_____

5. 签　发　日　期：_____

6. 承担型式评价的技术结构：_____（盖章）

_____

附录 XII

中华人民共和国国家计量技术规范
数字指示轨道衡型式评价大纲

The Program of Pattern Evaluation for
Digital Indication Rail-Weighbridges   JJF 1333—2012

1. 范围

本型式评价大纲适用于符合国家计量检定规程《数字指示轨道衡》(JJG 781)和国家标准《静态电子轨道衡》(GB/T 15561)要求、标准轨距的数字指示轨道衡(以下简称:轨道衡)的型式评价,其他非标准轨距轨道衡可参照采用。

2. 引用文献

《衡器计量名词术语及定义》(JJF 1181—2007)
《砝码》(JJG 99)
《检衡车》(JJG 567)
《称重传感器》(JJG 669—2003)
《数字指示轨道衡》(JJG 781)
《电子计算机场地通用规范》(GB/T 2887—2000)
《电子称重仪表》(GB/T 7724—2008)
《静态电子轨道衡》(GB/T 15561)
《非自动衡器(Non-Automatic Weighing Instruments)》(OIML R76,2006E)

上述文件中的条款通过本大纲的引用而成为本大纲的条款。凡是注日期的引用文件,其随后所有的修改单(不包括勘误的内容)或修改版均不适用本大纲。然而,鼓励根据本大纲达成协议的各方研究是否可使用这些文件的最新版本。凡是不注日期的引用文件,其最新版本适用于本大纲。

3. 术语

引用文献确立的术语和定义适用于本大纲。

3.1　数字指示轨道衡(digital indication rail-weighbridges)

一种在铁路线上使用的装有电子装置具有数字指示功能,用于称量静止状态铁路货车的大型衡器(也称为静态电子轨道衡)。

3.2　多承载器数字指示轨道衡(multi-load digital indication rail-weighbridges)

由主承载器和多个副承载器组成的轨道衡。主承载器可作为单承载器轨道衡使用,主承载器和副承载器组合后可作为多承载器轨道衡使用。

3.3　长期稳定性试验(long-term stability test)

在规定的使用周期内,轨道衡维持其性能特征的能力。

注:型式评价的长期稳定性试验为一个检定周期内的试验。

4. 概述

轨道衡用于称量铁路货车装载的货物,由基础,称重传感器、承载器、称重指示器等装置组成,称重指示器将称重传感器输出的车辆载荷信号进行处理,自动转换为质量值,从而得出静止状态中的车辆质量。

5. 法制管理要求

5.1　计量单位

轨道衡使用的计量单位是:千克(kg)、吨(t)。

5.2　准确度等级

准确度等级和相应的符号见表1。

表1　准确度等级和符号

准确度等级	符号
中准确度级	⑪
普通准确度级	⑪⑪

5.3　计量法制标志和计量器具标识

轨道衡标识应设置在称重指示器和承载器易于观察的部位。应具有一定尺寸、形状,使用稳定耐久的材料制作,内容应采用国家规定的图形或符号,清晰易读且安装牢固。

5.3.1　计量法制标志

a)制造计量器具许可证的标志和编号(受试轨道衡应留出相应位置);

b)计量器具型式批准标志和编号(受试轨道衡可留出相应位置,本项不是强制性规定);

c)产品的合格证、印(此项可与受试轨道衡本体分开设置)。

5.3.2　计量器具标识

a)轨道衡的生产厂名；

b)轨道衡的名称：数字指示轨道衡；规格（型号）：GCS-100-×（×为产品不同规格代号）（其他型号和名称不在本大纲试验范围之内）；

c)准确度等级；

d)检定分度值 e；

e)最大秤量；

f)最小秤量；

g)出厂编号；

h)承载器长度；

i)最高通过速度；

j)供电电压（如果需要）；

k)交流电源频率（如果需要）；

l)温度范围（如果需要）。

如果轨道衡有特殊用途，可增加附加的计量器具标识。

5.4　外部结构设计要求

对不允许使用者自行调整的轨道衡，应采用封闭式结构设计或者留有加盖封印的位置，且应有方便现场检测的接口、接线端子等结构。

5.5　试验样机

5.5.1　每份申请书只接受单一产品、单一准确度等级的样机进行试验。

5.5.2　提供与申请书中相符的样机一台。

5.5.3　不同的产品应有不同的申请委托，并提供各自产品的样机一台。

5.5.4　提供与试验样机相应的技术资料，技术资料应齐全、科学、合理，提交的资料和文件如下：

a)样机照片（室内、室外）；

b)产品标准（含检验方法）；

c)总装图、电路图和主要零部件图；

d)使用说明书；

e)制造单位或技术机构所做的试验报告。

6.计量要求

轨道衡的最小秤量为18t，最大秤量为100t。

6.1　准确度等级

表 2　准确度等级与检定分度数的关系

准确度等级	检定分度数 $n=\mathrm{Max}/e$	
	最小	最大
中准确度级Ⓜ	500	10000
普通准确度级Ⓜ	100	1000

注:用于贸易结算的轨道衡,其最小分度数对Ⓜ $n=1000$;对Ⓜ $n=400$。

6.2　检定分度值

检定分度值 e 与实际分度值 d 相等,即 $e=d$。检定分度值 e 应以 1×10^{k}、2×10^{k}、5×10^{k}(k 为正整数)形式表示。检定分度值应不小于 $10\mathrm{kg}$。

6.3　最大允许误差

轨道衡的最大允许误差见表 3。

表 3　最大允许误差

秤量 m		最大允许误差	
中准确度级Ⓜ	普通准确度级Ⓜ	首次检定	使用中检查
$0\leqslant m\leqslant500e$	$0\leqslant m\leqslant50e$	$\pm0.5e$	$\pm1.0e$
$500e<m\leqslant2000e$	$50e<m\leqslant200e$	$\pm1.0e$	$\pm2.0e$
$2000e<m\leqslant10000e$	$200e<m\leqslant1000e$	$\pm1.5e$	$\pm3.0e$

6.4　称量结果间的允许误差

不论称量结果如何变化,任何单次称量结果的误差应不超过给定载荷下的最大允许误差。

6.4.1　重复性

同一载荷多次称量结果之间的差值,应不大于该载荷下最大允许误差的绝对值。

6.4.2　偏载

同一载荷在不同位置的示值应符合该载荷下最大允许误差的要求。

6.5　多指示装置

对给定载荷,各数字指示装置之间的示值之差应为零。

6.6　试验标准器

6.6.1　检衡车

符合《检衡车》(JJG 567)的规定。

6.6.2　砝码

符合《砝码》(JJG 99)的规定,误差绝对值应不大于轨道衡相应秤量最大允许误差的 1/3。

6.7 鉴别力

在平衡稳定的轨道衡上,轻缓地施加或取下 $1.4e$ 的附加载荷,示值应相应改变 $1e$。

6.8 称量性能

使用砝码检衡车,称量试验按秤量由小到大的顺序进行,至少选择 3 个秤量点进行,各秤量点应往返试验 3 次。在试验过程中,不得重调零点,应检测下列秤量:

最小秤量;

最大允许误差改变的秤量,如:

中准确度级:$500e$,$2000e$;

普通准确度级:$50e$,$200e$;

最大秤量(大于 80t 秤量)。

各秤量点的误差应符合表 3 的要求。

6.9 由影响量和时间引起的变化

6.9.1 温度

6.9.1.1 规定的温度范围

如果在轨道衡的说明性标记中,没有规定工作温度范围,则该轨道衡应在($-10\sim$ 40)℃温度范围内保持计量性能。

6.9.1.2 特殊温度范围

在轨道衡的说明性标记中,可以规定特定的工作温度范围,轨道衡应在该温度范围内符合计量要求。温度范围可以根据轨道衡的用途而选定,温度范围至少应等于 30℃。

6.9.1.3 温度对空载示值的影响

轨道衡的环境温度每变化 5℃,其零点或零点附近示值变化不应大于 $1e$。

6.9.2 供电电压

使用交流电源供电的轨道衡,当电源电压变化不超过额定值的$-15\%\sim10\%$时,轨道衡应满足计量和技术要求。

6.9.3 示值随时间变化

在相对恒定环境条件下,轨道衡应满足以下要求:

6.9.3.1 蠕变

在轨道衡上施加接近最大秤量的载荷,施加载荷后立即得到的示值与其后 30min 内得到的示值之差不应超过 $0.5e$。而在 15min 和 30min 得到的示值之差应不超过 $0.2e$。

若这些条件不能满足,则轨道衡加载后立即得到的示值与后续 4h 内得到的示值之差应不超过施加载荷下最大允许误差的绝对值。

6.9.3.2　回零

卸下施加在轨道衡上的载荷后,示值刚稳定时的回零与加载前零点之间的偏差应不超过 $0.5e$。

6.10　型式评价试验和检查

6.10.1　轨道衡整机

轨道衡整机应按第 9 章的程序进行试验。

6.10.2　模块

在型式评价过程中对模块单独进行试验时,应按 6.10.2.1~6.10.2.3 的要求进行。

6.10.2.1　误差分配

模块适用的误差范围应等于轨道衡最大允许误差的 p_i 倍,或按照 6.3 规定的整机示值允许变化量的 p_i 倍。称重指示器的误差分配系数应至少与轨道衡具有相同准确度等级和检定分度数。

系数 p_i 应满足公式(1):

$$p_1^2 + p_2^2 + p_3^2 + \cdots \leqslant 1 \tag{1}$$

系数 p_i 由模块的制造者确定,且通过试验验证,确定系数 p_i 时应考虑以下情况:

a)纯数字装置的 p_i 可以等于 0;

b)其他模块(包括数字式传感器),当多于一个模块的误差共同产生影响时,误差分配系数 p_i 的取值范围应在 0.3~0.8 之间。

成熟设计和制造的承载器和连接件、称重指示器,误差分配系数 p_i 取 0.5。

对于由典型模块组成的轨道衡,其误差分配系数 p_i 值在表 4 中给出。

表 4　典型模块的误差分配系数

性能要求	称重传感器	称重指示器	承载器和连接件
综合影响 *	0.7	0.5	0.5
温度对空载示值的影响	0.7	0.5	0.5
供电电源的变化	—	1	—
示值随时间变化	0.7	—	0.7
湿热、稳态	0.7	0.5	0.5

* 表示非线性、滞后、温度对量程、重复性等的影响。

6.10.2.2　试验

提交型式评价的轨道衡应进行整机试验。

纯数字模块不需要进行静态温度试验、湿热稳态试验。如果已经符合相关国家标准,且不低于本大纲要求相同的试验严酷等级时,也不需进行抗干扰试验。

6.10.2.3 兼容性核查

申请者应确定模块的兼容性。对于称重指示器和称重传感器应按 9.16 的要求执行。对于数字输出模块,兼容性包括经数字接口通讯和数据传输的正确性,见 9.16 的要求。

6.10.3 外围设备

应对与轨道衡连接的外围设备进行试验,确认不会对轨道衡的计量性能产生影响。

单纯的数字外围设备不需要进行静态温度试验、湿度试验。如果已经符合其他相关国家标准,且不低于本大纲要求的试验严酷等级时,不需进行抗干扰试验。PC 机只能作为外围设备使用。

6.11 长期稳定性

轨道衡的长期稳定性应通过 9.14 规定的试验,最大允许误差应不超过表 3 中使用中检查的最大允许误差要求。

7. 通用技术要求

7.1 结构的一般要求

7.1.1 适用性

轨道衡的设计应满足其使用目的,结构坚固,计量性能稳定,并符合试验的要求。

7.1.2 安全性

7.1.2.1 欺骗性使用

轨道衡不应有欺骗性使用的特性。

7.1.2.2 意外失效和偶然失调

轨道衡结构应满足在意外失效或偶然失调后,应能自动恢复正常功能。

7.1.2.3 器件和预置控制器的保护

对于禁止接触或禁止调整的器件和预置控制器,应采取防护措施,对直接影响到轨道衡的量值的部位应加印封或铅封或电子识别码,印封区域或铅封直径至少为 5mm。印封或铅封不破坏不能拆下;印封或铅封破坏后,说明计量性能有可能已改变,应重新进行试验。

7.2 称量结果的指示

7.2.1 称量的指示

显示的内容应清晰、准确、可靠,显示的内容为数字及相应的质量单位名称或符号。各显示装置的称量结果显示数值和单位应一致。

7.2.2 称量范围

对于小于最小秤量或大于最大秤量的车辆应进行提示。

7.3 置零装置和零点跟踪装置

轨道衡可以有一个或多个置零装置,但最多只能有一个零点跟踪装置。

7.3.1 最大范围

置零和零点跟踪装置的范围,应不大于 4% Max,初始置零范围为 20% Max,置零键应单独设置。

7.3.2 置零准确度

置零后、零点偏差对称量结果的影响应不超出 $\pm0.25e$。

7.3.3 自动置零装置

自动置零装置在符合以下条件时开始运行:

a)轨道衡处于稳定状态;

b)示值在置零范围内保持稳定至少 5s。

7.3.4 零点跟踪装置

零点跟踪装置在符合以下条件时开始运行:

a)示值为零,或相当于毛重为零时负的净重值;

b)轨道衡处于稳定状态;

c)变化速率不大于 $0.5e/s$。

在除皮操作后示值为零时,零点跟踪装置可以在实际零点附近 4% Max 范围内正常运行。

7.4 除皮装置

皮重的分度值应等于称量分度值;除皮装置的置零准确度对称量结果的影响应不超过 $\pm0.25e$。除皮键应单独设置,除皮操作不应改变轨道衡的最大秤量。

7.5 不同承载器间的选择(或切换)装置

7.5.1 空载时承载器间的关联性

选择装置应保证在选择不同的承载器组合时,载荷测量装置能够对不同的空载示值正确显示。

7.5.2 置零

应能对不同承载器进行准确置零,并符合相关规定。

7.5.3 称量的不可能性

选择装置在切换过程中应不允许进行称量。

7.5.4 组合使用的可识别性

承载器和使用的载荷测量装置间的组合应易于识别。该识别应明显可见,指示与相应的承载器应正确对应。

7.6 功能要求

7.6.1 预热时间

轨道衡在预热时间内,应无称量示值,不传输称量数据。

7.6.2　接口

轨道衡可以配备接口,以便与外部设备或其他衡器连接。

轨道衡的计量功能和称量数据,不应受连接在接口上的外围设备(如计算机)干扰影响。经接口执行或启动的功能应满足相关条款的技术要求。

7.6.2.1　应保证不能通过接口改变轨道衡的调整因子、输入伪造显示和存储的称量结果。

7.6.2.2　如接口满足7.6.2.1的要求,接口不必进行保护。其他接口应按照7.1.2.3要求进行保护。

接口用于连接轨道衡的外围设备时,外围设备应以能满足要求的方式来传输相关的称量数据。

7.7　影响因子和干扰试验

7.7.1　受试轨道衡的状态

试验应在所有设备均处于正常运行状态,或在类似可能的运行状态下进行,当以非正常配置连接时,试验程序需经授权机构和申请单位双方同意,并在试验报告中给予说明。

如果轨道衡配备有可以与外部设备连接的接口,在进行相关干扰试验期间,按试验程序规定,连接外围设备。

7.7.2　试验要求

应按照9.13进行影响因子和干扰试验。

7.8　软件控制装置

7.8.1　嵌入式软件装置

在固定的硬件和软件环境中运行,并且在保护和/或检定后不可能通过接口或其他方法被修改和上传的,带嵌入式软件的称重指示器。

7.8.2　法定相关数据保存

用于保存法定相关数据的存储器应加以保护,不能随意修改。

7.9　称重指示器

称重指示器应符合GB/T 7724的规定,具有相应的型式评价报告和制造计量器具许可证并且满足6.10.2的要求,不需要重复试验。

7.10　称重传感器

称重传感器应符合JJG 669规程的规定,具有相应的型式评价报告和制造计量器具许可证并且满足6.10.2的要求,不需要重复试验。

7.10.1　轨道衡最大秤量与称重传感器最大秤量的关系

称重传感器的最大秤量(E_{max})应满足修正系数(Q)与轨道衡最大秤量(Max)和称重传感器数量(N)的关系见公式(2):

$$E_{max} \geqslant Q \times Max/N \tag{2}$$

7.10.2　称重传感器最小静载荷

承载器所产生的最小载荷(DL)必须大于等于称重传感器的最小静载荷($E_{\min}$),见公式(3)所示:

$$E_{\min} \leqslant \frac{DL}{N} \tag{3}$$

7.10.3　称重传感器检定分度值与轨道衡分度值的关系

对于采用多只称重传感器的轨道衡,称重传感器的最小检定分度值($\nu_{\min}$)与轨道衡检定分度值(e)的关系应满足公式(4),其中 N 为轨道衡中称重传感器的数量:

$$\nu_{\min} \leqslant \frac{e}{\sqrt{N}} \tag{4}$$

7.11　承载器

承载器结构应牢固,当 40% Max 作用于承载器相邻两支承点的中间位置,其挠度不大于 0.1%,且稳定可靠、便于安装。

7.12　基础

基础强度应满足轨道衡的要求,应防止沉降和断裂;防爬基础与轨道衡基础为一整体,每端延伸长度不小于 4.5m;轨道衡基础应有防水、排水设施;安装基础应便于人员进行日常维护。

7.13　线路

轨道衡应安装在铁路线路的直线上,两端应设不小于 25m 的平直道,单向尽头线至少有一端直线段应有不小于 25m 的平直道。防爬轨架和防爬轨长度均不小于 4.5m。轨道衡应采用过渡器结构,过渡器的长度不得少于 200mm。称量轨和防爬轨应采用新的整轨,不得使用火焰切割。

7.14　钢轨

两端平直道的轨面横向水平高差小于 2mm,防爬轨与称量轨的间距为(5～15)mm,防爬轨应高于称量轨,高差、错牙应小于 2mm。过渡器与称量轨的横向间距为(1～5)mm,纵向间距为(5～15)mm,称量轨和防爬轨的固定应采用弹性扣件。

8. 型式评价项目一览表

8.1　观察及核查项目

型式评价的观察及核查项目是为了检查轨道衡是否满足本大纲提出的各项法制管理要求和部分计量要求、技术要求,观察及核查项目见表5的内容。

表5　型式评价的观察及核查项目

项目类型	观察及核查项目			要求章节号	备注
法制管理要求	计量单位			5.1	主要单项
	准确度等级			5.2	
	计量法制标志和计量器具标识(5.3)		计量法制标志	5.3.1	
			计量器具标识	5.3.2	
	外部结构设计要求			5.4	
	试验样机			5.5	
计量要求	准确度等级			6.1	主要单项
	检定分度值			6.2	
	温度			6.9.1	
	供电电压			6.9.2	
	兼容性核查			6.10.2.3	
	外围设备			6.10.3	
通用技术要求	结构的一般要求(7.1)		适用性	7.1.1	主要单项
			安全性	7.1.2	
	称量结果的指示(7.2)		称量的指示	7.2.1	主要单项
			称量范围	7.2.2	
	功能要求(7.6)		预热时间	7.6.1	主要单项
			接口	7.6.2	
	称重指示器			7.9	主要单项
	称重传感器			7.10	主要单项

8.2　试验项目

型式评价的试验项目是为了确定轨道衡是否满足本大纲提出的计量要求和技术要求,试验项目见表6的内容。

表6　型式评价的试验项目

项目类型	试验项目		要求章节号	试验的章节号	备注
计量要求	重复性		6.4.1	9.5	主要单项
	偏载		6.4.2	9.6	
	多指示装置		6.5	9.7	
	鉴别力		6.7	9.8	
	称量性能		6.8	9.9	
	示值随时间的变化(6.9.3)	蠕变	6.9.3.1	9.10	主要单项
		回零	6.9.3.2		
	长期稳定性		6.11	9.14	

项目类型	试验项目		要求章节号	试验的章节号	备注
通用技术要求	置零装置和零点跟踪装置(7.3)	最大范围	7.3.1	9.4.1	非主要单项
		置零准确度	7.3.2	9.4.2	主要单项
		自动置零装置	7.3.3	9.4.3	
		零点跟踪装置	7.3.4	9.4.4	
	除皮装置		7.4	9.11	主要单项
	不同承载器间的选择(或切换)装置(7.5)	空载时承载器间的关联性	7.5.1	9.12	主要单项
		置零	7.5.2		
		称量的不可能性	7.5.3		
		组合使用的可识别性	7.5.4		
	影响因子和干扰试验		7.7	9.13	主要单项
	软件控制装置(7.8)	嵌入式软件装置	7.8.1	9.15	主要单项
		法定相关数据保存	7.8.2		
	承载器		7.11	9.2	主要单项
	基础		7.12	9.3	
	线路		7.13		
	钢轨		7.14		

9. 试验项目的条件和试验方法

9.1　试验条件

9.1.1　环境条件

9.1.1.1　轨道衡的基坑内不应有堆积物和积水；

9.1.1.2　应单独提供 380V/20A 的三相动力电源；

9.1.1.3　秤房应有足够的使用面积放置设备等,室内温度和湿度应符合 GB/T 2887 中 B 级的规定,秤房位置应便于观察车辆称量状态(或安装监控设备)。电源、仪表地线应符合 GB/T 2887 中 C 级的规定；

9.1.1.4　铁路线路必须开通且稳定；

9.1.1.5　遇雨、雪或其他可能影响试验工作的情况应停止试验。

9.1.2　正常试验条件

应在正常试验条件下测量各种误差。评价一个影响因子的效果时,其他因子应保持相对恒定,并接近正常值。

9.1.3　温度

试验应在稳定的环境温度下进行,除非另有规定,一般是正常环境温度。

环境温度的稳定是指在试验期间记录到的最大温差,不超过轨道衡规定温度范围的 1/5,并且不大于 5℃(蠕变试验为 2℃),温度变化速率每小时不超过 5℃。

9.1.4　供电电源

使用外接电源的轨道衡,应以正常的方式连接到供电电源,在整个试验期间保持在"通电"状态。

9.1.5　自动置零和零点跟踪

根据要求关闭零点跟踪装置,或加载一定的载荷使其超出工作范围。

9.1.6　细分指示值

如果轨道衡具有细分显示装置(不大于 $0.2e$),该装置可以用于确定误差,如该装置在试验中使用,应在试验报告中注明。

无细分显示装置的轨道衡,采用闪变点方法来确定修约为整数前的误差。方法如下:

轨道衡上的砝码为 m,示值是 I,逐一加放 $0.1e$ 的小砝码,直至轨道衡的示值明显地增加了一个 e,变成 $I+e$,所有附加的小砝码为 Δm,修约为整数前的示值为 P,则 P 由公式(5)给出:

$$P=I+0.5e-m \tag{5}$$

修约为整数前的误差见公式(6):

$$E=P-m=I+0.5e-\Delta m-m \tag{6}$$

修约为整数前的修正误差见公式(7):

$$E_\mathrm{C}=E-E_0\leqslant\mathrm{MPEV} \tag{7}$$

式中:E_0 为零点或接近零点的误差,MPEV 为最大允许误差的绝对值。

9.1.7　恢复

每项试验后,在进行下一项试验前,应允许轨道衡充分恢复。

9.1.8　预加载

称量试验前,轨道衡应预加载到最大秤量一次,或如果已规定了轨道衡的最大安全载荷,则预加载至最大安全载荷。

9.2　承载器检查

试验目的:检查承载器的刚度是否满足要求。

试验条件:符合 9.1 的要求。

试验设备:砝码检衡车,百分表。

试验程序:现场试验时,使用 $40\%\mathrm{Max}$ 的载荷加载至承载器相邻两个承重点的中间位置(见图 1),用置于中间位置的百分表测量变形量。

该项检查可以与偏载试验同时进行。

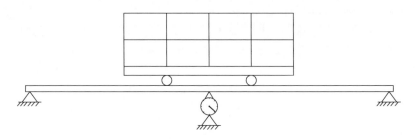

图1　测量变形量示意图

数据处理:按两个承重点的尺寸计算出相对变形。

合格判据:应符合 7.11 的规定。

9.3　基础、线路、钢轨的检查

试验目的:检查基础、线路、钢轨等是否满足要求。

试验条件:符合 9.1 的要求。

试验设备:钢卷尺、钢直尺。

试验程序:有量值要求的项目用钢卷尺或钢直尺检验,其他目测。

合格判据:应分别符合 7.12、7.13 及 7.14 的规定。

9.4　置零装置和零点跟踪装置

9.4.1　最大范围

9.4.1.1　初始置零范围

试验目的:检查轨道衡初始置零范围是否满足要求。

试验条件:符合 9.1 的要求。

试验设备:砝码。

试验程序:承载器空载时,将轨道衡置零。在承载器上施加试验载荷并关闭轨道衡电源,然后接通电源。重复此操作,直到承载器上所加载荷在关断和接通电源后示值不能置零为止。能重新被置零的最大载荷就是轨道衡初始置零范围的正向部分。

此项试验可以使用模拟器进行。

合格判据:轨道衡的初始置零范围应在 20%Max 之内。

9.4.1.2　置零范围

试验目的:检查置零装置和零点跟踪装置是否满足要求。

试验条件:符合 9.1 的要求。

试验设备:砝码。

试验程序:设置轨道衡的置零范围为 4%Max,在轨道衡上加载 5%Max 的小砝码,接通电源后轨道衡初始置零,依此轻缓地取下小于 $0.5e$ 的小砝码,检查自动置零装置是否仍然将轨道衡置零。从轨道衡上取下的、仍能自动置零的砝码载荷就是零点跟踪范围。

注:此项试验可以使用模拟器进行试验。

合格判据:轨道衡的置零范围和零点跟踪装置的范围应在4%Max之内。

9.4.2 置零准确度

试验目的:确定置零准确度是否满足要求。

试验条件:符合9.1的要求。

试验设备:砝码。

试验程序:如果轨道衡具有零点跟踪装置,应关闭或使其超出工作范围(如施加一定量的砝码),按置零键使轨道衡置零,然后测定使示值由零变为零上一个分度值所施加的砝码。

数据处理:根据9.1.6计算零点误差E_0。

合格判据:如果计算结果不超过$\pm 0.25e$,置零准确度合格。

9.4.3 自动置零

试验目的:确定自动置零是否满足要求。

试验条件:符合9.1的要求。

试验设备:砝码。

试验程序:在承载器上加放20kg的砝码,接通电源,然后观察示值。

合格判据:保持稳定5s后,示值能够指示零点,则该功能为合格。

9.4.4 零点跟踪装置

试验目的:确定零点跟踪装置是否满足要求。

试验条件:符合9.1的要求。

试验设备:砝码。

试验程序:接通电源后,每隔2s,轻缓施加小于$0.5e$的小砝码,观察示值变化情况,直至施加的小砝码总质量大于$2e$。

合格判据:如果每次施加小砝码后,示值不发生变化,快速同时取下施加的砝码后示值变为一个负示值,判定零点跟踪装置合格。

9.5 重复性试验

试验目的:检查轨道衡对同一载荷多次称量结果是否满足要求。

试验条件:符合9.1的要求。

试验设备:砝码检衡车。

试验程序:分别在约50%最大秤量(40t)和接近最大秤量(80t)进行试验,每个秤量点重复3次。每次试验前,应将轨道衡调至零点位置。

可以与称量性能试验同时进行。

如果轨道衡具有自动置零或零点跟踪装置,试验时应运行。

数据处理:按照9.1.6进行误差计算。

合格判据:对同一载荷多次称量结果之间的差值,应不大于该载荷下最大允许误差的绝对值。

9.6 偏载试验

试验目的:检查在承载器的不同位置上施加载荷,称量结果是否满足要求。

试验条件:符合 9.1 的要求。

试验设备:砝码检衡车。

试验程序:将质量约为 40t 的装载砝码小车由承载器一端开始依次推至各承重点及相邻两承重点的中间位置,记录示值,由另一端推离承载器,往返 3 次,每次小车离开承载器后,记录空载示值。

具有四组称重传感器的轨道衡,砝码小车在承载器上停放位置见图 2。

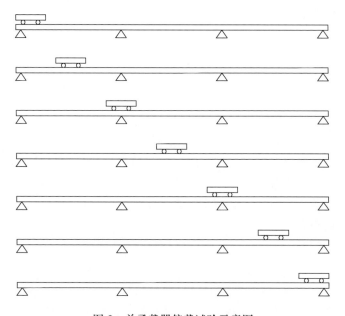

图 2　单承载器偏载试验示意图

具有两个承载器组合的轨道衡,砝码小车在承载器上停放位置见图 3。

如果轨道衡具有零点跟踪装置,应关闭或使其超出工作范围(如施加一定量的砝码)。

数据处理:根据 9.1.6 确定每个加载位置的误差,用零点误差值 E_0 进行修正。

合格判据:每个位置的称量结果不大于该载荷下最大允许误差。

9.7 多指示装置

试验目的:检查轨道衡指示装置之间的示值是否满足要求。

试验条件:符合 9.1 的要求。

试验设备:砝码检衡车。

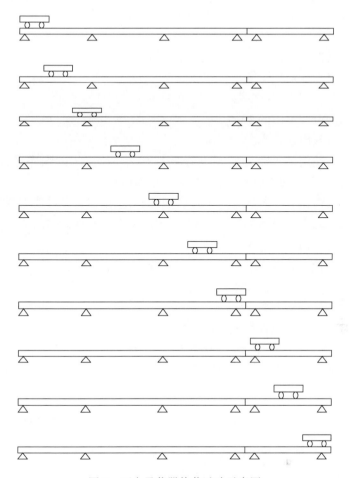

图 3　两个承载器偏载试验示意图

试验程序:如果轨道衡具有多个指示装置,观察不同指示装置的示值,进行比较。

合格判据:各示值应符合 6.5 的规定。

9.8　鉴别力试验

试验目的:检查轨道衡对载荷微小变化的检测能力。

试验条件:符合 9.1 的要求。

试验设备:砝码检衡车、砝码。

试验程序:分别在约 20t、40t 和 83t 附近进行试验。

在承载器上依次施加 $0.1e$ 的小砝码,直至示值 I 确实地增加了一个实际分度值而成为 $I+e$。然后在承载器上轻缓的施加 $1.4e$ 的载荷,示值应为 $I+2e$。

注:鉴别力试验可在称量试验中进行。

合格判据:在稳定的轨道衡上,轻缓地施加 $1.4e$ 的附加载荷,此时的示值应相应改变 $1e$。

9.9　称量性能

9.9.1　单承载器轨道衡

试验目的:检测轨道衡的称量性能是否能够达到计量要求。

试验条件:符合 9.1 的要求。

试验设备:砝码检衡车。

试验程序:使用砝码检衡车,称量试验按秤量由小到大的顺序进行,按 6.8 的要求至少选择 3 个秤量点进行,各秤量点应往返试验 3 次。

数据处理:根据 9.1.6 确定每个加载值的误差,用零点误差值 E_0 进行修正。

合格判据:每个称量值的误差,都不应超出其最大允许误差。

9.9.2　多承载器轨道衡

试验目的:检测轨道衡的称量性能是否能够达到计量要求。

试验条件:符合 9.1 的要求。

试验设备:砝码检衡车。

试验程序:使用砝码检衡车,称量试验按秤量由小到大的顺序进行,按 6.8 的要求至少选择 3 个秤量点进行,各秤量点应往返试验 3 次。主承载器的试验按 9.9.1 的要求进行,组合承载器,使用砝码检衡车和该车内砝码及砝码小车组合进行试验,试验方法见图 4。

图 4　称量性能试验示意图

数据处理:根据 9.1.6 确定每个加载值的误差,用零点误差值 E_0 进行修正。

合格判据:每个称量值的误差,都不应超出其最大允许误差。

9.10　示值随时间变化

试验目的:检查称重传感器和承载器对于加载载荷与时间的影响情况。

试验条件:符合 9.1 的要求。

试验设备:砝码检衡车。

试验程序:如果轨道衡具有零点跟踪装置,应关闭或使其超出工作范围(如施加一定量的砝码)。

(1)蠕变试验:在轨道衡上施加接近最大秤量的载荷,示值稳定后立即记录,然后按规定时间记录示值。

(2)回零试验:测定轨道衡上施加接近最大秤量载荷前和卸下载荷后的零点示

值的偏差。示值稳定后立即记录。

合格判据：如果符合 6.9.3.1 的要求，蠕变试验合格。

如果符合 6.9.3.2 的要求，回零试验合格。

9.11　除皮装置

9.11.1　除皮称量

试验目的：检测除皮装置的称量准确度。

试验条件：符合 9.1 的要求。

试验设备：砝码检衡车。

试验程序：将最小秤量的试验载荷置于承载器上，操作除皮装置，将示值调整为零，加载可能的最大净载荷。

如果轨道衡具有零点跟踪装置，试验时可以运行。

数据处理：根据 9.1.6 条确定每个加载值的误差，用零点误差值 E_0 进行修正。

合格判据：其结果应符合 6.3 的要求。

9.11.2　除皮装置准确度

试验目的：检查除皮装置的置零准确度对称量结果的影响。

试验条件：符合 9.1 的要求。

试验设备：砝码。

试验程序：如果轨道衡具有零点跟踪装置，应关闭或使其超出工作范围（如施加一定量的砝码），将最小秤量的试验载荷置于承载器上，操作除皮装置，将示值调整为零，然后测定使示值由零变为零上一个分度值所施加的砝码。

数据处理：根据 9.1.6 计算零点误差 E_0。

合格判据：如计算结果不超过 $\pm 0.25e$，除皮装置准确度合格。

9.12　不同承载器间的选择（切换）试验

试验目的：检测不同承载器间的选择（切换）是否满足要求。

试验条件：符合 9.1 的要求。

试验设备：砝码。

试验程序：

（1）空载时承载器间的关联性。

当称重指示器选择一个主承载器时，将一个载荷放置于副承载器上，称重指示器示值应为"0"；

当称重指示器选择组合承载器后的轨道衡时，将一个 $2e$ 的载荷任意放置于其中的一个承载器上，称重指示器示值应为"$2e$"。

（2）置零。

当称重指示器选择单承载器或多承载器时，置零操作应对每一个承载器有效。

(3)称量的不可能性。

选择装置在切换中应不能进行称量。

(4)组合使用的可识别性。

检查称重指示器在选择承载器后,指示器上的识别应正确可见。

数据处理:

合格判据:如符合7.5的要求,不同承载器间的选择(切换)装置合格。

9.13　影响因子和干扰试验

称重传感器和称重指示器应按模块单独进行影响因子和干扰试验,如具有相应的型式评价报告和制造计量器具许可证,可不需进行重复试验。

9.14　长期稳定性试验

试验样机应保证在一个检定周期内稳定工作,在不做任何调整的情况下,进行9.4.2、9.5~9.9的试验项目,计量性能应符合使用中检查的规定。首次试验后应对影响计量性能的装置进行必要的封存。

9.15　软件控制装置的审查和试验

应由相应国家授权机构进行软件试验,且申请单位在申请型式评价前应取得国家授权机构出具的软件评价报告。

9.16　兼容性核查

9.16.1　模拟模块

将模拟模块的相关数据填入表7,确定轨道衡的兼容性是否符合要求。

9.16.2　数字模块

数字称重模块及其他数字模块,不需进行兼容性核查,只需对轨道衡的整机进行试验。

对于数字式称重传感器,应按9.16.1进行兼容性核查,但不包括表7中(7)的要求。

表7　兼容性核查表

(1)称重传感器和称重指示器准确度等级与轨道衡准确度等级的关系:

称重传感器	&	称重指示器	等于或高于	轨道衡	通过	未通过
	&		等于或高于		□	□

(2)称重传感器和称重指示器温度范围与轨道衡温度范围的关系:

	称重传感器		称重指示器		轨道衡	通过	未通过
T_{min}		&		$\leqslant$		□	□
T_{max}		&		$\geqslant$		□	□

(3)称重传感器、称重指示器、承载器和连接件的误差分配系数 p_i 的关系:

p_{LC}^2	+	p_{ind}^2	+	p_{con}^2	$\leqslant 1$	通过	未通过
	+		+		$\leqslant 1$	□	□

(4)称重传感器最大秤量 E_{max} 与轨道衡最大秤量 Max 的关系：

修正系数：$Q=(Max+DL+IZSR+NUD)/Max$

$Q\times Max/N$	$\leqslant$	E_{max}	通过	未通过
	$\leqslant$		□	□

(5)承载器静载荷与称重传感器最小静载荷的关系：

DL/N	$\geqslant$	E_{min}	通过	未通过
	$\geqslant$		□	□

(6)轨道衡的检定分度值与称重传感器最小检定分度值的关系：

$e/\sqrt{N}$	$\geqslant$	ν_{min}	通过	未通过
	$\geqslant$		□	□

(7)称重指示器最低输入信号电压 U_{min}、称重指示器检定分度值的最小输入信号电压 Δu_{min} 与称重传感器输出的关系：

称重指示器最低输入信号电压 U_{min}（轨道衡空载）	$C\times U_{exc}\times DL/(E_{max}\times N)$	$\geqslant$	U_{min}	通过	未通过
		$\geqslant$		□	□
称重指示器检定分度值的最小输入信号电压 Δu_{min}	$C\times U_{exc}\times e/(E_{max}\times N)$	$\geqslant$	Δu_{min}	通过	未通过
		$\geqslant$		□	□

其中：

Q	修正系数
N	称重传感器的数量
IZSR/kg	初始置零范围，轨道衡开机后将显示自动设置为零
NUD/kg	不均匀分布载荷的修正
DL/kg	承载器的静载荷，承载器及承载器上安装的附加结构的质量
T_{min}/℃	温度范围的下限
T_{max}/℃	温度范围的上限
U_{min}/mV	称重指示器的最低输入信号电压
Δu_{min}/mV	称重指示器检定分度值对应的最小输入信号电压
C/(mV/V)	称重传感器输出灵敏度
U_{exc}/V	称重传感器激励电压
E_{max}/kg	称重传感器最大秤量
E_{min}/kg	称重传感器的最小静载荷
ν_{min}/kg	称重传感器的最小检定分度值
p_{LC}	称重传感器误差分配系数
p_{ind}	称重指示器误差分配系数
p_{con}	承载器和连接件误差分配系数

10. 型式评价结果的处理

型式评价试验项目可分为主要单项和非主要单项，如有一项以上（含一项）主要单项不合格的，可判定该轨道衡型式评价不合格。有二项以上（含二项）非主要单项不合格的，可判定该轨道衡型式评价不合格。

附录Ⅻ. A　数字指示轨道衡型式评价原始记录格式

A.1　观察及核查项目记录

大纲中要求 的章节号	要求	+	—	备注
5	法制管理要求：			
5.1	计量单位：			
	轨道衡使用的计量单位是：千克(kg)、吨(t)。			
5.2	准确度等级：			
	中准确度级：⦿			
	普通准确度级：⦿			
5.3	计量法制标志和计量器具标识：			
	轨道衡标识应设置在称重指示器和承载器易于观察的部位。应具有一定尺寸、形状,使用稳定耐久的材料制作,内容应采用国家规定的图形或符号,清晰易读且安装牢固。			
5.3.1	计量法制标志内容：			
	制造计量器具许可证的标志和编号(受试轨道衡应留出位置)			
	计量器具型式批准标志和编号(受试轨道衡应留出相应位置,本项不是强制性规定)			
	产品的合格证、印(可与受试轨道衡本体分开设置)			
5.3.2	计量器具标识：			
	轨道衡的生产厂名			
	轨道衡的名称：数字指示轨道衡；规格(型号)：GCS-100-×(×为产品不同规格代号)(其他型号和名称不在本大纲试验范围之内)			
	准确度等级			
	检定分度值 e			
	最大秤量			
	最小秤量			
	出厂编号			
	承载器长度			
	最高通过速度			
	供电电压(如果需要)			
	交流电源频率(如果需要)			
	温度范围(如果需要) 如果轨道衡有特殊用途,可增加附加的计量器具标识。			

续表

大纲中要求 的章节号	要求	＋	－	备注
5.4	外部结构设计要求： 对不允许使用者自行调整的轨道衡,应采用封闭式结构设计或者留有加盖封印的位置,且应有方便现场检测的接口、接线端子等结构。			
5.5	试验样机： 5.5.1 每份申请书只接受单一产品、单一准确度等级的样机进行试验。 5.5.2 提供与申请书中相符的样机一台。 5.5.3 不同的产品应有不同的申请委托,并提供各自产品的样机一台。 5.5.4 提供与试验样机相应的技术资料,技术资料应齐全、科学、合理,提交的资料和文件如下： a)样机照片(室内、室外); b)产品标准(含检验方法); c)总装图、电路图和主要零部件图; d)使用说明书; e)制造单位或技术机构所做的试验报告。			
6.2	检定分度值			
	检定分度值 e 与实际分度值 d 相等,即 $e=d$。检定分度值 e 应以 1×10^k、2×10^k、5×10^k(k 为正整数)形式表示。检定分度值应不小于 10kg。			
6.9.1	温度			
6.9.1.1	规定的温度范围 如在轨道衡的说明性标记中,没有规定工作温度范围,则该轨道衡应在(—10～40)℃温度范围内保持计量性能。			
6.9.1.2	特殊温度范围 在轨道衡的说明性标记中,可以规定特定的工作温度范围,轨道衡应在该温度范围内符合计量要求。温度范围可以根据轨道衡的用途而选定,温度范围至少应等于30℃。			
6.9.1.3	温度对空载示值的影响 轨道衡的环境温度每变化5℃,其零点或零点附近值变化不应大于 $1e$。			
6.9.2	供电电压 使用交流电源供电的轨道衡,当电源电压变化不超过额定值的—15％～10％时,轨道衡应满足计量和技术要求。			
6.10.2.3	兼容性核查 申请者应确定模块的兼容性。对于称重指示器和称重传感器应按 9.16 的要求执行。对于数字输出模块,兼容性包括经数字接口通讯和数据传输的正确性,见9.16 的要求。			

大纲中要求 的章节号	要求	＋	－	备注
6.10.3	外围设备			
	应对与轨道衡连接的外围设备进行试验,确认不会对轨道衡的计量性能产生影响。 单纯的数字外围设备不需要进行静态温度试验、湿度试验。如果已经符合其他相关国家标准,且不低于本大纲要求的试验严酷等级时,不需进行抗干扰试验。PC机只能作为外围设备使用。			
7.1	结构的一般要求			
7.1.1	适用性			
	轨道衡的设计应满足其使用目的,结构坚固,计量性能稳定,并符合试验的要求。			
7.1.2	安全性			
7.1.2.1	欺骗性使用			
	轨道衡不应有欺骗性使用的特性。			
7.1.2.2	意外失效和偶然失调			
	轨道衡结构应满足在意外失效或偶然失调后,应能自动恢复正常功能。			
7.1.2.3	器件和预置控制器的保护			
	对于禁止接触或禁止调整的器件和预置控制器,应采取防护措施,对直接影响到轨道衡的量值的部位应加印封或铅封或电子识别码,印封区域或铅封直径至少为 5mm。印封或铅封不破坏不能拆下;印封或铅封破坏后,说明计量性能有可能已改变,应重新进行试验。			
7.2	称量结果的指示			
7.2.1	称量的指示			
	显示的内容应清晰、准确、可靠,显示的内容为数字及相应的质量单位名称或符号。各显示装置称量结果的显示数值应一致。			
7.2.2	称量范围			
	对于小于最小秤量或大于最大秤量的车辆应进行提示。			
7.6	功能要求			
7.6.1	预热时间			
	轨道衡在预热时间内,应无称量示值,也不传输称量结果。			
7.6.2	接口			
	轨道衡可以配备接口,以便与外部设备或其他衡器连接。轨道衡的计量功能和称量数据,不应受连接在接口上的外围设备(如计算机)干扰影响。经接口执行或启动的功能应满足相关条款的技术要求。			

大纲中要求的章节号	要求	+	—	备注
7.9	称重指示器 称重指示器应符合 GB/T 7724 的规定,具有相应的型式评价报告和制造计量器具许可证并且满足 6.10.2 的要求,不需要重复试验。			
7.10	称重传感器 称重传感器应符合 JJG 669 规程的规定,具有相应的型式评价报告和制造计量器具许可证并且满足 6.10.2 的要求,不需要重复试验。			

A.2　试验项目记录

A.2.1　承载器

载荷 m/kg	承重台长度 l/m	变形量 Δl/m	相对变形量 $\Delta l/l$	备注

A.2.2　基础

沉降:有□ 无□;断裂:有□ 无□;防水:有□ 无□;

长度:左端_____m,右端_____m。

A.2.3　线路

平直道:左端_____m,右端_____m;

防爬轨:左端_____m,右端_____m;

称量轨:_____m;过渡器:_____mm。

A.2.4　钢轨

防爬轨与称量轨间距/mm	左端1:	左端2:	右端1:	右端2:
防爬轨与称量轨高差/mm	左端1:	左端2:	右端1:	右端2:
防爬轨与称量轨错牙/mm	左端1:	左端2:	右端1:	右端2:
过渡器与称量轨的横向间距/mm	左端1:	左端2:	右端1:	右端2:
过渡器与称量轨的纵向间距/mm	左端1:	左端2:	右端1:	右端2:

A.2.5　秤房

符合□ 不符合□

A. 2. 6　置零

申请号：＿＿＿＿＿＿＿＿＿＿＿

型　号：＿＿＿＿＿＿＿＿＿＿＿

日　期：＿＿＿＿＿＿＿＿＿＿＿　　温度：

评价人员：＿＿＿＿＿＿＿＿＿＿　相对湿度：

检定分度值 e：＿＿＿＿＿＿＿＿　时间：

	开始	最大	结束	
				℃
				%

置零范围

初始置零范围

正向范围 L_p		置零范围 L_p	最大秤量的％
添加的砝码	零点是/否		

自动置零范围

添加的砝码	零点是/否	置零范围	最大秤量的％

□ 通过　　　　□ 未通过

备注：

A. 2. 7 置零准确度

申请号： _____
型　号： _____
日　期： _____
评价人员： _____
检定分度值 e： _____

	开始	最大	结束	
温度：				℃
相对湿度：				%
时间：				

$$P = I + 0.5d - \Delta m$$
$$E = I - m \text{ 或 } P - m = 误差$$

置零方式	载荷 m	示值 I	附加载荷 Δm	误差 E_0	MPE(零点)

☐ 通过　　　☐ 未通过

备注：

A. 2. 8　称量性能
（误差计算）

申请号：＿＿＿＿＿＿＿＿＿＿＿＿

型　号：＿＿＿＿＿＿＿＿＿＿＿＿

日　期：＿＿＿＿＿＿＿＿＿＿＿＿　　温度：

评价人员：＿＿＿＿＿＿＿＿＿＿＿　　相对湿度：

检定分度值 e：＿＿＿＿＿＿＿＿＿＿　　时间：

	开始	最大	结束	
				℃
				％

自动置零和零点跟踪装置：

□ 不设置　　　□ 不运行　　　□ 超出工作范围　　　□ 运行

初始置零范围＞20％ Max　　□ 是 □ 否

$$E = I + 0.5e - \Delta m - m$$

$$E_c = E - E_0，其中 E_0 = 零点或零点附近的计算误差$$

方向(← →)	载荷 m	示值 I	附加载荷 Δm	误差 E	修正误差 E_c	MPE	空秤

检查是否：$|E_c| \leqslant |MPE|$

□ 通过　　　□ 未通过

备注：

A. 2. 9　偏载试验

申请号：_____

型　　号：_____

日　　期：_____　　温度：_____

评价人员：_____

检定分度值 e：_____　　时间：_____

	开始	最大	结束	
				℃
				%

承载器被分割的数量：　　　　　　　　　　　　　　　　　　承载器不被分割

　　承载器每个局部其试验载荷的位置：试验载荷连续加载位置标注在草图上（见下面举例），使用的编号数应与下面表格中的一致。草图也可以指示出显示器的位置或轨道衡其他显而易见的部分。

1	2	3	4	5	6	7 8	9	10

自动置零和零点跟踪装置：

☐ 不设置　　　　☐ 不运行　　　　☐ 超出工作范围

$E = I + 0.5e - \Delta m - m$

$E_C = E - E_0$，其中 $E_0 = $ 零点或零点附近的计算误差 ∗

部分	方向(← →)	位置	载荷 m	示值 I	附加载荷 Δm	误差 E	修正误差 E_C	MPE
		1	∗			∗		
		2						
		3						
		4						
		5						
		6						
		7						
		8						
		9						
		10						

续表

部分	方向(← →)	位置	载荷 m	示值 I	附加载荷 $\triangle m$	误差 E	修正误差 E_C	MPE
		1	*			*		
		2						
		3						
		4						
		5						
		6						
		7						
		8						
		9						
		10						

检查是否：$\mid E_C \mid \leqslant \mid MPE \mid$

☐ 通过　　　　☐ 未通过

备注：

A. 2. 10　鉴别力试验

申请号：＿＿＿＿＿＿＿＿＿＿＿＿＿

型　　号：＿＿＿＿＿＿＿＿＿＿＿＿＿

日　　期：＿＿＿＿＿＿＿＿＿＿＿　温度：＿＿＿＿＿＿

评价人员：＿＿＿＿＿＿＿＿＿＿＿　相对湿度：＿＿＿＿＿＿

检定分度值 e：＿＿＿＿＿＿＿＿　时间：＿＿＿＿＿＿

	开始	最大	结束	
				℃
				%

载荷 m	示值 I_1	移去载荷 $\triangle m$	加 $0.1e$	附加载荷＝$1.4e$	示值 I_2	I_2-I_1

检查是否 $I_2-I_1 \geqslant e$

☐ 通过　　　☐ 未通过

备注：

A. 2. 11　重复性试验

申请号：＿＿＿＿＿＿＿＿＿＿＿＿＿

型　号：＿＿＿＿＿＿＿＿＿＿＿＿＿

日　期：＿＿＿＿＿＿＿＿＿＿＿＿＿　　温度：

评价人员：＿＿＿＿＿＿＿＿＿＿＿＿＿　相对湿度：

检定分度值 e：＿＿＿＿＿＿＿＿＿＿＿＿　时间：

	开始	最大	结束	
				℃
				％

自动置零和零点跟踪装置：

☐ 不设置　　　☐ 运行

载荷（称量 1～3）　　　|　　　　　　|

$E = I + 0.5e - \Delta m - m$

序号	载荷示值 I	附加载荷 Δm	E	序号	载荷示值 I	附加载荷 Δm	E
1				1			
2				2			
3				3			

$E_{max} - E_{min}$（称量 1～3）☐　　　　$E_{max} - E_{min}$（称量 1～3）☐

MPE ☐　　　　　　　　　　　　　　　　MPE ☐

检查是否：a) $E \leqslant$ MPE（本大纲的 6.4）

　　　　　b) $E_{max} - E_{min} \leqslant |$ MPE $|$（本大纲的 6.4.1）

☐ 通过　　　☐ 未通过

备注：

A. 2. 12　示值随时间变化
A. 2. 12. 1　蠕变试验

申请号：＿＿＿＿＿＿＿＿＿＿＿

型　号：＿＿＿＿＿＿＿＿＿＿＿

日　期：＿＿＿＿＿＿＿＿＿＿＿　　温度：＿＿＿＿＿

评价人员：＿＿＿＿＿＿＿＿＿＿＿　　相对湿度：＿＿＿＿＿

检定分度值 e：＿＿＿＿＿＿＿＿＿＿＿　　时间：＿＿＿＿＿

	开始	最大	结束	
温度：				℃
相对湿度：				%
时间：				

$$P＝I＋0.5e－\Delta m$$

读数时间		载荷 m	示值 I	附加载荷 Δm	P	ΔP
	0min					
	5min					
	15min					
	30min					
*						
	1h					
	2h					
	3h					
	4h					

注：* 表示如果满足条件 a)，可以结束试验；如果不是，则试验应继续进行后续的 3.5h，并满足条件 b)。

$\Delta P＝$修约为整数前示值 P 在开始（0min）和给定时间的示值差。

条件 a)：$|\Delta P|\leqslant 0.5e$，在第一个 30min 内，且

$\qquad\qquad|\Delta P|\leqslant 0.2e$，在 15min 到 30min 之间

条件 b)：$|\Delta P|\leqslant |\ MPE\ |$，整个 4h 内的示值变化

检查是否：条件 a)或条件 b)满足。

☐通过　　☐未通过

备注：

A. 2. 12. 2　回零试验

申请号：＿＿＿＿＿＿＿＿＿

型　号：＿＿＿＿＿＿＿＿＿

日　期：＿＿＿＿＿＿＿＿＿　温度：

评价人员：＿＿＿＿＿＿＿＿　相对湿度：

检定分度值 e：＿＿＿＿＿＿＿　时间：

	开始	最大	结束	
				℃
				%

自动置零和零点跟踪装置：

☐ 不设置　　　☐ 不运行　　　☐ 超出工作范围

$$P = I + 0.5e - \Delta m$$

读数时间	载荷 m_0	零点示值 I_0	附加载荷 Δm	P		
0min				$P_0 =$		
30min 期间加载载荷＝						
					30min 后零点示值变化	
30min				$P_{30} =$	$\mid \Delta(P_{30} - P_0) \mid$	

检查是否：$\mid \Delta(P_{30} - P_0) \mid \leqslant 0.5e$

☐ 通过　　　☐ 未通过

备注：

A. 2. 13 除皮装置

申请号： _____

型　号： _____

日　期： _____　　温度：

评价人员： _____　　相对湿度：

检定分度值 e： _____　　时间：

	开始	最大	结束	
				℃
				%

自动置零和零点跟踪装置：

☐ 不设置　　　　☐ 不运行　　　　☐ 超出工作范围　　　　☐ 运行

$E = I + 0.5e - \Delta m - m$

$E_C = E - E_0$　其中 $E_0 =$ 零点或零点附近的计算误差 *

载荷 m	示值 I		附加载荷 Δm		误差 E		修正误差 E_C		MPE
	↓	↑	↓	↑	↓	↑	↓	↑	
		*			*				
皮重值									

检查是否：$|E_C| \leqslant |MPE|$

☐ 通过　　　　☐ 未通过

备注：

A. 2. 14　不同承载器间的选择(切换)试验

申请号：＿＿＿＿＿＿＿＿＿＿＿＿＿＿＿＿＿

型　号：＿＿＿＿＿＿＿＿＿＿＿＿＿＿＿＿＿

日　期：＿＿＿＿＿＿＿＿＿　温度：

评价人员：＿＿＿＿＿＿＿＿＿　相对湿度：

检定分度值 e：＿＿＿＿＿＿＿＿　时间：

	开始	最大	结束	
				℃
				%

自动置零和零点跟踪装置：

☐ 不设置　　☐ 不运行　　☐ 超出工作范围　　☐ 运行

A. 2. 14. 1　空载时承载器间的关联性

非组合形式

	对应的承载器		载荷	示值
称重指示器	承载器 1	√	0	0
	承载器 2		$2e$	
	⋮		⋮	

组合形式

	对应的承载器	载荷	示值
称重指示器	承载器 1		
	承载器 2	$2e$	$2e$
	⋮		

A. 2. 14. 2　置零

非组合形式

		载荷	选择(切换)		置零	附加载荷 Δm	E_0	指示识别
称重指示器	承载器 1	$2e$	√					
	承载器 2	$2e$		√				
	⋮	⋮			√			

组合形式

		载荷	选择(切换)		示值	附加载荷 Δm	E_0	指示识别
称重指示器	承载器 1	$2e$	√					
	承载器 2	$2e$		√				
	⋮	⋮			√			
	组合			√				

A.2.14.3 称量的不可能性

选择装置运行中	进行称量不可能

□ 通过　　□ 未通过

备注：

附录Ⅻ.B　型式评价报告格式

计量器具型式评价报告

编号 _____

国家计量器具型式评价实验室

B.1　申请和委托的基本情况

（一）制造单位：＿＿＿＿＿＿＿＿＿＿＿＿＿＿＿＿＿

　　联系人：＿＿＿＿＿＿＿＿＿＿＿＿＿＿＿＿＿

（二）委托单位：＿＿＿＿＿＿＿＿＿＿＿＿＿＿＿＿＿

　　委托日期：＿＿＿＿＿＿＿＿＿＿＿＿＿＿＿＿＿

　　委托负责人：＿＿＿＿＿＿＿＿＿＿＿＿＿＿＿＿＿

（三）申请书编号：＿＿＿＿＿＿＿＿＿＿＿＿＿＿＿＿＿

B.2　计量器具的型式评价情况

（一）计量器具的基本情况

序号	计量器具名称	型号/规格	准确度等级或最大允许误差或不确定度	样机编号

（二）型式评价大纲的技术依据：

（三）主要计量标准器具和设备名称、型号：

序号	仪器设备名称	型号/规格	准确度等级或最大允许误差或不确定度	设备编号

（四）型式评价环境条件：

温　　度：

相对湿度：

其　　他：

（五）型式评价结果摘要：

序号	主要型式评价项目	型式评价大纲要求	实测结果	每项结论	备注

（六）技术资料审查结论：

（七）型式评价总结论：

（八）其他说明：

（九）签发：

1.型式评价时间：＿＿＿＿＿＿＿＿＿＿＿＿＿到＿＿＿＿＿＿＿＿＿＿＿＿＿＿＿＿

2.型式评价人员：＿＿＿＿＿＿＿＿＿＿＿＿＿＿＿＿＿＿＿＿＿＿＿＿（签字）

3.复　核　员：＿＿＿＿＿＿＿＿＿＿＿＿＿＿＿＿＿＿＿＿＿＿＿＿（签字）

4.技术负责人：＿＿＿＿＿＿＿＿＿（签字）职务：＿＿＿＿＿＿＿＿＿＿＿

5.签发日期：＿＿＿＿＿＿＿＿＿＿＿＿＿＿＿＿＿＿＿＿＿＿＿＿＿＿＿＿

6.承担型式评价的技术结构：＿＿＿＿＿＿＿＿＿＿＿＿＿＿＿＿＿＿（盖章）

＿＿＿＿＿＿＿＿＿＿＿＿

后　记

随着电子技术、计算机技术、机械设计和工程施工技术的发展,以及铁路运输效率的提高,轨道衡计量技术得到了很大发展,轨道衡产品型式也变得多种多样,其他如网络技术、车号识别技术及防雷技术的发展也促进了轨道衡计量技术的进步。本书从使用者的角度出发,对轨道衡的法制计量管理要求做了说明,对几种常见型式轨道衡的机械结构、电气控制系统、计量称重软件及基础工程的设计进行了介绍,以期对轨道衡的正常使用提供一些指导。

作为安装在线路上的计量设备,轨道衡称量的准确性受到多种因素的影响,如所在线路的平顺情况、通过车辆的运行振动、环境因素的电磁干扰以及设备本身的设计、维护等;轨道衡的设计、使用者应该多考虑到这些影响,在实际使用中减少相关因素,按照法制计量管理的要求来使用轨道衡产品。

作为机电一体化的大型计量设备,轨道衡对设计生产者的机械设计、电气控制系统设计及软件编程等知识都提出了要求。与生产运输实际相结合,设计生产出质量过硬的产品,对促进企业的发展,保证铁路运输的高效安全,维护铁路运输贸易的公平都会起到较大的促进作用。